JN097521

ライン

LINE
完全マニュアル

公式アカウント対応［第3版］

桑名由美／阿部悠人 著

秀和システム

※本書は2023年3月現在の情報に基づいて執筆されたものです。
本書で紹介しているサービスの内容は、告知無く変更になる場合があります。あらかじめご了承ください。

■本書の編集にあたり、下記のソフトウェアを使用しました

・Windows11　ブラウザ（Chrome）
・iOS 16.1
・Android13

上記以外のバージョンやエディション、OSをお使いの場合、画面のバーやボタンなどのイメージが本書の画面イメージと異なることがあります。

■注意

(1) 本書は著者が独自に調査した結果を出版したものです。
(2) 本書は内容について万全を期して作成いたしましたが、万一、ご不備な点や誤り、記載漏れなどお気付きの点がありましたら、出版元まで書面にてご連絡ください。
(3) 本書の内容に関して運用した結果の影響については、上記(2)項にかかわらず責任を負いかねます。あらかじめご了承ください。
(4) 本書の全部、または一部について、出版元から文書による許諾を得ずに複製することは禁じられています。
(5) 本書で掲載されているサンプル画面は、手順解説することを主目的としたものです。よって、サンプル画面の内容は、編集部で作成したものであり、全て架空のものでありフィクションです。よって、実在する団体・個人および名称とはなんら関係がありません。
(6) 商標
QRコードは株式会社デンソーウェーブの登録商標です。
本書で掲載されているCPU、ソフト名、サービス名は一般に各メーカーの商標または登録商標です。
なお、本文中では™および® マークは明記していません。
書籍中では通称またはその他の名称で表記していることがあります。ご了承ください。

本書の使い方

このSECTIONの目的です。

このSECTIONの機能について「こんな時に役立つ」といった活用のヒントや、知っておくと操作しやすくなるポイントを紹介しています。

このSECTIONでポイントになる機能や操作などの用語です。

SECTION

Keyword：無料スタンプ/有料スタンプ

01-09

気持ちをスタンプで送る

イラストで気持ちを伝えよう。有料と無料があり、種類が豊富

LINEは、文字でのやり取りだけではありません。「スタンプ」を使って気持ちを伝えることができます。無料で使えるスタンプでも十分ですが、有料の公式スタンプや一般の人が販売しているスタンプもあるので、好みに合うものを探してみましょう。

スタンプを送信する

1 トークルームで下部にある顔アイコンをタップ。

1 タップ

2 スタンプの種類をタップしてスタンプをタップ。はじめて使うスタンプは「ダウンロード」をタップ。

1 タップ

2 タップ

Check

LINEスタンプの種類

LINEのスタンプには、最初から用意されているスタンプの他に、企業やクリエイターが提供しているスタンプがあります。無料と有料のスタンプがあり、無料スタンプの場合は、そのスタンプの企業を友だちとして登録することでダウンロードできます。企業からのメッセージが増えて困るのであれば、スタンプをダウンロードした後にブロックすることもできます（SECTION03-01）。

Hint

スタンプと絵文字の違い

手順2の画面にある をタップして にすると絵文字を入力できます。スタンプは文字とは別に送信しますが、絵文字は文字と一緒に吹き出しの中に入れることができます。

32

操作の方法を、ステップバイステップで図解しています。

用語の意味やサービス内容の説明をしたり、操作時の注意などを説明しています。

- Check：操作する際に知っておきたいことや注意点などを補足しています。
- Hint：より活用するための方法や、知っておくと便利な使い方を解説しています。
- Note：用語説明など、より理解を深めるための説明です。

はじめに

友だちや家族とのコミュニケーション手段として幅広い年齢層に利用されているLINE(ライン)。個人だけでなく、企業や店舗も情報発信ツールとして利用しています。最近では政府機関や地方公共団体も積極的に導入し、国税庁がLINEを通して確定申告会場への入場整理券を事前発行したり、福岡市が粗大ごみ収集の受付から支払いまでをLINEで可能にしたりなど、さまざまな場面で活用されています。災害情報の配信を始めた自治体もあり、もはやLINEは私たちの生活に欠かせないものになっているのです。

本書は、LINEの使い方についての解説本です。LINEと言っても、さまざまな機能やサービスがあるので覚えられない人もいるでしょう。そこで本書の前半では、「これだけは知ってほしいという機能」や「知っておくと便利な機能」を厳選して紹介しています。5章ではLINE Payについて解説しました。お店での買い物時にお財布を持っていなくてもスマホで支払いができますし、税金や公共料金の支払いもLINE Payに対応していればわざわざ銀行に行く必要がなくなります。この機会に利便性を体験してはいかがでしょう。

また、本書の後半には集客・販促ツールとして注目されているLINE公式アカウントの使い方を載せています。LINE公式アカウントを始めたいと思っても、パソコン操作が苦手だったり、パソコンが古いために使いづらかったりという理由で諦めてしまう人も多いようですが、実はスマホでも使うことができるのです。アカウントの作成だけでなく、スタンプカードの作成やトーク画面の下部に表示するリッチメニューなどもスマホだけで作れます。本書の6章にLINE公式アカウントのスマホでできる機能をまとめましたので、まずはいつも使っているスマホで試して、本格的に運用したい場合はパソコンを使うとよいでしょう。

さらに8章では、LINE公式アカウントの運用について、株式会社ミショナの阿部悠人様にご執筆いただきました。「最短で成果を出すための活用術」をはじめ、「友だちの集め方」や「顧客管理法」など、参考になることがいくつも載っているので、ぜひお読みになってください。

LINEを利用する目的は人それぞれです。皆様の目的のために、本書が少しでもお役に立てば幸いです。

2023年3月
桑名由美

短尺動画を中心にさまざまなジャンルの投稿を見られる「VOOM」。登録している友だちではなく、フォローしたユーザーの投稿が表示される。
企業や店舗のクーポンなどでおなじみの「公式アカウント」は、個人でも利用できる。集客・販促ツールとして高い効果がある。
LINEで最もよく使われるのがメッセージ。複数人で同時にやり取りもできる。気持ちを表す「スタンプ」も大きな特徴。
オリジナルのスタンプを作成して販売することもできる。販売するには、申請して審査を受ける必要がある。
太郎
こんばんは
お誕生日おめでとうございます
ありがとうございます
おすすめ フォロー中
macaroni [マカロニ]
ヘルシーおやつ 「ヨーグルトバーク」
レシピの詳細はこちらから↓
ステータス
はなこたな
ほっこりお花スタンプ
¥120 非公開
LINE スタンプメーカーでつくったスタンプです。
販売開始する
シューフラワー
基本情報
トーク

目次

本書の使い方 …… 3
はじめに …… 4

Chapter01 身近な人と気軽にやり取りするLINEを使ってみよう …… 15

SECTION 01-01 LINEってどんなアプリ？ …… 16
メッセージのやり取りだけでなく、音声・ビデオ通話、キャッシュレス決済もある

01-02 LINEの利用登録をする …… 18
電話番号があれば短時間で登録できる

01-03 LINEの画面を確認する …… 22
まずはLINEのホーム画面を確認しよう

01-04 プロフィール画像を設定する …… 24
アイコンや背景で自分らしさをアピールできる

01-05 友だちを追加する …… 26
LINEでやり取りしたいのなら友だち登録が必要

01-06 友だちとトークする …… 28
トークルームでのやり取りは他の人には見えない

01-07 メッセージにリアクションを付ける …… 30
返信メッセージを入力する時間がないときに便利

01-08 写真や動画を送る …… 31
撮影済みの写真や動画だけでなく、その場で撮影して送ることも可能

01-09 気持ちをスタンプで送る …… 32
イラストで気持ちを伝えよう。有料と無料があり、種類が豊富

01-10 メッセージを削除する ······ 36
自分の画面上でだけ消す方法と相手の画面からも消す方法がある

01-11 トークのメッセージを固定表示する ······ 38
必読メッセージは常に表示させておく

Chapter02 いろんなファイルや
音声も送れるトーク機能を使いこなそう ······ 39

SECTION 02-01 ExcelやPDFなどのファイルを送る ······ 40
LINEで送れば相手が読んだことがわかって便利

02-02 音声を送る ······ 41
文字入力が苦手な人におすすめ。留守番電話代わりにもなる

02-03 友だちに別の友だちを紹介する ······ 42
友だち追加する方法の中で、最も簡単

02-04 複数の人とやり取りする ······ 44
招待した人を自動で追加する方法と参加の可否を選んでもらう方法がある

02-05 メッセージを画像にして送る ······ 46
文字と写真を含めた一連のやり取りを1つの画像にして送れる

02-06 アルバムを使って写真を友だちと共有する ······ 48
トークの写真を残しておきたいならアルバムに入れよう

02-07 メッセージや動画を友だちと共有する ······ 50
大事なメッセージや動画をノートに保存。特にグループトークで役立つ

02-08 **写真や動画を自分用に保存する** …… 52

自分用に保存するならKeep。1GB のストレージとして使える

02-09 **音声通話やビデオ通話を使う** …… 54

ハンズフリーや不在着信機能があり、テレビ電話のようにも使える

02-10 **LINE ミーティングを使う** …… 56

他のアプリを使わなくても、LINEでビデオ会議ができる

02-11 **オープンチャットを使う** …… 58

匿名でいろいろなチャットに参加できる

02-12 **パソコンでLINEを使う** …… 60

スマホとパソコン同時に使うこともできる

02-13 **ストーリーを投稿する** …… 62

24時間で削除されるストーリーなら気兼ねなく投稿できる

02-14 **VOOMの投稿を見る** …… 64

LINEでもTikTokのような短尺動画を楽しめる

02-15 **VOOMに投稿する** …… 66

文字だけでなく、写真や動画を投稿してフォロワーを増やそう

Chapter03 知ってておくと便利なLINEアプリの設定 …… 69

SECTION 03-01 知らない人や関わりたくない人と LINEでつながらないようにする …… 70
友だちの自動追加やブロック、受信拒否などの設定を確認しよう

03-02 メッセージが届いたときに画面に 内容を表示させないようにする …… 74
内容表示をオフにし、メッセージが届いたことだけを通知できる

03-03 パスワードやメールアドレスを変更する …… 75
パスワードを知られた場合やメールアドレスを変えたいときに

03-04 新しいスマホでLINEを使用する …… 76
QRコードを使って簡単に引き継ぎができる

03-05 LINEの利用を止める …… 80
アカウントの削除は簡単だが、本当に止めてよいか考えてから操作する

Chapter04 カメラやスタンプ作成など いろいろなLINEサービスを利用しよう …… 81

SECTION 04-01 LINE Cameraで写真を撮影・編集する …… 82
撮影時にフィルターを設定して、見栄えの良い写真を撮れる

04-02 LINEスタンプを作成する …… 86
絵心がなくても、アプリを使って簡単にスタンプを作成できる

04-03 LINEスタンプを販売する …… 92
作成したスタンプは、非公開にして仲間内だけで使うこともできる

04-04 LINEでギフトを贈る …… 96
カードと一緒に贈れる。住所を知らない友だちにも配送することが可能

Chapter05 キャッシュレス決済LINE Payを使ってみよう ………… 99

SECTION 05-01 LINE Payを使えるようにする ………… 100
チャージや送金には本人確認が必要なので登録しておこう

05-02 LINE Payにチャージする ………… 106
銀行口座以外に、コンビニでもチャージできる。
共に本人確認が必要

05-03 自動的にチャージする ………… 110
一定の金額を下回ったら、設定した金額を自動でチャージできる

05-04 実店舗での購入時にLINE Payを使う ………… 112
店舗によってコードを読み取ってもらう場合と自分で読み取る場合がある

05-05 オンラインショップや通販の購入時にLINE Payを使う 114
ショップでの支払いだけでなく、市税や公共料金の支払いも可能

05-06 友だちに送金する ………… 116
LINEの友だちに、メッセージ付きで送金できる

05-07 クーポンを使って買い物をする ………… 119
LINEユーザーだけが使えるお得なクーポン。
LINE Pay特典クーポンもある

05-08 LINEポイントを貯めたり使ったりする ………… 122
動画の視聴や友だち追加して貯めたポイントを支払いに使える

05-09 LINE Pay残高を引き出す ………… 124
LINE Pay残高から現金を引き出せる

05-10 ショップカードを使う …… 126
紙のポイントカードが不要になるので、
財布の中をスッキリ整理できる

05-11 LINE Payの決済履歴を確認する …… 128
いつどこで利用したかがわかる

Chapter06 集客やファン作りに役立つ公式アカウントをはじめよう …… 129

SECTION 06-01 公式アカウントとは …… 130
集客・販促ツールとしてブログやメルマガよりも効果がある

06-02 LINEビジネスIDを取得する …… 134
ビジネス用のアカウントを作成する

06-03 公式アカウントを作成する …… 136
スマホの場合はアプリをインストールして作成する

06-04 アカウントを設定する …… 141
アカウント画像は商用にふさわしい画像にする

06-05 会社や店舗の情報を設定する …… 144
会社や店舗の情報はミスがないように入力する

06-06 プロフィール画面を作成する …… 145
プロフィール画面はLINE上のホームページのようなもの

06-07 認証済アカウントに申請する …… 152
検索してもらうには認証済アカウントが必要

06-08 友だち追加されたときのメッセージを設定する …… 154
いつでも友だち追加されてもよいように設定しておく

06-09 クーポンを作成する …… 156
商品を買ってもらえるように工夫して作成しよう

06-10 メッセージを配信する …… 160
メッセージの基本的な配信方法を覚えよう

06-11 リッチメニューでトーク画面に固定メッセージを表示する 164
注目させたい情報をバナーのように表示できる

06-12 1対1のチャットで対応する …… 169
ユーザーのトークルームで、直接やり取りができる

06-13 受信したメッセージに自動で返信する …… 172
応答メッセージを使えば休業日や繁忙期に自動で返信できる

06-14 受信したメッセージにAIで返信する …… 176
営業時間や予算を聞かれたときはAIに対応してもらう

06-15 チャットを管理する …… 178
問い合わせに対応済みか否かがわかるようにする

06-16 友だち追加のQRコードやボタンを作成する …… 182
友だちを増やすためには宣伝は不可欠

06-17 ショップカードを作成する …… 184
紙のスタンプカードより断然便利

Chapter07 公式アカウントで配信しよう …… 189

SECTION 07-01 リッチメッセージで画像や文字を一体化して配信する …… 190
インパクトがあり、文字だけのメッセージより効果大

07-02 リッチビデオメッセージで動画を配信する …… 194
動画なので臨場感のある情報を届けられる

07-03 カードタイプメッセージでカード形式のメッセージを配信する 196
カード形式なら複数の商品や人物の紹介に便利

07-04 リサーチでアンケートを配信する …… 198
簡単にアンケート形式の調査ができ、ユーザーも楽しめる

07-05 オーディエンスで特定のユーザーだけに配信する …… 202
対象を絞って効率的な配信ができる

07-06 ステップ配信で条件設定して自動配信する …… 204
友だち追加から一定期間経過したユーザーに自動配信できる

07-07 LINEコールを使えるようにする …… 206
お客様が無料で音声通話またはビデオ通話を利用できる

07-08 公式アカウントを分析する …… 208
友だち追加数やブロック数がグラフで表示される

07-09 公式アカウントでVOOMに投稿する …… 210
VOOMを活用して友だち登録していない人にもアピールしよう

07-10 VOOMのコメントを管理する …… 212
コメントを承認制にすることもできる

07-11 VOOMの投稿を分析する …… 214
データを分析してフォロワーを獲得する

07-12 VOOMの動画を収益化する …… 216
YouTubeのように広告収入を得られる

07-13 VOOMの投稿を宣伝する …… 217
動画を宣伝してフォロワーを増やそう

07-14 公式アカウントを複数人で管理する …… 218
各スタッフに権限を与えて管理できる

07-15 複数のアカウントを使う …… 220
複数店舗の公式アカウントをグループ化して管理できる

07-16 **プレミアムIDを使う** …… **223**
月額100円で会社名や店名のIDにできる

07-17 **LINE広告で宣伝する** …… **224**
ユーザー数が多いLINEだから宣伝効果が大きい

Chapter08 LINE公式アカウントで最短で成果を出すコツ …… **225**

SECTION 08-01 **最短で成果を出すためのLINE公式アカウント活用術** …… **226**
これは押さえたい！やるべきことは凄くシンプル

08-02 **友だちを受け入れる最低限の箱を用意しよう** …… **230**
まずはこれだけ！最初にすべき3つのこと

08-03 **成功するために友だちを集めよう** …… **234**
ドンドン増える友だち集めの方法とは？

08-04 **LINEで顧客管理をして情報を整理しよう** …… **240**
LINEはコミュニケーションが強み！提案をして成約へ

08-05 **情報を発信して収益化しよう** …… **243**
効果抜群！コストを抑えてメッセージ配信をフル活用する方法

08-06 **拡張ツールで自動化しよう** …… **249**
今すぐ使いたい売上アップ･自動化につながる拡張ツール

用語索引 …… 256
目的別索引 …… 261

Chapter

01

身近な人と気軽にやり取りするLINEを使ってみよう

今やコミュニケーションツールとして欠かせなくなったLINE。スマホが普及したことで、幅広い年齢層の間で使われています。これからLINEを始めようと思っている人や、LINEを始めたけれど使い方がよくわからないという人のために、本書では一から説明します。さまざまな機能がありますが、まずはメッセージの送り方を覚えてLINEに慣れましょう。

01-01

LINEってどんなアプリ？

メッセージのやり取りだけでなく、音声・ビデオ通話、キャッシュレス決済もある

まずは、LINEがどのようなアプリなのかを説明しましょう。また、LINEでできることも簡単に紹介します。最も使われているのは友だちとメッセージをやり取りする「トーク機能」ですが、それ以外にもたくさんの機能や関連サービスがあるので必要なものを選んで使うとよいでしょう。

LINEとは

LINE（ライン）は、友だちや家族と文字や音声でやり取りができるコミュニケーションサービスです。スマホがあれば、いつでもどこでも連絡を取れるので、電話やメールの代替ツールとして多くのスマホユーザーに利用されています。1対1のやり取りだけでなく、職場や学校、サークルなどのグループ単位でのやり取りも可能なので、情報交換ツールとしても最適です。企業や店舗もLINEを通して新商品の情報やクーポンなどを提供し、集客アップを図っています。

LINEの主な機能

●メッセージのやり取り

▲友だちや家族とメッセージのやり取りができる。1対1だけでなく、グループを作って複数の人と同時にやり取りすることもできるため、仲間内で情報交換ができる。

●VOOM

▲流行のショート動画を中心に、文章や写真などのいろいろな投稿を楽しめるサービス。見てくれた人がコメントを付けたり、感情を表す顔のスタンプを押したりしてくれる。

●音声・ビデオ通話

▲登録している友だちや家族と、無料で電話のように通話することができる。複数人での同時通話も可能。また、テレビ電話のように相手の顔を見ながら通話することもできる。

●その他

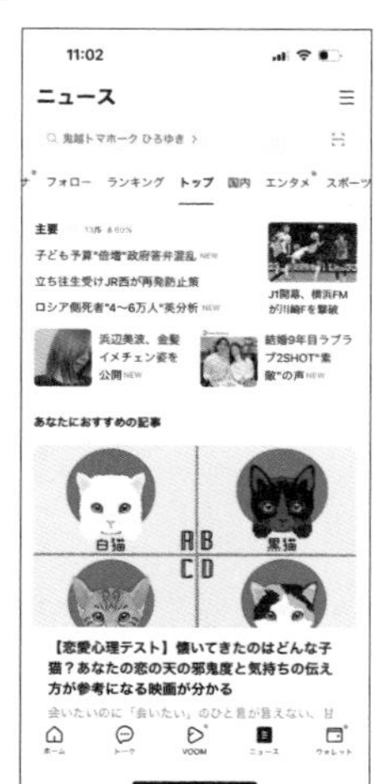

▲LINEアプリ上で、ニュースや天気予報などをチェックしたり、スマホ決済サービス「LINE Pay」も使える。さらに、「LINEギフト」や「LINE Camera」「LINE MUSIC」「LINEマンガ」などLINE関連サービスが豊富にある。

LINEの利用登録をする

電話番号があれば短時間で登録できる

まだLINEを始めていない人は、利用登録しましょう。手続きする際には、本人確認のために携帯電話番号が必要です。また、途中で「友だち自動追加」と「友だちへの追加を許可」の設定がありますが、意外な人とつながらないためにオフにすることをおすすめします。

新規登録をする

1 LINEのアイコンをタップ。

2 「新規登録」をタップ。

3 携帯電話番号を入力し、「→」をタップ。

Check

格安スマホを使っている場合

ドコモやau、ソフトバンクなどの携帯キャリアではなく、格安SIMを使ったスマホの場合、SMS（携帯電話番号を使ったショートメッセージ）対応のSIMカードであれば、コードを受け取れます。SMS対応SIMカードでない場合は、固定電話の番号を入力して音声でコードを受け取ることが可能です。その場合は手順3で固定電話番号を入力し、手順5で「通話による認証」をタップします。

4 SMSで送信する旨のメッセージが表示されたら「送信」(Androidの場合は「OK」) をタップ。

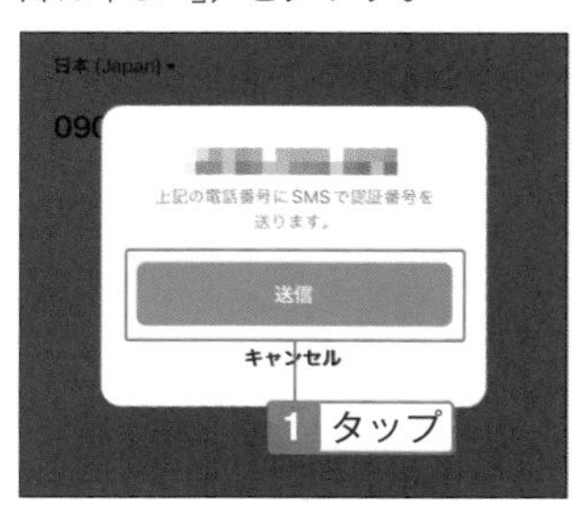

5 メッセージアプリに届いた認証番号を入力。

6 「アカウントを新規作成」をタップ。

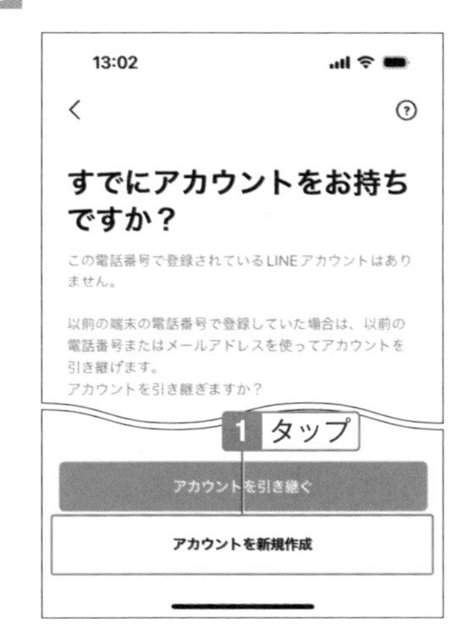

7 LINEで使用する名前を入力し、「→」をタップ。

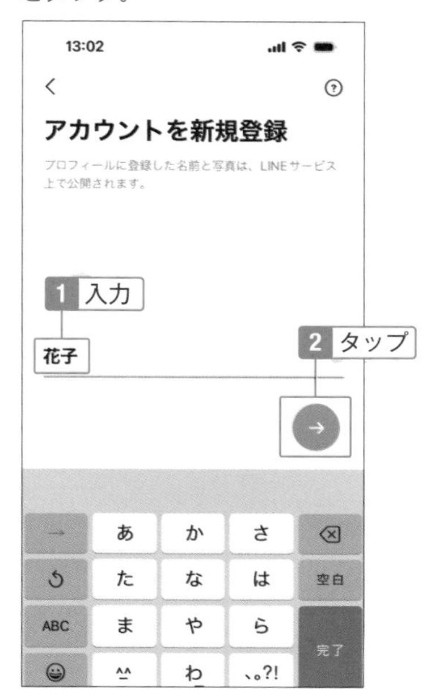

8 パスワード(半角の英大文字、英小文字、数字、記号のうち3種以上を組み合わせた文字8～20字以内) を2か所に入力し、「→」をタップ。

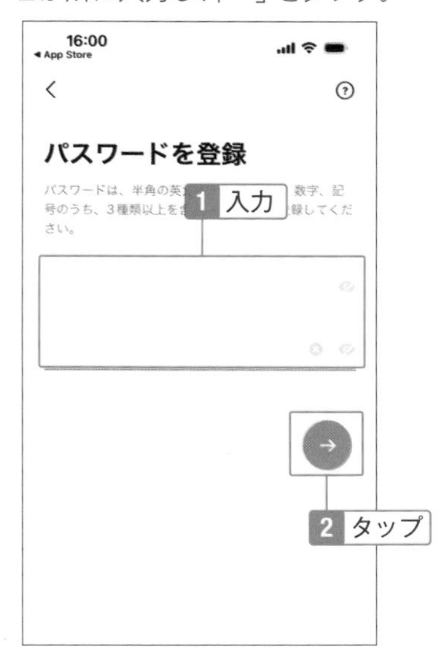

9 「友だち自動追加」と「友だちへの追加を許可」のチェックをはずし、「→」をタップ。「連絡先へのアクセス」のメッセージが表示された場合は「許可しない」をタップ。

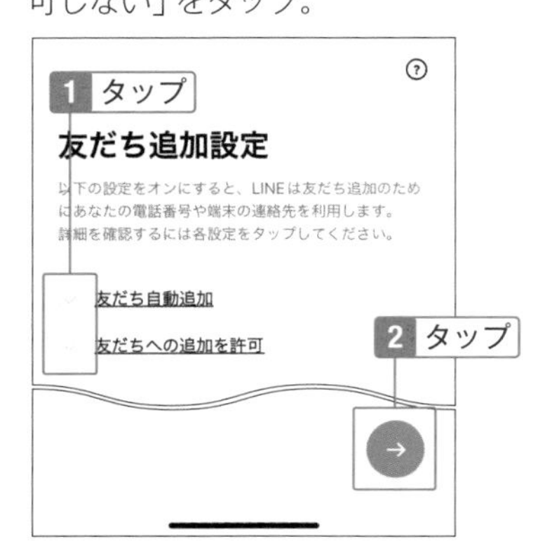

Check

「友だち自動追加」と「友だちへの追加を許可」

ここでチェックを付けると、携帯電話に登録している人が自動で友だちに追加されます。やり取りをしたくない人ともつながってしまうので、オフにしておきましょう。なお、後で設定を変更することもできます（SECTION03-01参照）。

10 ここでは「あとで」をタップ。

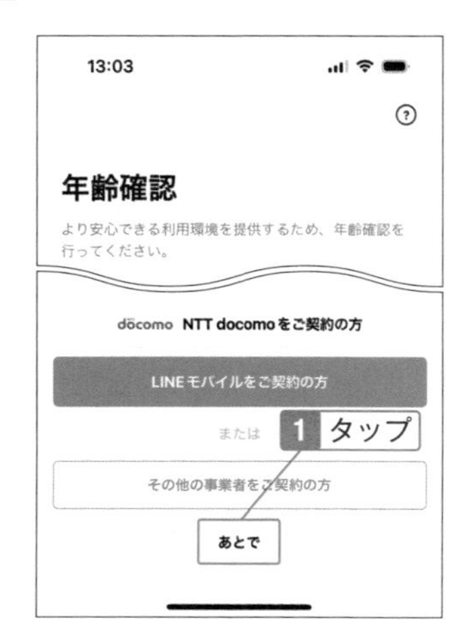

Check

年齢確認

手順10の年齢確認は、未成年が見知らぬ人との出会いによってトラブルに巻き込まれないようにするためのものです。年齢確認を行わないとIDや電話番号の検索で友だちを追加できませんが、他の方法で追加できます。ここではスキップしますが、後で本人確認をする場合は、LINEの「ホーム」画面で右上の⚙をタップし、「年齢確認」で行ってください。なお、契約している携帯会社によっては年齢確認ができない場合があります。

11 LINEサービス向上の情報利用に協力するか否かを選択。

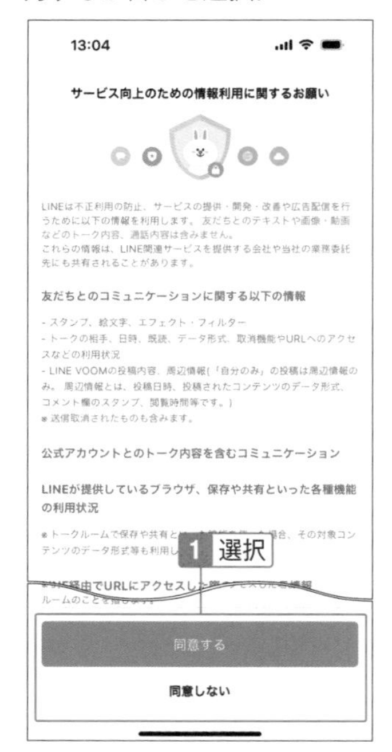

Check

「サービス向上のための情報利用に関するお願い」とは

LINEの不正利用の防止やサービス改善などに協力するか否かの設定です。同意しなくてもLINEを利用できます。後から変更することもでき、LINEのホーム画面で⚙→「プライバシー管理」→「情報の提供」→「コミュニケーション関連情報」で設定します。

12 位置情報とLINE Beaconについて選択し、「OK」をタップ。

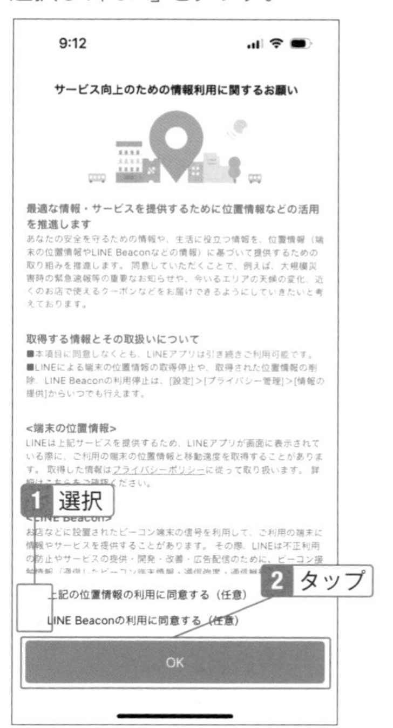

Check

位置情報とLINE Beaconの利用とは

手順12の「上記の位置情報の利用に同意する」をオンにすると、「大規模災害時の緊急速報等のお知らせ」や「今いるエリアの天気の変化」が提供されます。「LINE Beaconの利用に同意する」をオンにすると、お店などに設置されたビーコン端末の信号を使って、スマホに情報が提供されます。両方ともオフでもLINEを使うことは可能です。後から変更する場合は、LINEのホーム画面で⚙→「プライバシー管理」→「情報の提供」→「位置情報の取得を許可」と「LINEBeacon」で設定します。

13 LINEの画面が表示された。

LINEの画面を確認する

まずはLINEのホーム画面を確認しよう

LINEの画面には、いろいろなボタンやアイコンが表示されています。はじめて開いた人はどこから操作すればよいかわからないかもしれませんが、最初に画面構成をおおまかに把握しておけば、スムーズに操作できるようになります。まずはホーム画面を確認してみましょう。

iPhoneのLINEアプリのホーム画面

❶ **KEEP**：保存したトークや画像、動画、リンクなどを表示する
❷ **お知らせ**：友だちが追加されたときなどに通知が表示される
❸ **友だち追加**：友だちを追加するときに使う
❹ プライバシーや通知などの設定をするときに使う
❺ アイコンを設定するとここに表示される。タップすると自分のプロフィール画面を表示する
❻ タップすると、自分のプロフィール画面が表示される
❼ **ステータスメッセージ**：ひとことを入力できる
❽ **BGMを設定**：プロフィール画面に音楽を設定できる
❾ **検索ボックス**：友だちやグループ、オープンチャット検索する
❿ **ホーム**：LINEのトップ画面を表示する
⓫ **トーク**：トーク相手の一覧を表示する
⓬ **VOOM**：ショート動画、投稿、ストーリーが使える
⓭ **ニュース**：ニュースや気象情報などを見られる
⓮ **ウォレット**：LINE Payやクーポン、ギフトなどのサービスを使える

AndroidのLINEアプリのホーム画面

❶ **KEEP**：自分用に保存したトーク内容や画像、動画、リンクなどを表示する
❷ **お知らせ**：友だちが追加されたときなどに通知が表示される
❸ **友だち追加**：友だちを追加するときに使う
❹ プライバシーや通知などの設定をするときに使う
❺ アイコンを設定するとここに表示される。タップすると自分のプロフィール画面を表示する
❻ タップすると、自分のプロフィール画面が表示される
❼ **ステータスメッセージ**：ひとことを入力できる
❽ **BGMを設定**：プロフィール画面に音楽を設定できる
❾ **検索ボックス**：友だちやグループ、オープンチャットなどを検索するときに使う
❿ **ホーム**：LINEのトップ画面を表示する
⓫ **トーク**：トーク相手の一覧を表示する
⓬ **VOOM**：ショート動画、投稿、ストーリーなどが使える
⓭ **ニュース**：ニュースや気象情報などを見られる
⓮ **ウォレット**：LINE Payやクーポン、ギフトなどのサービスを使える

Hint

ログアウトはできるの？

LINEにログアウト機能はないので、常にログインした状態になります。もし長期間LINEを使いたくない場合には、アプリをアンインストールする手もあります。ただしその際、トーク履歴が削除されるので、SECTION03-04の方法でバックアップを取っておきましょう。

プロフィール画像を設定する

アイコンや背景で自分らしさをアピールできる

プロフィール画像は、友だちとやり取りするときに表示されるので、LINE上の顔でもあります。自分の顔でなくても、ペットの写真、風景写真、イラスト何でもかまいません。ただし、仕事関係の人ともやり取りする場合は悪い印象を与えないように気を付けましょう。また、背景画像やひとことも設定できます。

プロフィール用の写真を設定する

1 「ホーム」をタップし、右上のアイコンをタップ

2 アイコンをタップ。

3 「編集」をタップし、「写真または動画を選択」をタップ。その場で写真を撮る場合は「カメラで撮影」をタップして撮影する。写真へのアクセス許可についての画面が表示された場合は「すべての写真へのアクセスを許可」(Androidの場合は「許可」)をタップ。

4 写真を選択。

5 ピンチインとピンチアウトで必要な部分のみを丸で囲む。できたら「次へ」をタップ。

6 右側のボタンで文字を入れたり、フィルターを設定することも可能。終わったら「完了」をタップ。

7 プロフィール画像を設定した。「×」をタップ。

Hint

背景やひとことを設定するには

　手順7で背景をタップし、「編集」をタップして、プロフィール画面の背景に画像を設定することも可能です。また、手順7で「ステータスメッセージを入力」をタップして、ひとことを入力することもできます。

01-05

友だちを追加する

LINEでやり取りしたいのなら友だち登録が必要

LINEでは、メッセージの送受信をする相手のことを「友だち」と言います。親や兄弟、会社の人も、登録すれば「友だち」です。また、企業や店舗も友だち登録できます。追加方法は複数ありますが、近くに相手がいるのならQRコードを使うと便利です。

QRコードで相手を追加する方法

1 「ホーム」画面で、右上の をタップ。

2 「QRコード」をタップ。カメラへのアクセスについてのメッセージが表示されたら「OK」をタップ。

3 表示されている白い枠を相手のQRコードに合わせる。

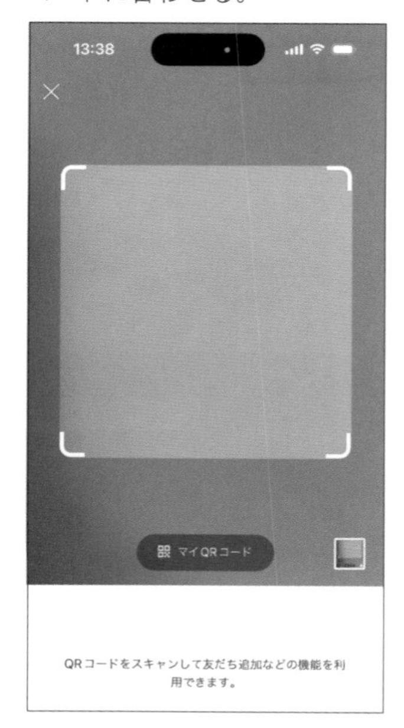

Hint

メールなどで受け取ったQRコードを読み取るには

メールやSNSのDMなどでQRコードを受け取った場合は、画像を保存（またはスクリーンショット）し、手順3の右下にあるサムネイル画像をタップしてQRコードの画像を選択します。

4 読み込めたら、「追加」をタップ。相手の画面の友だちリストに「知り合いかも？」と表示されるのでタップして追加してもらう。

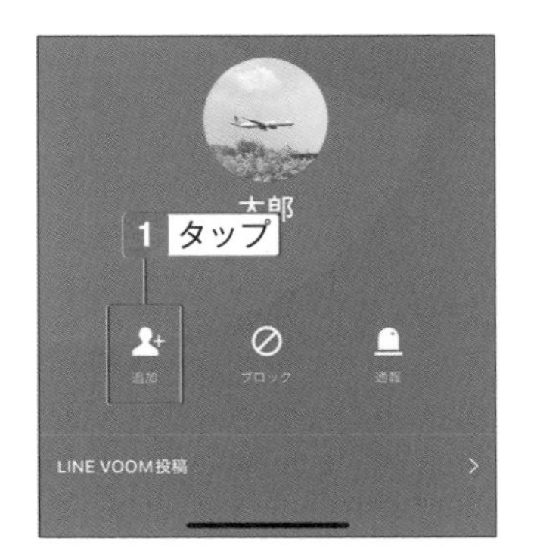

Hint

QRコードリーダーの表示方法

手順1の自分のアイコンの下にある をタップする方法や、スマホのホーム画面にあるLINEのアイコンを長押しして「QRコードリーダー」をタップする方法もあります。

QRコードで自分を追加してもらう方法

1 「マイQRコード」をタップ。

2 自分のQRコードが表示された。友だちに読み取ってもらう

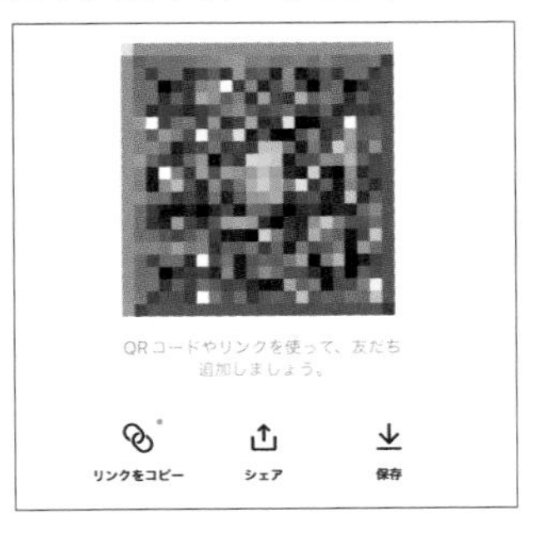

Hint

QRコードをメールで送るには

メールで送る場合は、手順2の画面にある「シェア」をタップし、メールアプリを選択した画面から送信できます。InstagramのDMにも送れます。TwitterのDMで送る場合は「リンクをコピー」をタップしてリンクを貼り付けて送信してください。

01-06

友だちとトークする

トークルームでのやり取りは他の人には見えない

友だち登録したら、メッセージを送ってみましょう。トークルーム内でやり取りするのですが、他の人には見えないので安心してください。メッセージが送られて来ると未読数が表示されます。また、相手がメッセージを読むと「既読」の文字が付くようになっています。

メッセージを送る

1 「ホーム」をタップし、「友だち」をタップ。

2 友だちリストで、トークする相手をタップ。

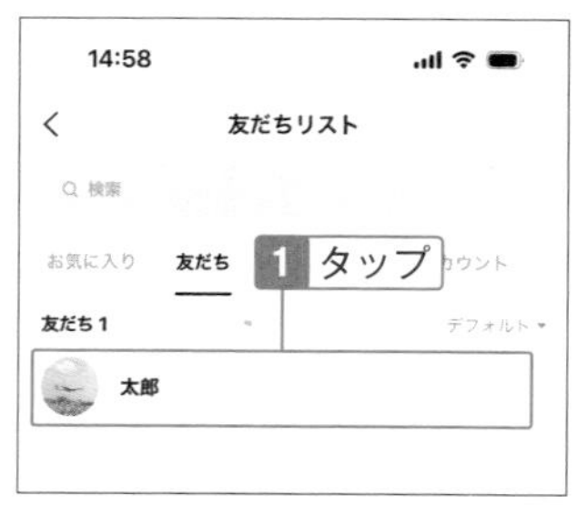

3 友だちのプロフィール画面が表示されるので、「トーク」をタップ。

Note

トークとは

友だちとメッセージのやり取りをすることをLINEでは「トーク」と言います。トークしたい相手を選んでトークルームの中でメッセージのやり取りをします。

4 トークルームが表示される。ボックスをタップして文字を入力し、➤をタップ。

5 メッセージを送った。

メッセージを読む

1 メッセージが送られてくると、「トーク」画面にメッセージの数が表示されるのでタップ。

2 相手からのメッセージは左側に表示される。自分が送ったメッセージには「既読」と表示され相手が読んだことがわかる。

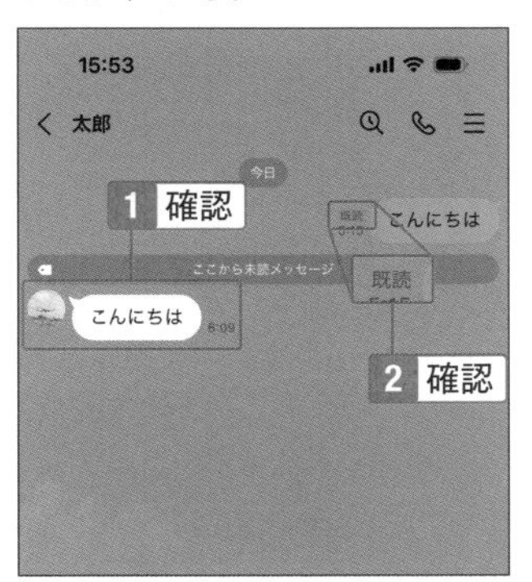

Hint

お気に入りに登録する

大事な友だちは、友だちのプロフィール画面右上にある「☆」をタップしてお気に入りに登録しましょう。手順1の左上にある「トーク」をタップし、「お気に入り」を選択すると、常に上位に表示させることができます。

01-07 メッセージにリアクションを付ける

返信メッセージを入力する時間がないときに便利

LINEのメッセージに「いいね！」「悲しい」のマークを付けることができます。特に人数が多いグループでのトークルームでは、「読みました」の印として使えて便利です。ただし、送受信して8日以上経ったメッセージには付けられません。

いいねを付ける

1 メッセージを長押し。

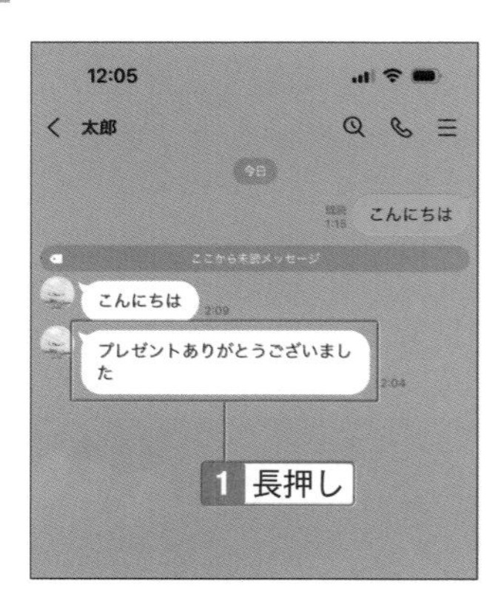

2 表情を選んでタップ。

3 リアクションを付けた。

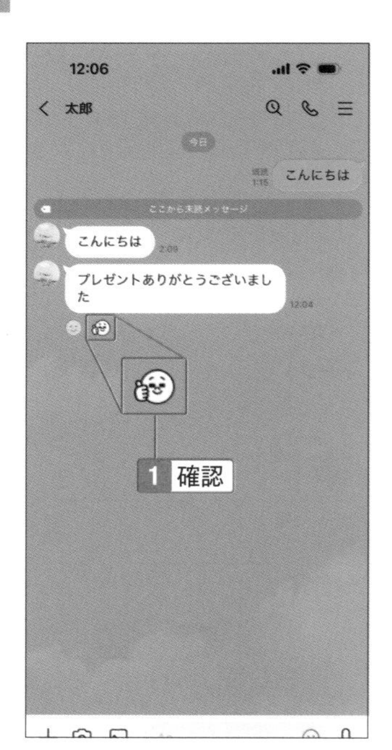

Check

リアクションを変更・削除するには

間違えてリアクションを付けた場合は、7日以内なら変更または削除が可能です。メッセージを長押しし、別のリアクションをタップします。付けたリアクションと同じものをタップすると、取り消すことも可能です。

01-08

写真や動画を送る

撮影済みの写真や動画だけでなく、その場で撮影して送ることも可能

文字だけでは伝わりにくいことは写真や動画で送りましょう。写真に手書き文字を入れて送信することもできます。受け取った人は、ダウンロードが可能なので、見せるだけでなく、写真や動画を渡したいときにも役立ちます。

写真や動画を送信する

1 トークルームで下部にある🖼をタップ。写真へのアクセスのメッセージが表示された場合は「設定」をタップして許可する。📷をタップしてその場で撮影することも可能。

2 写真が表示されたら⊞をタップ。

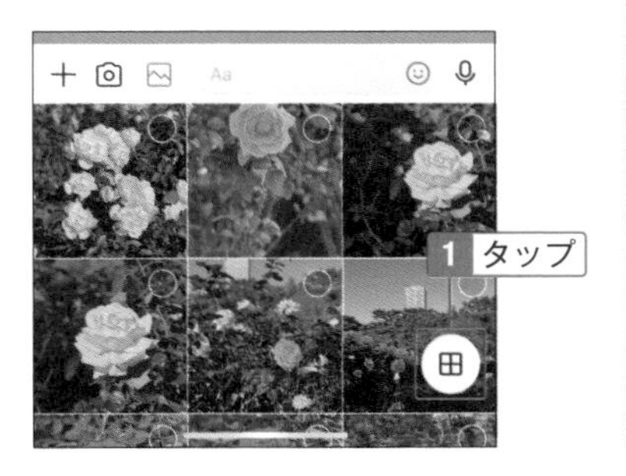

3 送信する写真または動画をタップ。写真右上の○をタップすれば複数選択することも可能。

4 🖊をタップすると手書きを入れることができる。送信するときは➤をタップ。

気持ちをスタンプで送る

イラストで気持ちを伝えよう。有料と無料があり、種類が豊富

LINEは、文字でのやり取りだけではありません。「スタンプ」を使って気持ちを伝えることができます。無料で使えるスタンプでも十分ですが、有料の公式スタンプや一般の人が販売しているスタンプもあるので、好みに合うものを探してみましょう。

スタンプを送信する

1 トークルームで下部にある顔アイコンをタップ。

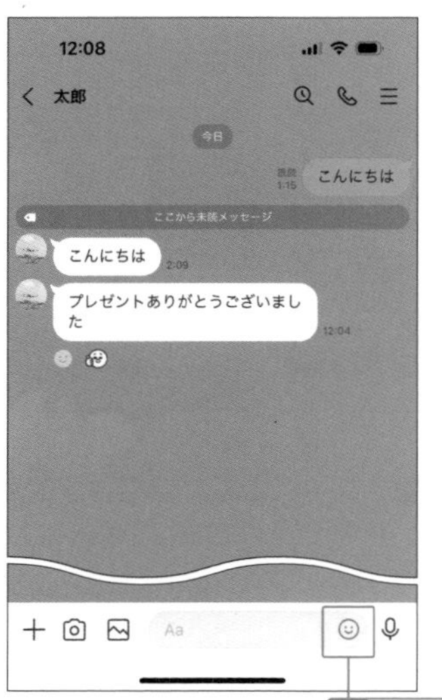

2 スタンプの種類をタップしてスタンプをタップ。はじめて使うスタンプは「ダウンロード」をタップ。

Check
LINEスタンプの種類

LINEのスタンプには、最初から用意されているスタンプの他に、企業やクリエイターが提供しているスタンプがあります。無料と有料のスタンプがあり、無料スタンプの場合は、そのスタンプの企業を友だちとして登録することでダウンロードできます。企業からのメッセージが増えて困るのであれば、スタンプをダウンロードした後にブロックすることもできます（SECTION03-01）。

Hint
スタンプと絵文字の違い

手順2の画面にある をタップして にすると絵文字を入力できます。スタンプは文字とは別に送信しますが、絵文字は文字と一緒に吹き出しの中に入れることができます。

いろいろな無料スタンプを使う

1 「ホーム」をタップし、「スタンプ」をタップ。

2 「スタンプショップ」画面が表示されたら「無料」をタップし、使いたいスタンプをタップ。

> **Note**
>
> **LINEスタンプの「無料」スタンプとは**
>
> 企業や店舗が提供しているスタンプです。友だち登録すれば無料でダウンロードできます。

3 「友だち追加して無料ダウンロード」をタップ。

4 「OK」をタップし、「×」をタップ。

人気の有料スタンプを使う

1 スタンプショップの画面で、「人気」をタップし、欲しいスタンプをタップ。

2 必要なコインを確認し、「購入する」をタップ。

3 コインが不足しているとメッセージが表示されるので、「OK」をタップ。

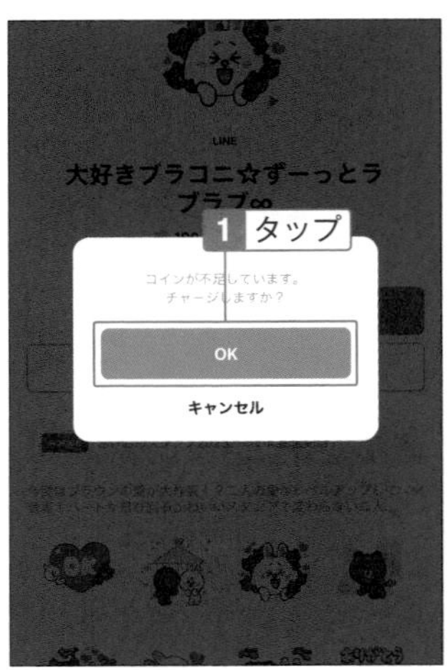

⚠ Check

LINEスタンプの購入方法

LNEスタンプは、「LINEコイン」というLINEアプリ内の仮想通貨で支払います。その際、AppleIDやGoogleアカウントに支払い情報を設定しておく必要があります。

4 購入するコインを確認してチャージする金額をタップ。

5 支払い手続きをする（Androidの場合は支払い方法を選択して手続きする）。

6 「×」をタップ。

Check

クレジットカードを持っていない場合

クレジットカードを持っていない場合は、LINEストア（https://store.line.me/）から、PayPayやWebMoney（プリペイド電子マネー）、モバイルSuicaなどで購入する方法もあります。購入したら、LINEの設定画面→「スタンプ」→「マイスタンプ」からダウンロードします。

7 「OK」をタップ。

8 購入できたら「×」をタップ。他のスタンプと同様に使用できる。

01-10

メッセージを削除する

自分の画面上でだけ消す方法と相手の画面からも消す方法がある

人に見られたら困るメッセージや削除したいメッセージもあるでしょう。また、間違えて別の人に送ってしまうこともあるかもしれません。ここでは、「自分の画面上でのみメッセージを削除する方法」と「送ったメッセージを取り消す方法」を紹介します。

自分の画面のメッセージを削除する

1 トークルームのメッセージを長押しし、「削除」をタップ。

2 削除するメッセージにチェックを付けて、下部の「削除」をタップ。メッセージ画面が表示されたら「削除」をタップすると、メッセージが削除される。

⚠Check

メッセージの削除

ここでの操作の場合、相手の画面のメッセージは削除されません。相手の画面のメッセージも削除したい場合は、24時間以内なら次のページの「送信取消」で削除できます。なお、トーク内容すべてを削除したい場合は、トークリストで削除する友だちまたはグループを左方向へスワイプ（Androidの場合は長押し）して「削除」をタップします。

3 メッセージを削除した。

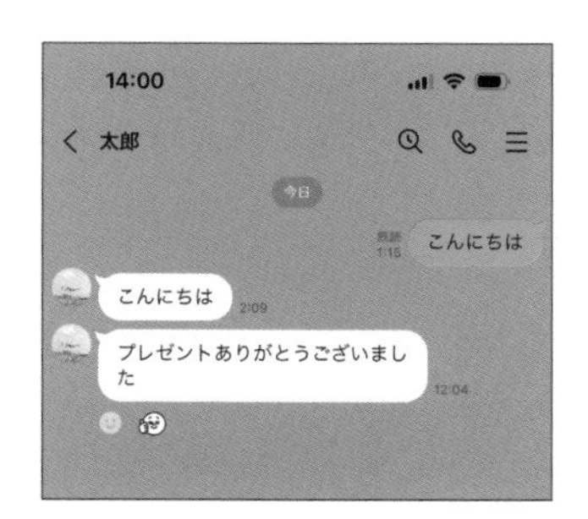

自分と相手の画面のメッセージを削除する

1 メッセージを長押しし、「送信取消」をタップ。

2 「送信取消」をタップ。

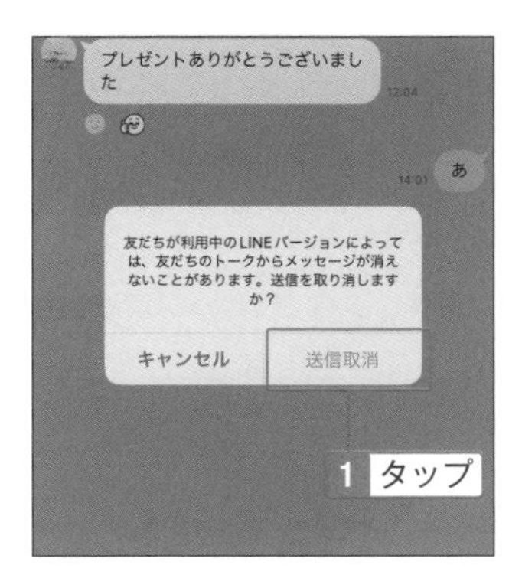

> **Check**
>
> **送信取り消しは相手に気づかれるの？**
>
> 間違えて別の人に送ってしまった場合や内容を間違えた場合には、送信を取り消すことが可能です。ただし、相手側の通知設定によってはスマホのホーム画面に表示されて内容を読めてしまうこともあります。また、相手の画面にも「送信を取り消しました」と表示されるので、取り消したことは気づかれます。何度も取り消していると不審に思われることもあるので、落ち着いて送信するようにしましょう。

3 送信を取り消すと、「送信を取り消しました」と表示される。

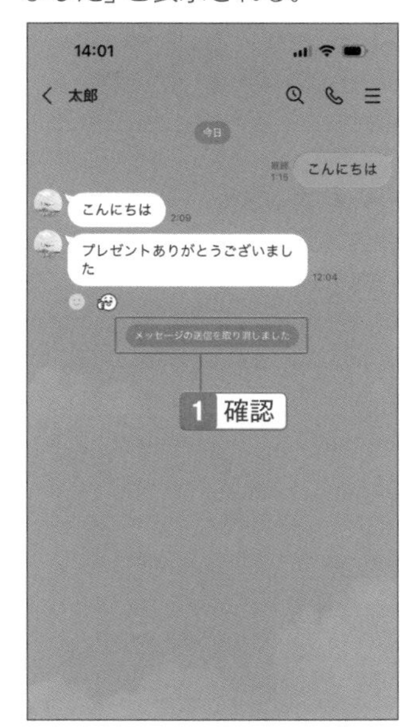

トークのメッセージを固定表示する

必読メッセージは常に表示させておく

「アナウンス」を使うと、トークルーム内の上部に最大5件までのメッセージを固定表示させることができます。相手の画面にも固定されるので、忘れてはいけないメッセージを固定させたり、グループトークでお知らせを固定させたりなどの使い方ができます。

アナウンスでメッセージを固定する

1 メッセージを長押しし、「アナウンス」をタップ。

2 トークルームの上部に固定された。タップするとメッセージに移動する。

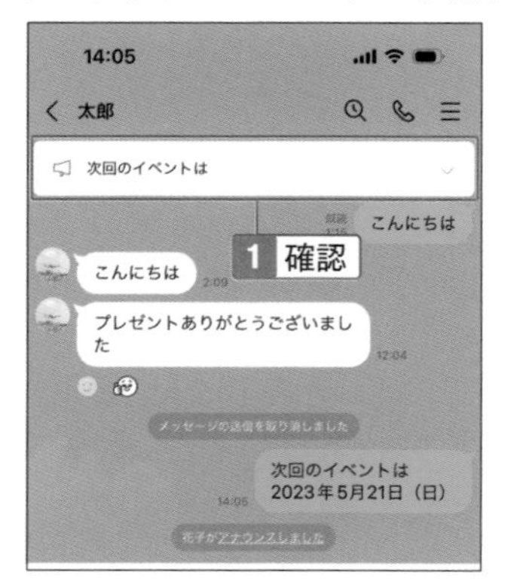

3 「v」をタップし、「今後は表示しない」をタップすると非表示になる。相手の画面には表示されている。

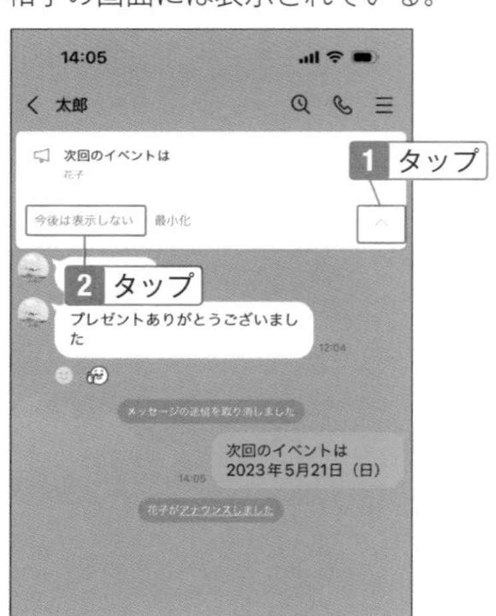

Check

アナウンスを解除するには

アナウンスを解除して、相手の画面上も非表示にする場合は、手順2で「v」をタップし、メッセージを左方向へスワイプ（Androidの場合は長押しして「アナウンス解除」）をタップします。

Chapter

02

いろんなファイルや音声も送れるトーク機能を使いこなそう

LINEのトークは、写真や動画をはじめいろいろなファイルを共有できます。今までメールで送っていたPDFやExcelなどのファイルもLINEで送れるので、会話の途中で資料を送ることになってもメールアプリを起動する必要がありません。音声通話やビデオ通話も無料でできます。この章を参考にして、LINEの機能をフルに活用してください。

02-01

ExcelやPDFなどのファイルを送る

LINEで送れば相手が読んだことがわかって便利

LINEのトークは、写真や動画だけでなく、PDF やExcelファイルも送信できます。メールでファイルを送る場合、タイムラグが出るときがありますが、LINEならすぐに送信されるので、急ぎで送りたいとき便利です。

PDFファイルを送信する

1 トークルーム下部の「＋」をタップ。

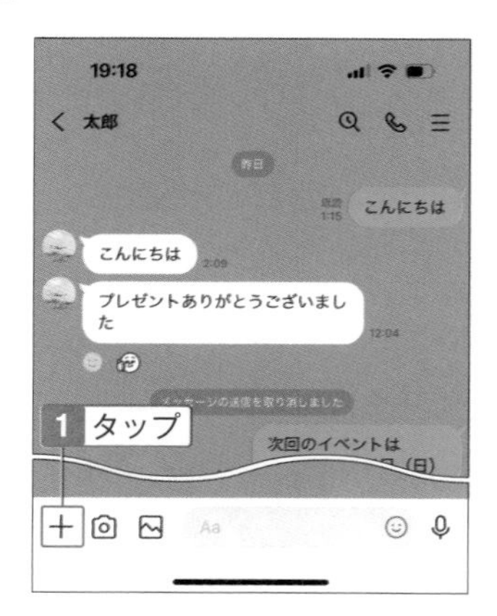

2 「ファイル」をタップしてファイルを選択。

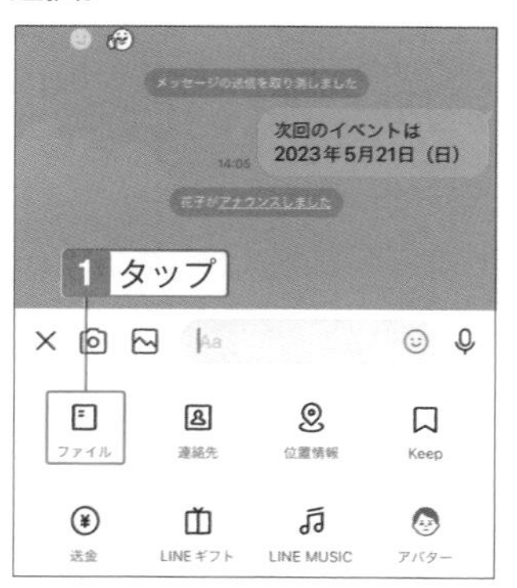

3 「送信」(Androidの場合は「はい」)をタップ。

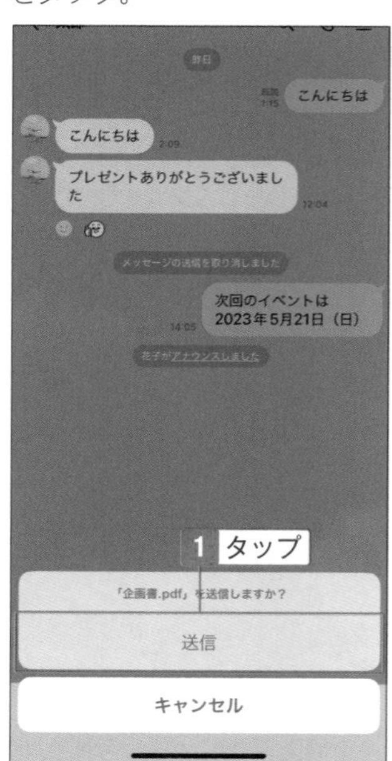

Hint

位置情報を送るには

集合場所などを知らせたいときに、位置情報を送信することもできます。手順2の画面で「位置情報」をタップして場所を指定します。現在地を送る場合は、スマホの位置情報をオンにして送信してください。

02-02

音声を送る

文字入力が苦手な人におすすめ。留守番電話代わりにもなる

意外と知られていませんが、LINEで自分の声を送れます。長文で文字入力に時間がかかる場合やお祝いの気持ちを伝えたいときなどに送ってみましょう。SECTION02-09の音声通話で呼び出した相手が応答しなかった場合に、留守番電話のようにも使えます。

音声を録音して送る

1 トークルームのメッセージボックスの右にあるマイクのアイコンをタップ。メッセージが表示されたら「設定」をタップしてマイクをオンにする。

> **Check**
> ### マイクをオンにする
> ボイスメッセージを使うには、スマホ本体のマイクへのアクセスを許可する必要があります。iPhoneの場合は、「設定」アプリの「LINE」（Androidの場合は、「設定」アプリの「アプリ」→「LINE」→「権限」）で設定します。

2 中央の「マイク」アイコンを押したまま話しかける。終わったら指を放す。キャンセルする場合は、左右上下のどちらかにスライドさせる。

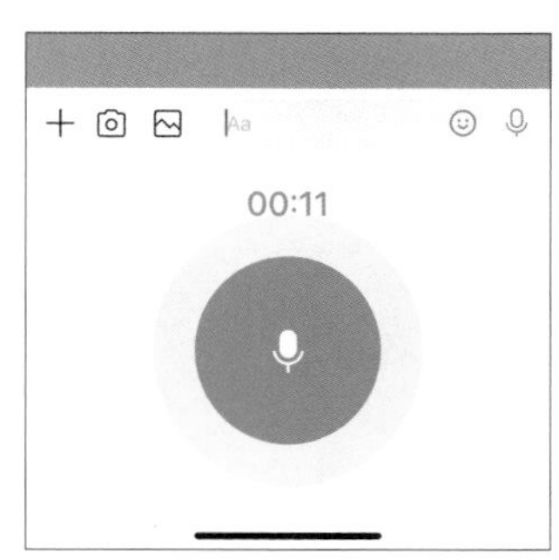

3 音声を送信した。

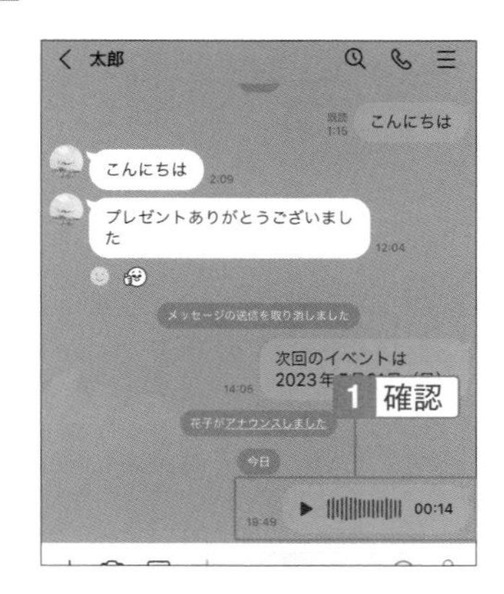

02-03

友だちに別の友だちを紹介する

友だち追加する方法の中で、最も簡単

SECTION01-05で友だちを追加する方法を説明しましたが、友だちの紹介で追加することもできます。企業やお店などの公式アカウントをおすすめするときにも便利です。ここでは友だちを紹介する方法と、紹介してもらった友だちを追加する方法を説明します。

友だちを紹介する

1 友だちとのトークルームを表示し、下部の「＋」をタップ。

Check

簡単に友だち追加する方法

SECTION01-05で友だちの追加方法を説明しましたが、ここでの方法を使うと素早く追加できます。ただし、勝手に友だちに紹介されると困る人もいるので、よく考えてから紹介するようにしましょう。

2 「連絡先」をタップ。

3 「LINE友だちから選択」をタップ。

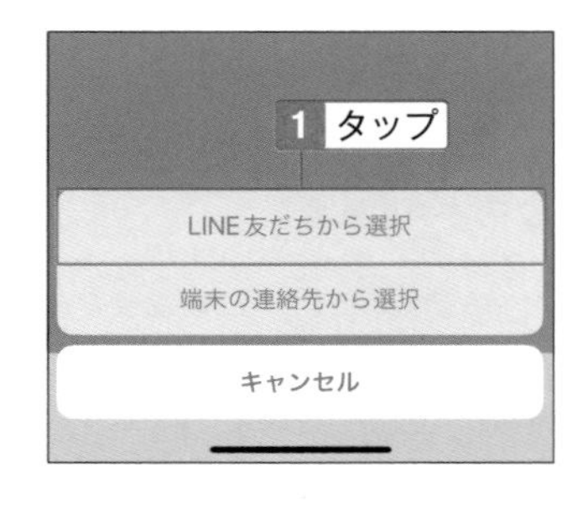

4 紹介する友だちをタップし、「送信」（Androidの場合は「転送」）をタップ。

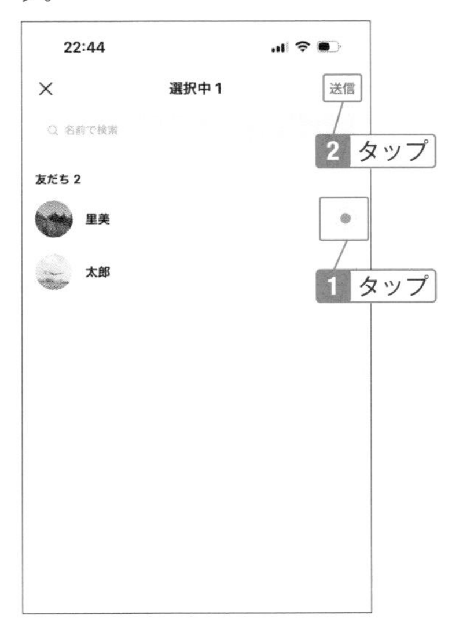

5 紹介した。

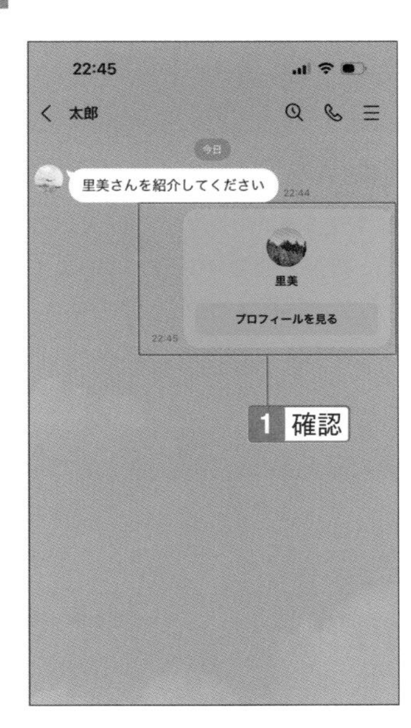

紹介してもらった友だちを追加する

1 紹介してもらった友だちをタップ。

2 「追加」をタップ。

複数の人とやり取りする

招待した人を自動で追加する方法と参加の可否を選んでもらう方法がある

LINEは1対1のやり取りだけではなく、複数の人と同時にやり取りすることもできます。はじめに指定した参加者だけでなく、後から招待することも可能です。アルバムやノートを共有して、幅広く活用しましょう。

グループを作成する

1 「ホーム」の「グループ作成」をタップ。

2 グループに入れる人をタップし、「次へ」をタップ。

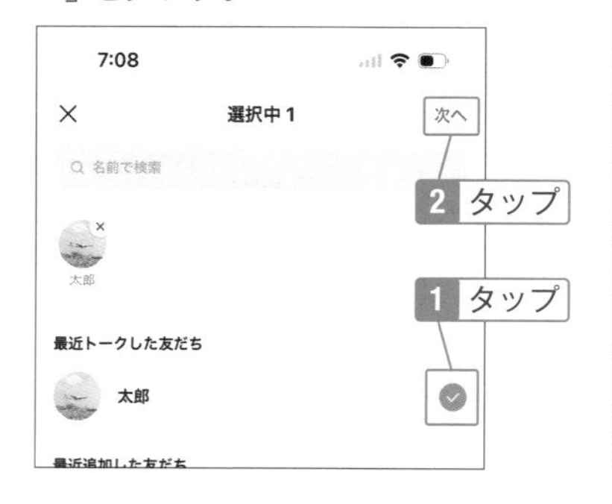

3 グループ名を入力し、グループに参加するか否かを選択してもらう場合は「友だちをグループに自動で追加」のチェックをはずす。「作成」をタップ。

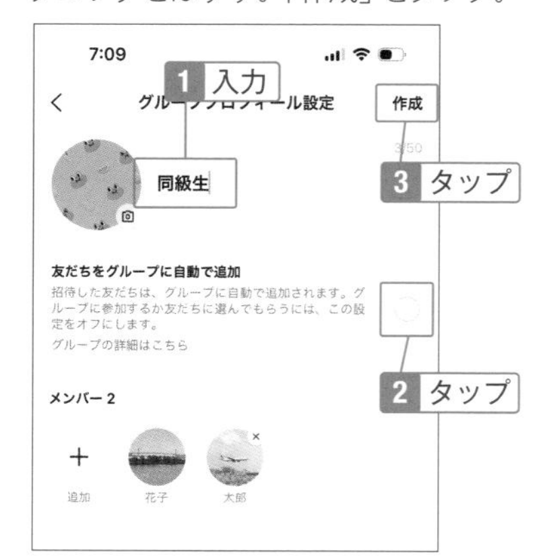

Hint

グループの作成方法

画面下部の「トーク」をタップし、画面右上にあるをタップして「グループ」をタップしても作成できます。

Hint

トークルームでグループを作成する

グループのトークルームで右上の☰をタップし、「招待」をタップした画面からグループを作成することも可能です。

友だちをグループに追加する

1 グループのトークルームで右上の☰をタップし、「招待」をタップ。

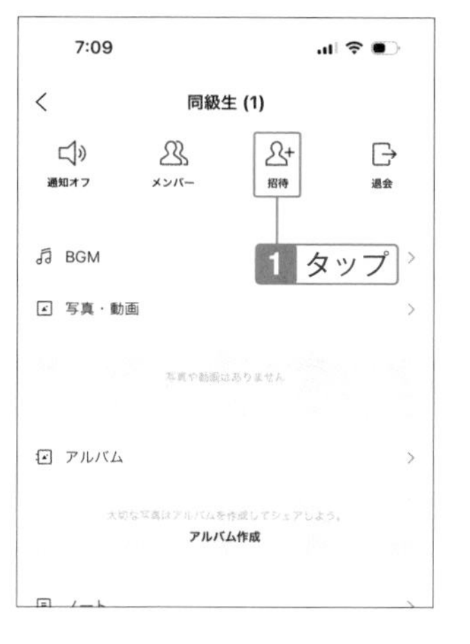

2 グループに入れたい人をタップし、「招待」をタップ。

グループに参加する

1 自動追加ではないグループに招待された場合、下部の「トーク」をタップするとグループが表示されるのでタップ。

2 グループに入る場合は「参加」をタップ。入らない場合は「拒否」をタップ。

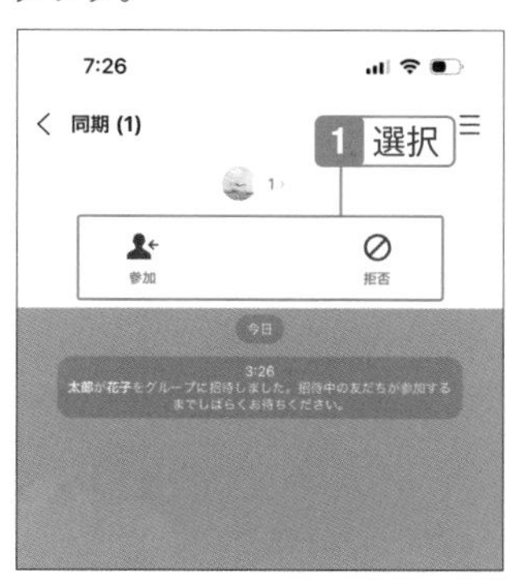

Check

グループを退会・削除するには

グループから抜けたい場合は、トークルーム右上の☰をタップして「退会」をタップします。再度参加する場合は招待してもらいます。グループの参加者が誰もいなくなるとグループは削除されます。

02-05 メッセージを画像にして送る

文字と写真を含めた一連のやり取りを1つの画像にして送れる

LINEでやり取りした内容を伝えたいとき、文章をコピーして貼り付けるよりも、その画面を画像として送った方が簡単です。通常のスクリーンショットでは画面に表示している部分のみですが、ここで紹介する方法なら会話の一部始終を画像にできます。

トークスクショを使う

1 画像にしたいメッセージを長押しし、「スクショ」をタップ。

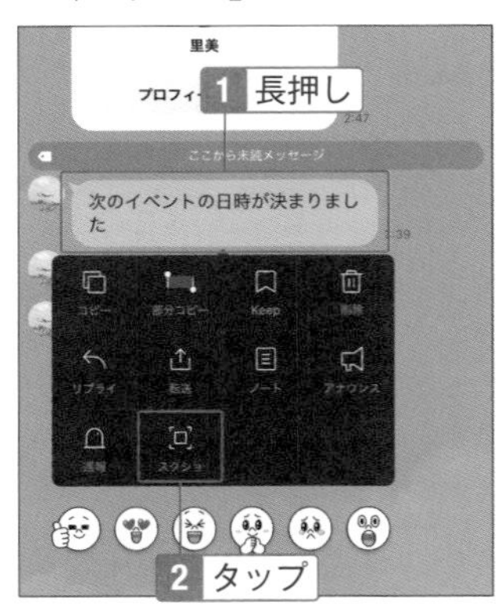

2 メッセージが明るくなった。

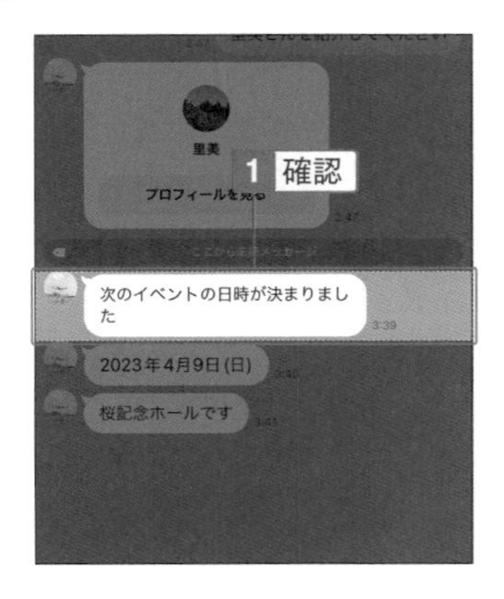

3 前後のメッセージをタップ。画像にする部分が明るくなっていることを確認し、「スクショ」をタップ。

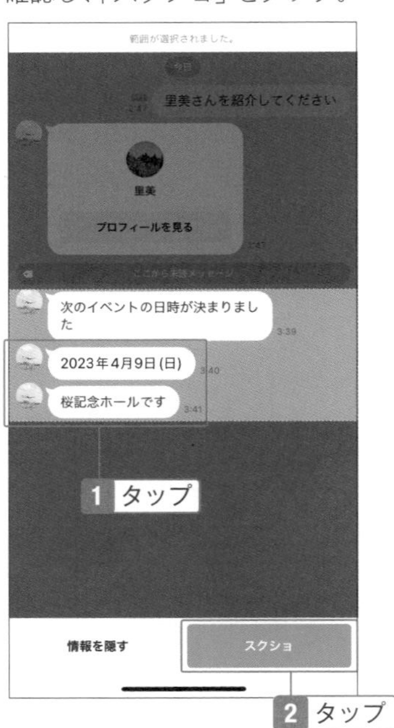

Note

トークスクショとは

スマホの画面を画像にできるスクリーンショットでは、画面に表示されている部分のみとなりますが、トークスクショを使うと画面に収まっていない部分も画像にできます。

4 (Androidは) をタップ。スマホに保存する場合は右下のをタップ。

5 友だちやグループを選択し、「転送」をタップ。

6 メッセージを画像として送信した。

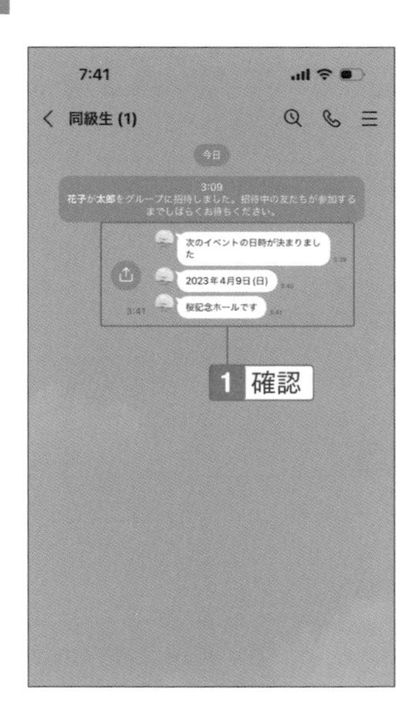

Hint

アイコンを隠して送るには

手順3の画面で下部にある「情報を隠す」をタップすると、やり取りしている人のアイコンを隠すことができます。

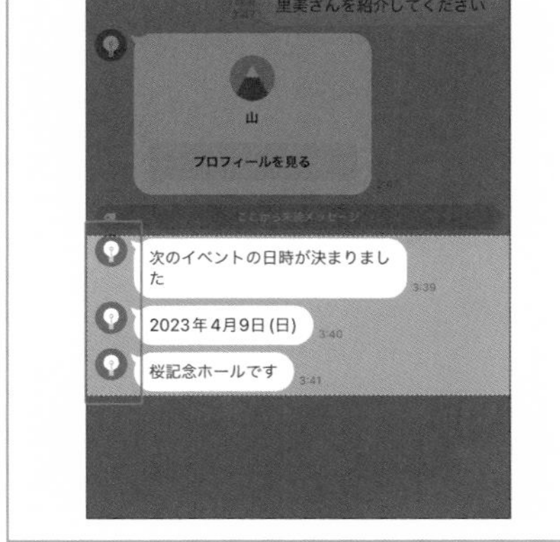

アルバムを使って写真を友だちと共有する

トークの写真を残しておきたいならアルバムに入れよう

トークで送信した写真は、一定期間が過ぎると削除されます。そのため、以前送った写真を再度見たいときに表示されず困ることがあります。そのような場合、大事な写真はアルバムに保存しておきましょう。そうすればいつでも見ることができます。

アルバムを作成する

1 トークルーム右上の☰をタップ。

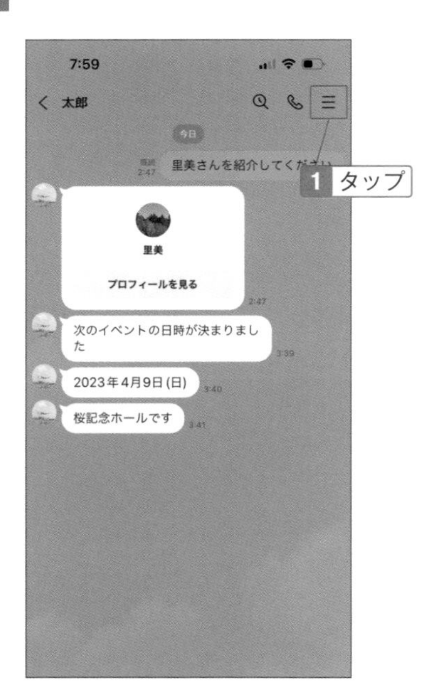

2 「アルバム作成」をタップ。次回以降は「アルバム」をタップ。

3 右下の「＋」をタップ。

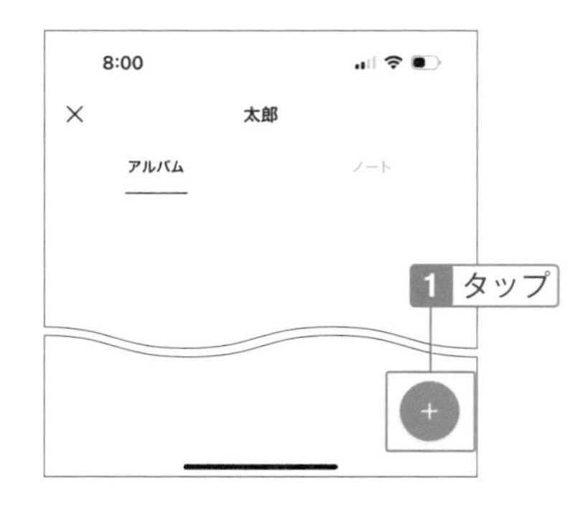

Note アルバムとは

アルバムとは、友だちやグループで写真を共有したいときに、写真を保管しておくフォルダーのようなものです。1つのトークに最大100個のアルバムを作成でき、1つのアルバムには1000枚までの写真を登録できます。

4 アルバムに入れる写真の○をタップし、「次へ」をタップ。

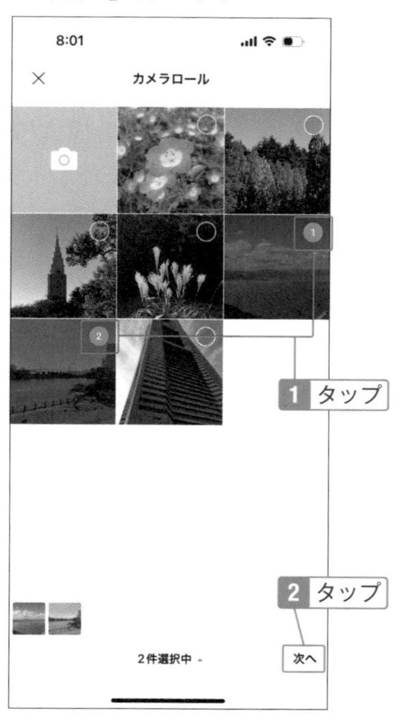

5 アルバム名を入力し、「作成」をタップ。

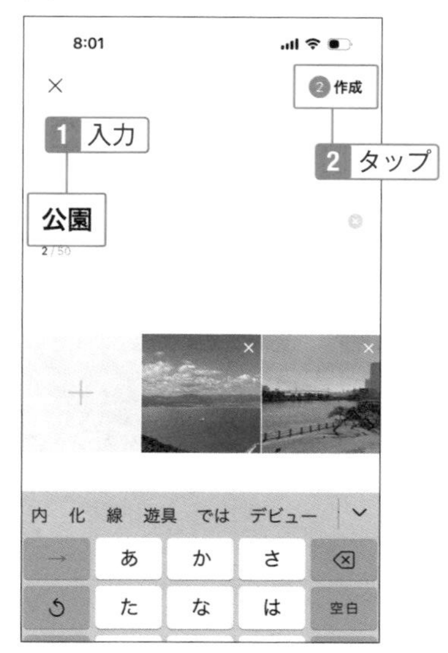

6 作成したアルバムをタップ。

7 アルバム内の写真が表示される。右下の「＋」をタップして写真を追加できる。

Check

アルバムの写真やアルバム自体を削除するには

手順7の画面で削除したい写真をタップし、右上にある■をタップして「写真を削除」をタップします。アルバム自体を削除する場合は、手順6の画面でアルバムの右下にある…をタップし、「アルバムを削除」をタップします。

02-07

メッセージや動画を友だちと共有する

大事なメッセージや動画をノートに保存。特にグループトークで役立つ

SECTION02-06では、写真を保存するアルバムを紹介しましたが、トークでやり取りしたメッセージや動画、スタンプ、位置情報などを保存したい場合はノートを使います。途中からグループに参加した人は、ノートを見ればよいのでわざわざ送ってもらう必要がありません。

メッセージをノートに投稿する

1 トークルーム右上の≡をタップした画面で「ノート」をタップ。

Note

ノートとは

　メッセージや写真、動画、スタンプ、URLリンクなどを保存してトーク相手と共有できる機能です。特に、複数人のグループトークの場合は、メッセージが埋もれてしまうことがよくあるので、大事な情報をノートに保存しておくと便利です。容量は無制限ですが1つの投稿につき、20までの写真や動画を保存できます。なお、動画は5分までです。

2 「+」をタップ。

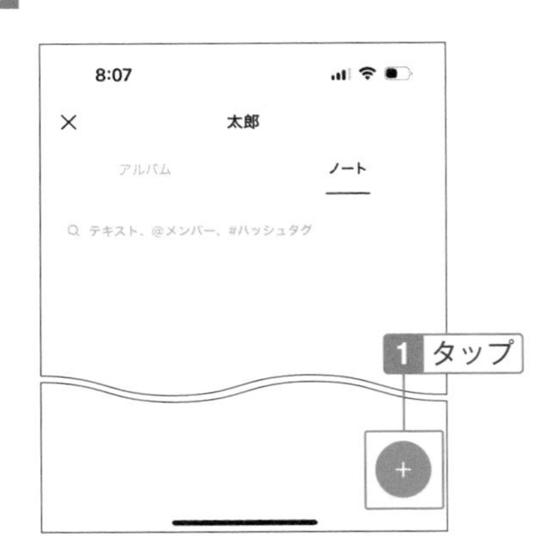

3 「投稿」をタップ。

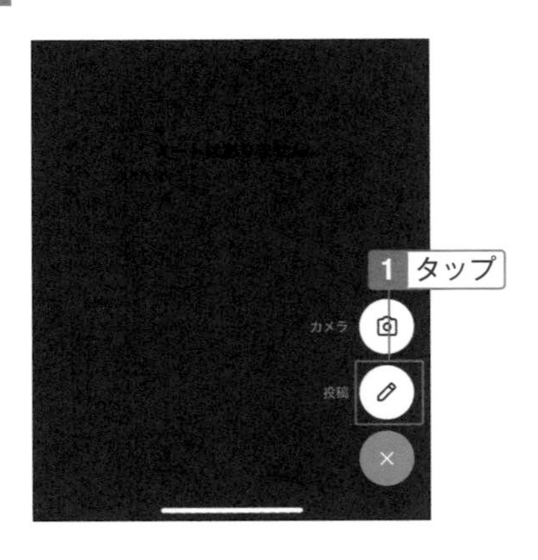

4 文字を入力し、「投稿」をタップ。

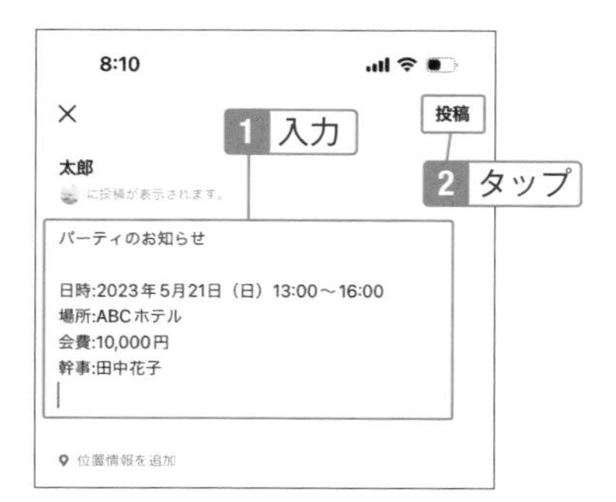

> **Check**
>
> **ノートを見るには**
>
> トークルームの☰をタップし、「ノート」をタップすると、一覧で表示されるので、タップして開くことができます。

トークルームのメッセージをノートに保存する

1 メッセージを長押しし、「ノート」をタップ

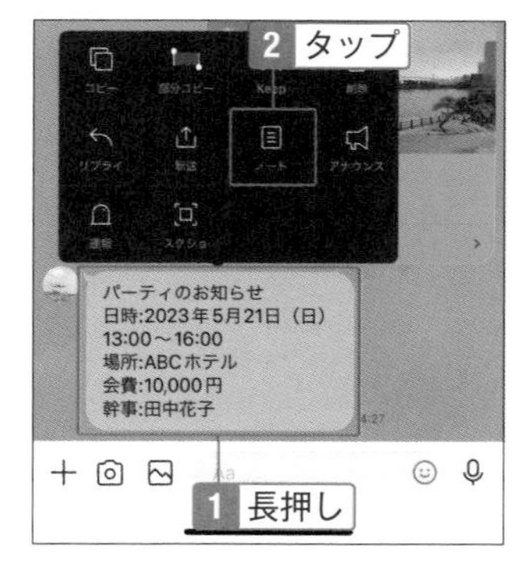

2 ノートに投稿するメッセージの○をタップし、「ノート」をタップ。

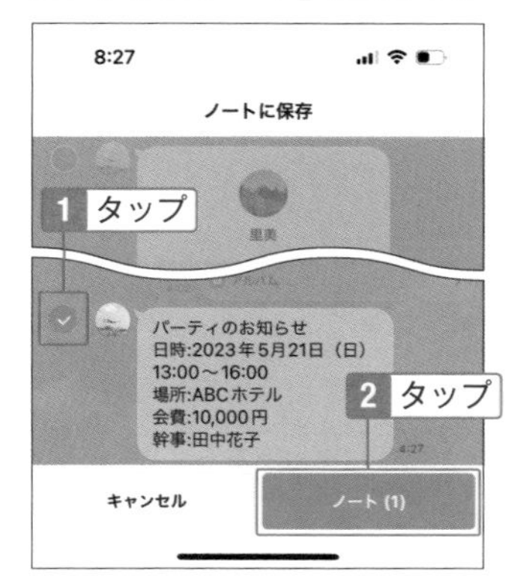

3 「投稿」をタップ。

> **Check**
>
> **ノートの投稿を削除するには**
>
> 「ノート」の画面で削除したい投稿の⋮をタップして「投稿を削除」をタップすると削除できます。ただし、削除できるのは投稿者のみです。

02-08

写真や動画を自分用に保存する

自分用に保存するならKeep。1GBのストレージとして使える

前のSECTIONの「ノート」は、トークルーム内の他の人も見ることができます。自分だけのデータとして保存しておきたいときには「Keep」を使います。ここでは、トークルームで受信したデータをKeepに保存する方法と「Keepメモ」のトークルームから送る方法を紹介します。

メッセージをKeepする

1 メッセージや画像を長押しし、「Keep」をタップ。

2 保存したいメッセージや画像の○をタップし、「保存」(Androidの場合は「Keep」) をタップ。

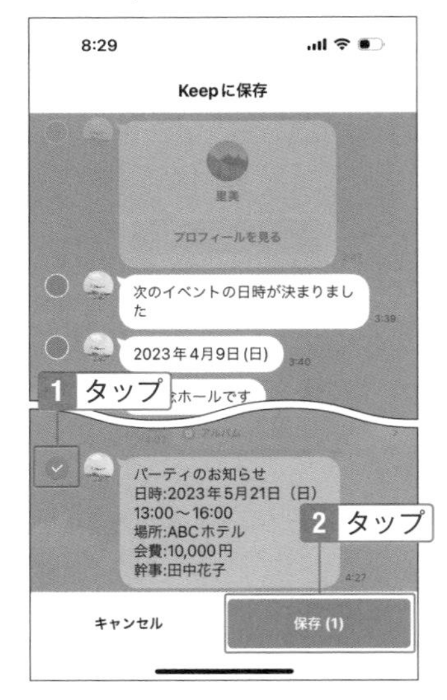

Note

Keepとは

トークルームのやり取りで、メッセージや写真、PDFファイルなどを保存できる機能です。ノートは、参加者全員が見られますが、Keepは自分のLINEに保存されるので、他の人に見られることがありません。

Check

Keepに保存できる容量

Keepに保存できる容量は1GBまでで、動画の場合は最大5分、テキストは最大10,000文字です。保存期間は無制限（1ファイルが50MBを超える場合にのみ保存期間が30日間）です。Keepの残容量を知りたい場合は、「ホーム」画面で右上の⚙→「Keep」→「Keepストレージ」で確認できます。

Keepしたメッセージや画像を見る

1 「ホーム」をタップし、「Keep」ボタンをタップ。

2 保存したメッセージや画像の一覧が表示され、タブで分類されている。右下の「+」をタップして追加も可能。

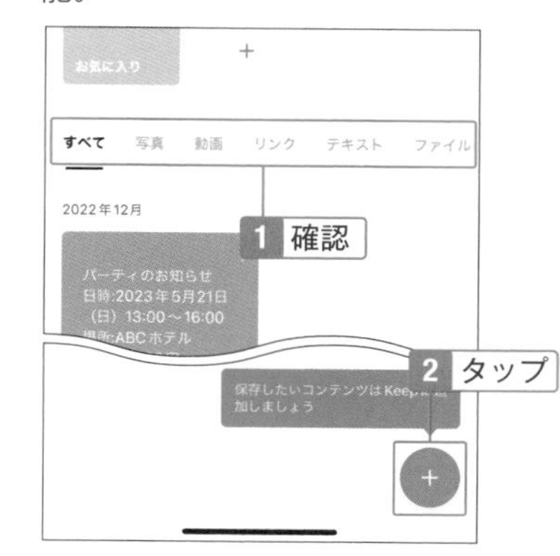

Keepメモのトークで保存する

1 下部の「トーク」をタップし「Keepメモ」をタップ。

2 保存したいメッセージや写真動画などを送信するとKeepに保存される。

Check

Keepに保存したメッセージを削除するには

Keepに保存したメッセージや写真の右上にある⋮をタップして「削除」をタップします。その後、表示されたメッセージの「削除」をタップすると削除できます。なお、「Keepメモ」トークルームのメッセージや写真を削除するとKeepからも削除されるので注意してください。

音声通話やビデオ通話を使う

ハンズフリーや不在着信機能があり、テレビ電話のようにも使える

スマホの電話を使わなくても、LINEに登録している友だちと無料で音声通話をすることができます。また、テレビ電話のように相手の顔を見ながらの通話も可能です。通話できないときには「拒否」をタップしておけば、トーク画面の履歴からかけ直すことができます。

音声通話を開始する

1 「ホーム」の「友だち」をタップし、友だちリストで通話したい友だちをタップ。

2 「音声通話」をタップし、「開始」をタップ。最初に利用するときはマイクや電話へのアクセス許可のメッセージが表示されるので許可する。

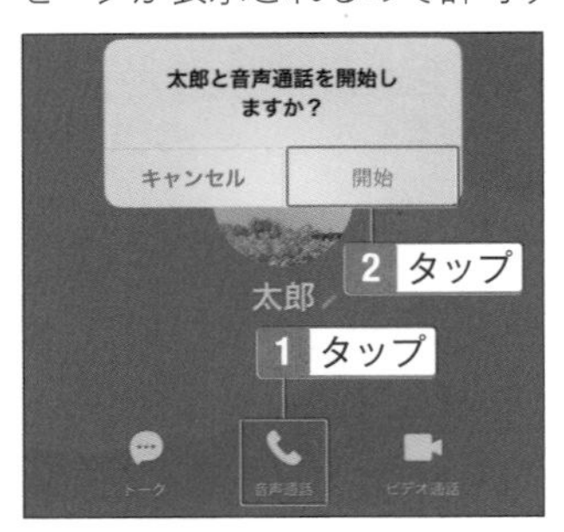

Check

トーク中の相手と通話するには

トークルームの右上にある受話器のアイコンをタップして「音声通話」をタップすると発信できます。

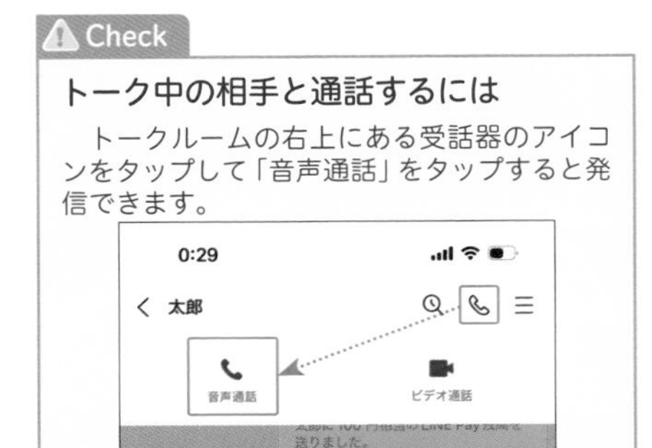

3 発信される。

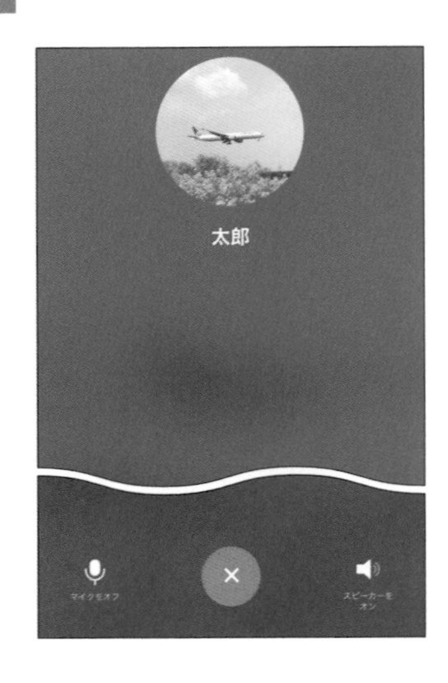

応答する

1 相手からかかってきたときは✓をタップ。車の運転中など通話できないときは×（Androidの場合は「応答」と「拒否」）をタップする。

Check

応答できないときは

応答できなかった場合は、トークルームに「不在着信」と表示されます。かけ直すときは、「不在着信」をタップして、「音声通話」をタップすれば発信できます。

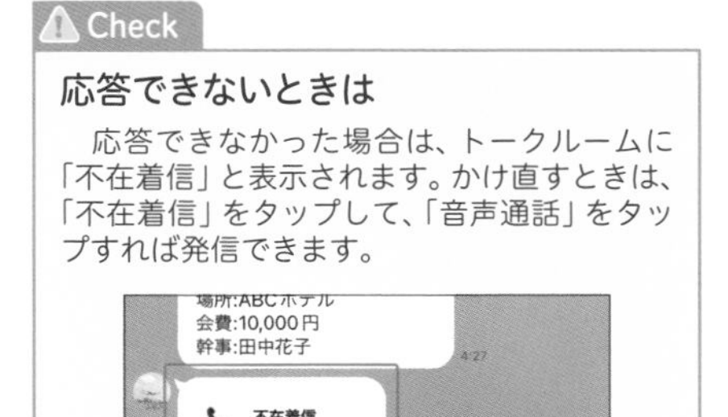

2 スピーカーをタップしてオフにするとスマホを持たずに机の上に置くなどして通話できる。保留にするときはマイクをタップしてオフにすると相手にこちらの音は伝わらない。終わりにするときは×をタップ。

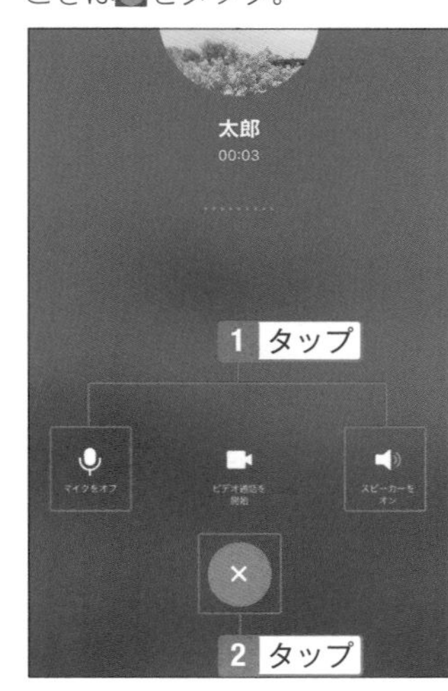

ビデオ通話を開始する

1 「友だちリスト」で通話したい友だちをタップし、「ビデオ通話」をタップして「開始」をタップ。

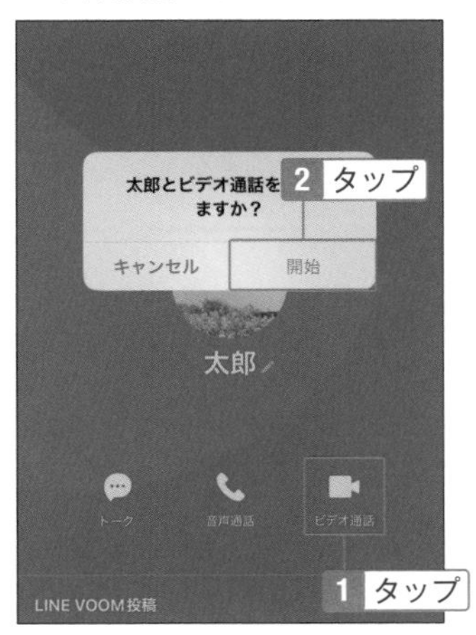

2 発信され、相手が出ると相手の顔が映し出され通話できる。右上のカメラ切替をタップするとアウトカメラに変えられる。下部の「エフェクト」から顔の加工や背景の設定が可能。終わりにするときは×をタップ。

02-10

LINEミーティングを使う

他のアプリを使わなくても、LINEでビデオ会議ができる

ビジネスではビデオ会議ツールが欠かせなくなっていますが、LINEにも同様の機能があります。アプリをインストールしなくても、LINE上ですぐに開始できるので便利です。友だち登録していない人を招待することもでき、皆でYouTubeを見ながらおしゃべりも可能です。

LINEミーティングを開始する

1 画面下部の「トーク」をタップして、右上のをタップ。

2 「ミーティング」をタップ。

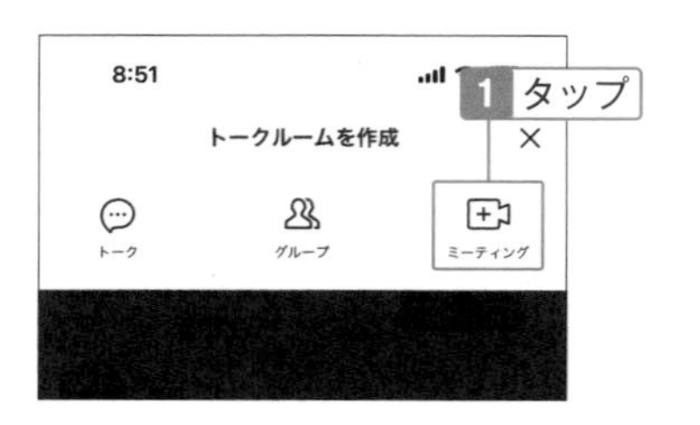

3 「ミーティングを作成」をタップ。

Note

LINEミーティングとは

グループや複数人のトークを使わなくても、指定のURLにアクセスするだけでグループビデオ通話ができます。最大500名まで参加でき、LINEの友だちになっていない人でもURLを知らせれば参加可能です。パソコン版LINEでも使用できます。

4 をタップしてミーティング名を変更できる。「開始」をタップ。マイクのメッセージが表示されたら許可する。

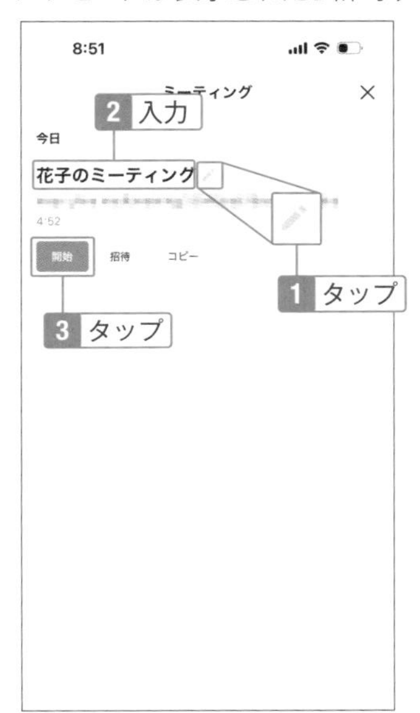

5 カメラとマイクをオンにし、「参加」をタップして、「確認」をタップ。

Check

ミーティングに招待するには

手順4で「招待」をタップして友だちを招待できます。LINE友だち以外の人を招待する場合は、「コピー」をタップしてリンクを送信します。

6 ミーティングが始まる。

❶ タップすると参加者が表示される
❷ タイムが表示される
❸ 画面を縮小表示にする
❹ ミーティングに招待する
❺ 参加メンバーの確認やミーティングの設定ができる
❻ スタンプを送れる
❼ 退出するときにタップする
❽ マイクのオン・オフの切り替え
❾ カメラのオン・オフの切り替え
❿ 背景を設定できる。顔に効果を付けたり、アバターの使用も可能
⓫ YouTubeや自分の画面を表示できる

オープンチャットを使う

匿名でいろいろなチャットに参加できる

通常のトークは、登録している友だちとのやり取りですが、オープンチャットは不特定多数の人とやり取りができる機能です。トークで使用している名前とは別の名前を付けられるので匿名で利用できます。自分でオープンチャットを作成することも可能です。

オープンチャットに参加する

1 画面下部の「トーク」をタップし、右上のをタップ。

2 おすすめやカテゴリから好みのチャットを選択。キーワードで検索することも可能。参加するチャットをタップ。

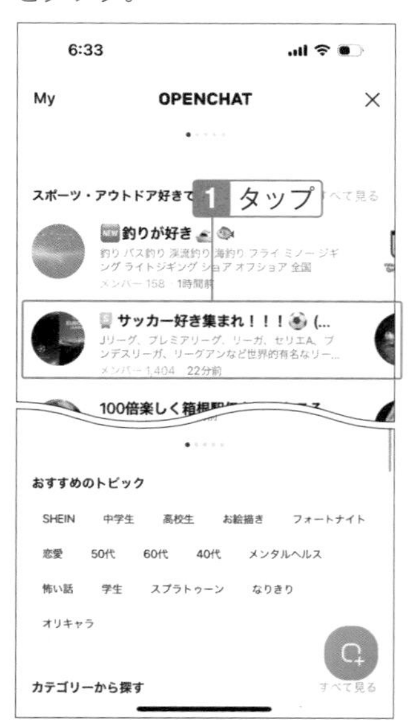

Note
オープンチャットとは

友だち以外の人とやり取りできる機能で、ジャンルごとにさまざまなチャットがあります。新たに作成することもでき、公開設定にすることも、非公開にして特定の人だけでやり取りすることもできます。最大10,000人まで参加可能です。途中から参加した人も遡って内容を読むことができるのも特徴の一つです。なお、ニックネームはトークルームごとに変えられます。

Check
オープンチャットを作成するには

手順2の画面下部にあるをタップして、好きなジャンルのチャットを作成することも可能です。なお、参加済みのオープンチャットはトークリストに表示されます。

3 「新しいプロフィールで参加」をタップ。同意書が表示されたら一読して「同意」をタップ。

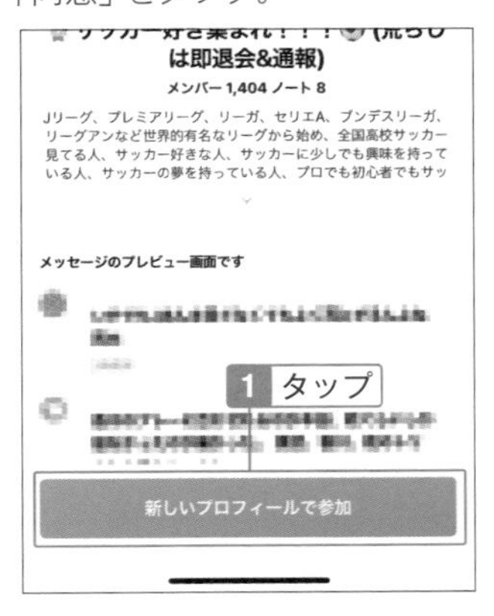

4 オープンチャットで使用するニックネームを入力し、「参加」をタップすると会話できる。

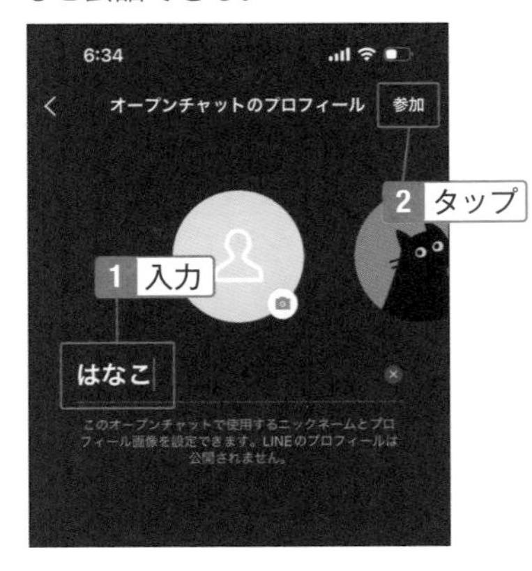

チャットを退会する

1 退会するときは☰をタップ。

2 「退会」をタップし、「トーク退出」をタップ。

Check

オープンチャットを削除するには

作成者または管理者は、手順2の画面下部にある「その他」→「オープンチャットを削除」をタップすると削除できます。なお、管理者が退出して誰もいなくなるとチャットは削除されます。

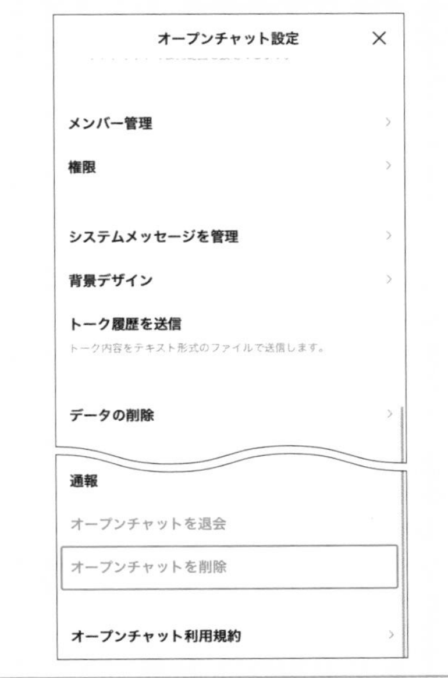

パソコンでLINEを使う

スマホとパソコン同時に使うこともできる

スマホでLINEを使っているのなら、パソコンでも使うことができます。パソコン用のLINEアプリをインストールする必要がありますが、LINEに送られてきたPDFファイルやOfficeファイルをパソコンで使いたいときに簡単にダウンロードできるので便利です。

PC版のLINEにログインする

1 LINEのサイト（https://line.me/ja/）にアクセスする。その後「ダウンロード」ボタンをクリックしてダウンロードし、パソコンにインストールする。

2 スマホのホーム画面でLINEのアイコンを長押しし、「QRコードリーダー」をタップ。

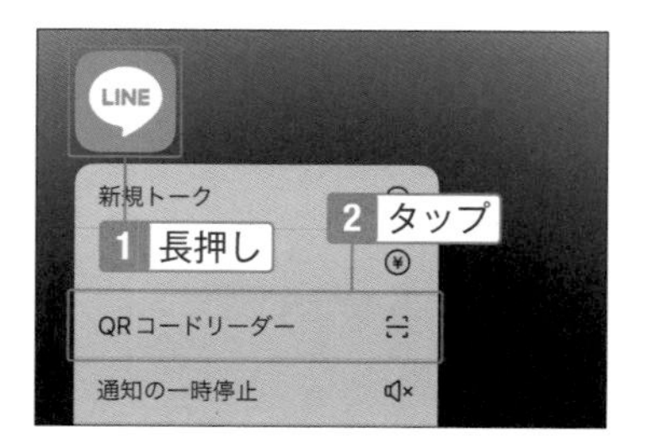

3 パソコン版LINEを起動し、表示されているQRコードを読み取る。

Check

LINEのPC版でログインするには

PC版のログイン方法は、「QRコードを使う方法」の他に、「メールアドレスまたは電話番号を使う方法」「スマホの生体認証を使う方法」があります。

4 スマホの画面に「ログインしますか？」と表示されるので、「ログイン」をタップ。

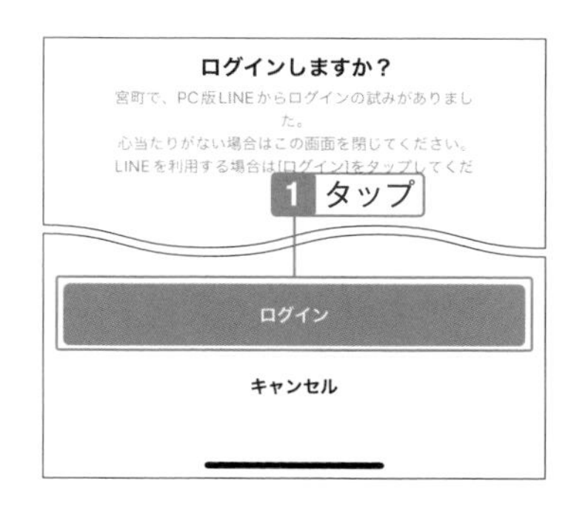

Check
ログインできない場合

他の端末からのログインを許可していない場合はパソコン版LINEを使えません。LINEの「設定」画面で、「アカウント」→「ログイン許可」をオンにしてください。

5 パソコンに表示された番号をスマホの画面に入力し、「本人確認」をタップ。

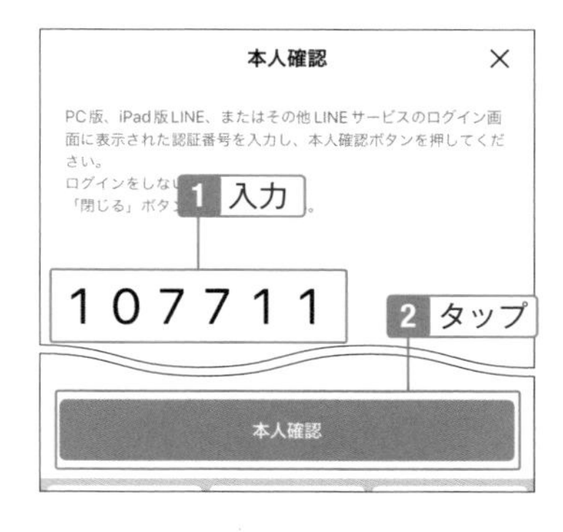

Check
レンタルのパソコンを使うときの注意

他人のパソコンを使う場合は、手順3の画面にある「自動ログイン」と「Windows起動時に自動実行」のチェックをはずしておきましょう。また、終了時は、手順6の画面左下にある■をクリックし「ログアウト」をクリックしてください。

6 パソコンで使えるようになった。

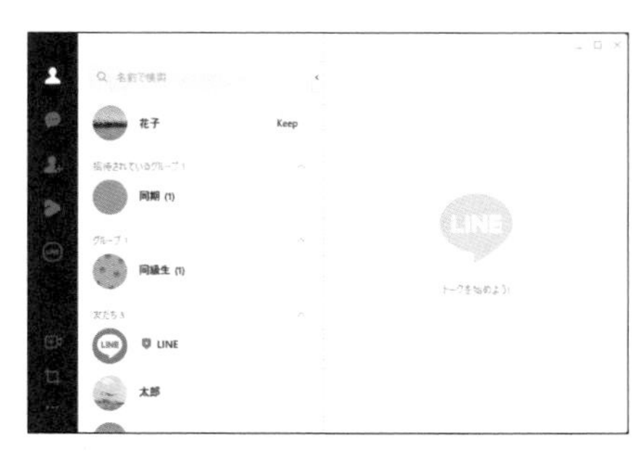

Hint
スマホの生体認証でログインするには

手順3で「スマートフォンを使ってログイン」をクリックしてLINEに登録している携帯電話番号を入力し、「スマートフォンを使ってログイン」をクリックします。「認証番号を確認する」をクリックすると番号が表示されるので、スマホのLINEのホーム画面で→「アカウント」→「FaceID」（Androidの場合は「生体情報」の「連携する」）タップし「許可する」をタップします。続いて「他の端末と連携」をタップし、パソコンの画面に表示されている番号を入力して「ログイン」をタップします。以降はスマホの生体認証でログインできます。

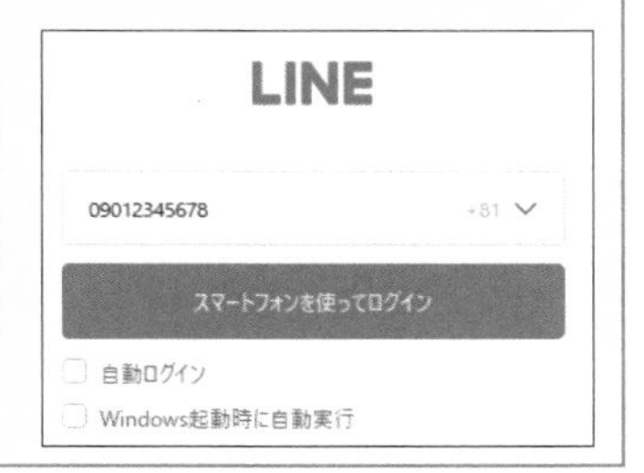

02-13

ストーリーを投稿する

24時間で削除されるストーリーなら気兼ねなく投稿できる

投稿後24時間経つと自動的に消えるストーリーは、InstagramやFacebookでおなじみですが、LINEにもあります。ストーリーは、複数のストーリーが連なって投稿され、アイコンをタップすることで続けて見てもらえる仕組みになっています。

ストーリーに動画を投稿する

1 「VOOM」をタップし、「フォロー中」をタップ。続いて「ストーリー」の「＋」をタップ。

⚠Check

フォローについての画面が表示された

はじめてVOOMの画面を開いたときにVOOMのフォローについてのメッセージが表示されます（SECTION02-14参照）。

2 写真を使う場合は「写真」、動画の場合は「動画」をタップする。また、右下のサムネイルをタップして撮影済みの写真や動画を使用することも可能。

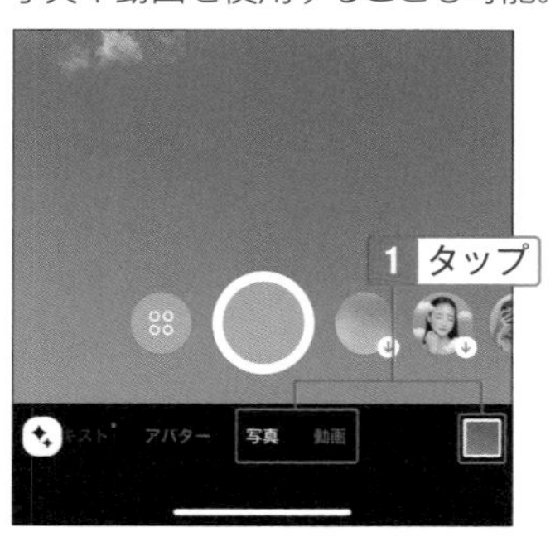

⚠Check

友だちのストーリーを見るには

友だちがストーリーを投稿していれば、友だち一覧のアイコンの周囲が緑の丸で囲まれるのでタップして再生できます。

3 「動画」をタップし、「撮影」ボタンを押すと動画を撮影できる。

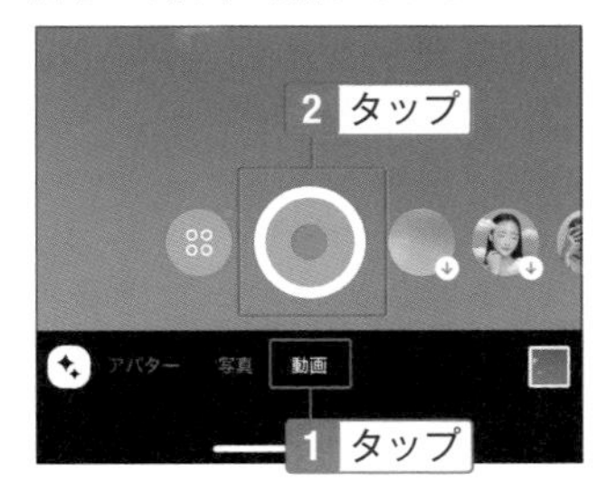

4 撮影を中断する場合はⅡをタップする。撮影を終わりにするには◎をタップ。

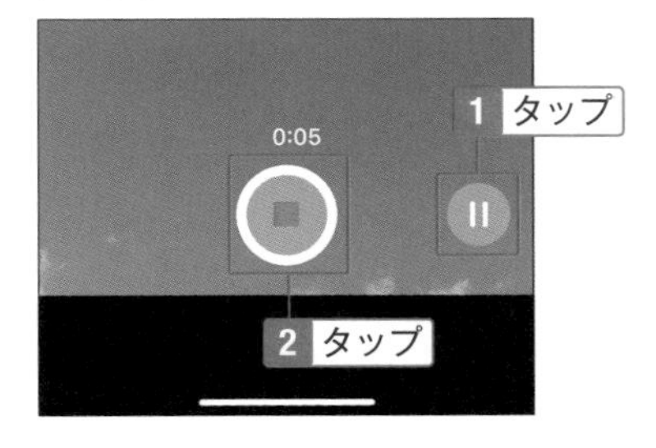

5 右側のアイコンで文字やスタンプを入れられる。公開設定を確認し、「完了」をタップ。

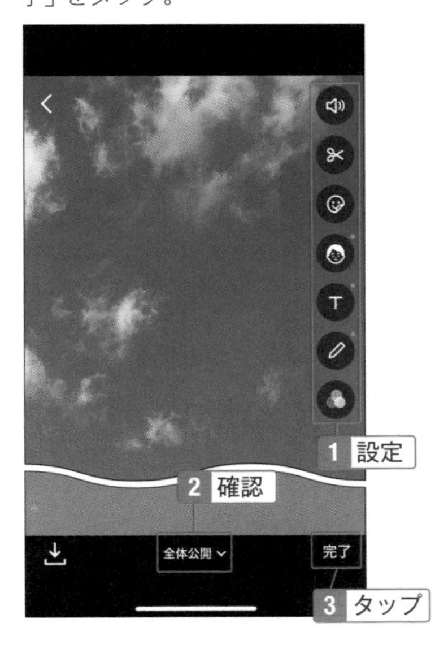

⚠ Check

特定の人だけにストーリーを見せるには

手順5の画面でSECTION02-15と同様に公開リストを指定すると、特定の人だけに見せることができます。

6 ストーリーをタップすると再生でき、閲覧者もわかる。次のストーリーも「+」をタップして投稿できる。

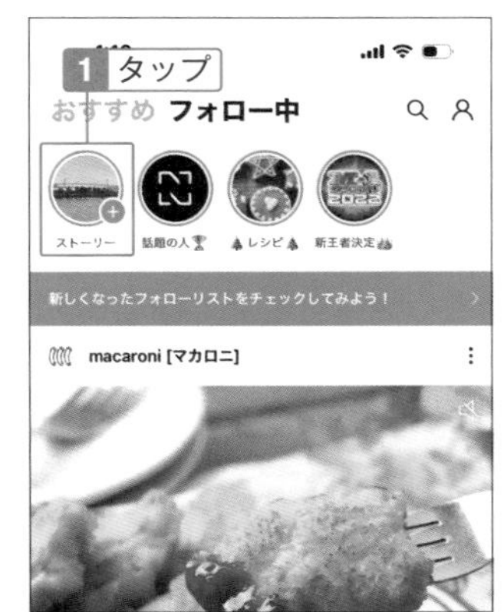

⚠ Check

24時間経過後のストーリー

24時間経過したストーリーは自動的に保存され、「VOOM」画面右上のጸをタップした画面で自分のアイコンをタップし、⋮をタップして「マイストーリー」で閲覧できます。

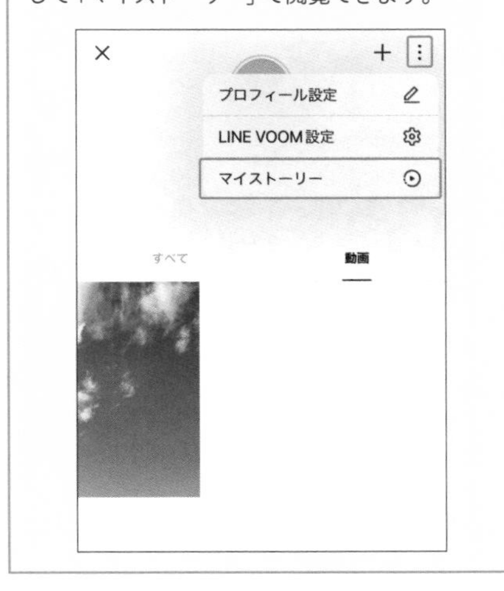

02 いろんなファイルや音声も送れるトーク機能を使いこなそう

02-14

VOOMの投稿を見る

LINEでもTikTokのような短尺動画を楽しめる

TikTokやYouTubeでショート動画が人気ですが、LINEでもVOOMという機能の中にショート動画があります。トークの友だちとは別に、他のユーザーをフォローしたり、いいねやコメントを付けて楽しめます。まずはおすすめ動画を視聴してみましょう。

VOOMを表示する

1 「VOOM」をタップ。「おすすめ」をタップするとおすすめの投稿が表示される。

❶ おすすめ投稿が表示される
❷ フォローしている人の投稿が表示される
❸ 上方向にスワイプすると次の動画が表示される
❹ タップすると停止する
❺ タップまたは長押ししてリアクションを付けられる
❻ コメントを付けられる
❼ 友だちや他のアプリに送れる
❽ 興味のない投稿を非表示にできる。また問題のある投稿を通報できる
❾ 音声のオン・オフを切り替える
❿ タップすると投稿者のプロフィール画面が表示される
⓫ タップしてフォローできる

Check

はじめてVOOMを使う場合

はじめてVOOMを使う場合は、登録している友だちをVOOMでフォローするか否かの設定をします。すでにフォローしてしまった場合は、VOOMの画面右上の8をタップし、「フォロー中」をタップした画面で変更できます。

Note

VOOMとは

LINE VOOM（ラインブーム）は、従来のタイムラインをリニューアルしたもので、短尺動画を中心にさまざまなジャンルの投稿を見られる機能のことです。従来のタイムラインは登録している友だちの投稿が表示されましたが、VOOMではフォローしたユーザーの投稿が表示されます。トークの友だちとVOOMのフォローは別物なので、VOOMでフォローしたユーザーがトークの友だちになるわけではありません。

フォローする

1 「フォロー」をタップ。

2 フォローした。「フォロー中」をタップすると解除できる。

Check

友だち登録している人をフォローする

　トークでやり取りしている友だちのVOOMは、友だちのプロフィールアイコンをタップし、プロフィール画面下部の「LINE VOOM投稿」をタップして「フォロー」をタップします。企業などの公式アカウントの場合は、トークルームの右上の目をタップします。

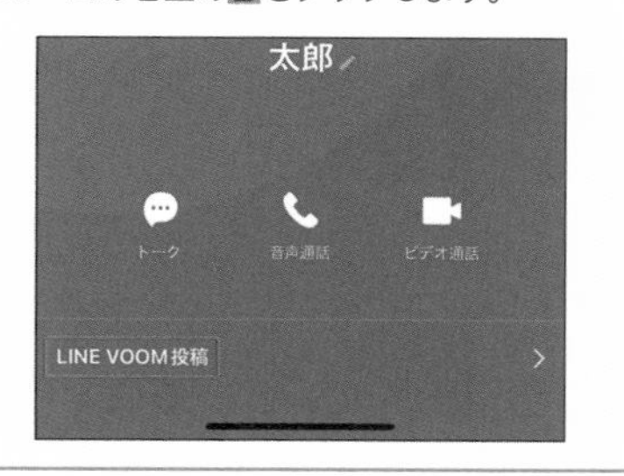

フォローしている人の投稿を見る

1 「フォロー中」をタップすると、フォローしている人の投稿が表示される。

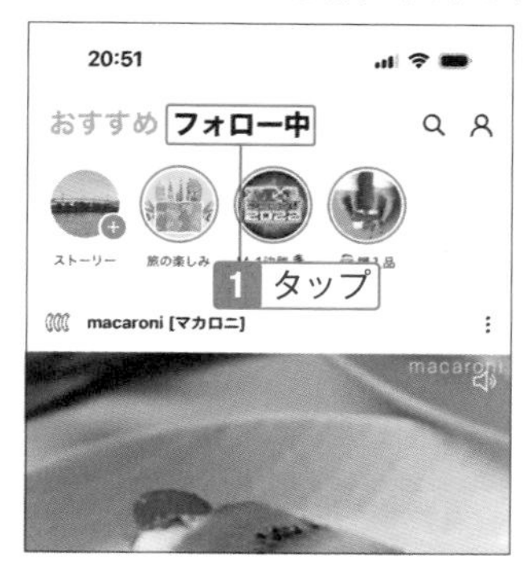

2 ︙をタップし「○○のフォローを解除」をタップ。次の画面で「解除」をタップするとフォローを解除できる。

Hint

広告が表示される

　VOOMでは、広告が表示されます。見たくない広告が表示されたら、︙をタップし、「この広告を非表示」をタップし、次の画面で理由をタップします。

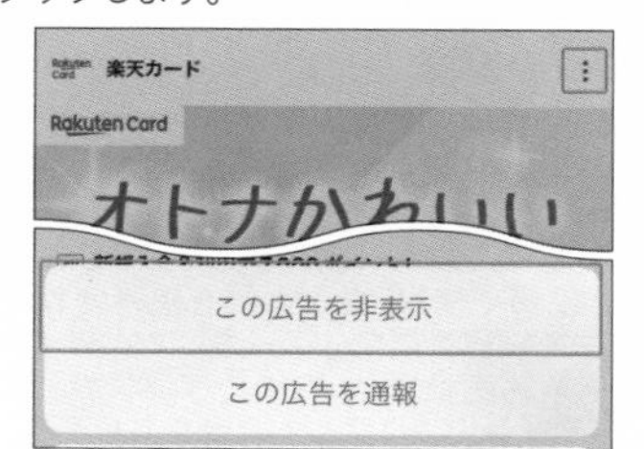

02-15

VOOMに投稿する

文字だけでなく、写真や動画を投稿してフォロワーを増やそう

動画を見るだけでなく、投稿もしてみましょう。今見ている景色、今食べているスイーツ、何でも投稿できます。おすすめに紹介されたい場合は動画を投稿してください。その場で撮影することも、過去に撮影した動画を投稿することもできます。

VOOMに投稿する

1 「フォロー中」をタップし、「＋」をタップして「写真・テキスト」をタップ。

Check

VOOMの投稿

VOOMの投稿には、「写真・テキスト」（写真や文章など）と「動画」（ショート動画）の投稿があります。「写真・テキスト」では、最大10,000字の文章を投稿できます。5分までの動画も投稿でき、画像と動画を組み合わせて20個まで投稿可能です。一方、次のページのショート動画は最大60秒です。なお、今後アップデートにより変わる場合もあります。

2 「なにしてる？」をタップし、文字を入力。下部のボタンで写真や絵文字の追加も可能。「全体公開」になっていることを確認し「投稿」をタップ。

Check

自分の投稿を確認・修正するには

VOOMの画面右上のをタップした画面で、自分のアイコンをタップすると、VOOMの投稿を確認または修正できます。または、「ホーム」画面上部の自分の名前をタップしてプロフィール画面を表示し、「LINE VOOM投稿」をタップしても表示できます。

VOOMにショート動画を投稿する

1 「フォロー中」の「+」をタップして「動画」をタップ。

2 「サウンドを追加」をタップ。

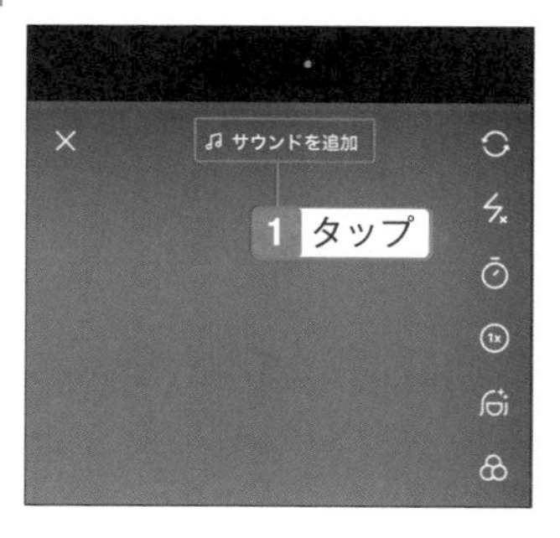

3 音楽を選択し、✓をタップ。✂をタップしてサウンド区間の選択も可能。

4 「撮影」ボタンをタップして撮影する。撮影済みの場合は右下にあるサムネイルをタップして追加する。できたら「次へ」をタップ。

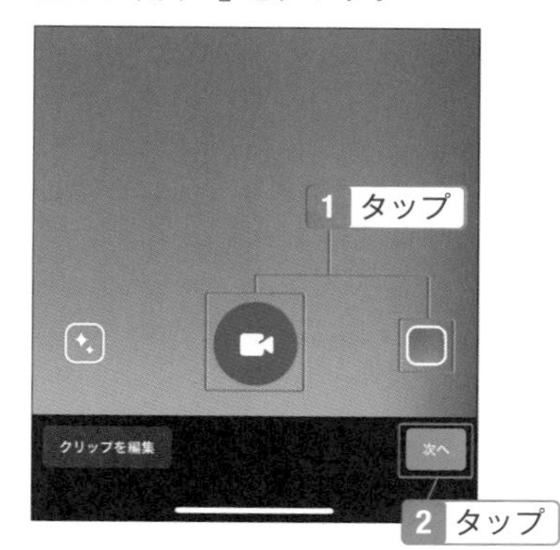

5 右側のアイコンでテキスト（文字）やスタンプを追加できる。ここで音楽を追加することも可能。「次へ」をタップして投稿する。

特定の人だけに投稿を見せる

1 「アカウントを選択」の「全体公開」をタップし、「公開リスト」をタップ。

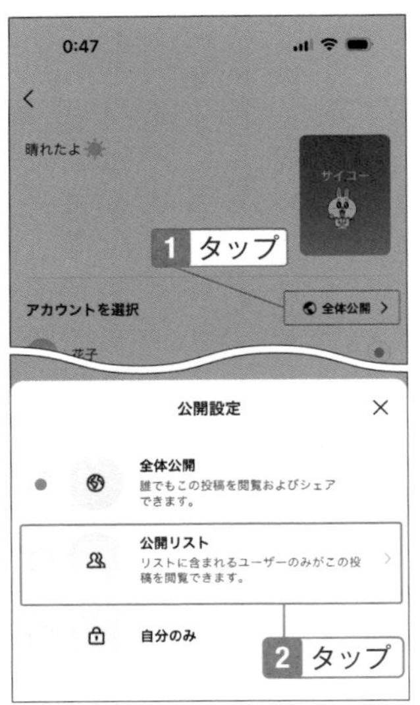

2 「新規リスト」をタップ。

> **Check**
>
> **公開設定**
>
> 公開設定が「全体公開」になっていると、友だちを含め、誰でも見ることができます。特定の人だけに見せる場合は、リストを作成し、フォローまたはフォロワーから選択します。次回同じメンバーに見せる場合はリスト名を指定するだけで済みます。

3 投稿を見せたい友だちにチェックを付けて「次へ」をタップ。

4 わかりやすい名前でリスト名を入力し、「保存」をタップ。作成したリストを選択して投稿する。

Chapter

03

知っておくと便利なLINEアプリの設定

LINEを使っていると、「知らない人からメッセージが来た」「メールアドレスを変更したい」といったことがあるかもしれません。そのようなときの設定について説明します。また、スマホを買い替えたときに、トーク内容を移行する方法も説明します。いざというときに役立つ設定を載せているので、一通り目を通しておくとよいでしょう。

03-01

知らない人や関わりたくない人とLINEでつながらないようにする

友だちの自動追加やブロック、受信拒否などの設定を確認しよう

見知らぬ人とLINEでつながることでトラブルになることもあります。また、アドレス帳に登録している知り合いであっても、LINEではつながりたくない人もいるでしょう。一度設定を確認してください。また、万が一迷惑なことをされてやり取りを止めたい時にはブロックすることも可能です。

「IDによる友だち追加を許可」をオフにする

1 「ホーム」をタップし、⚙をタップ。

2 「プライバシー管理」をタップ。

3 「IDによる友だち追加を許可」をオフにする。

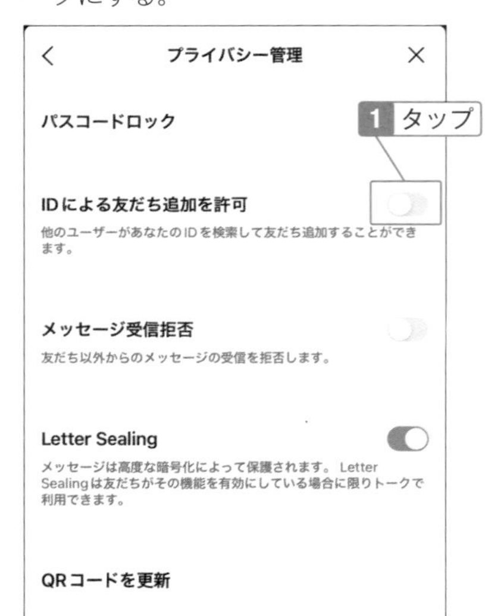

Check

IDでヒットして友だち追加されることもある

IDで検索できるようにしておくと、見知らぬ人がランダムで検索して友だち追加をしてくる場合があります。中には悪意のある人もいるので、IDによる追加は通常オフにしておき、信頼できる人を友だちに追加するときだけオンにするとよいでしょう。なお、18歳未満は、利用手続きの際に年齢確認を行なっていると、IDによる検索ができないようになっています。

知らない人からのメッセージを拒否する

1 「プライバシー管理」をタップ。

2 「メッセージ受信拒否」をオンにし、「<」をタップ。

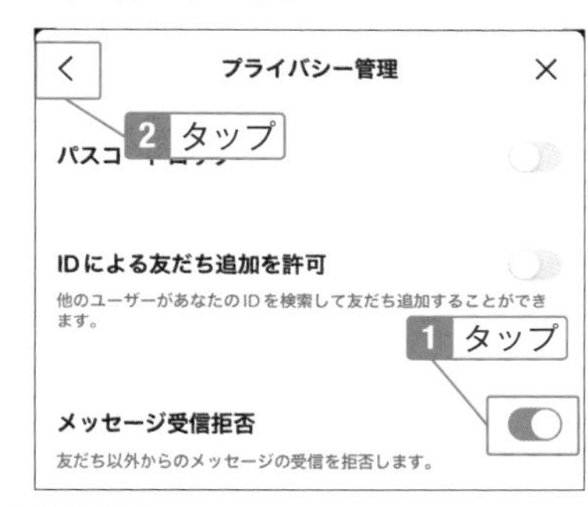

Check

知らない人からメッセージが来た

自分から友だち登録をしていなくても、相手のスマホの連絡先に自分の電話番号があったり、IDを類推されたりすると、登録してメッセージを送ることができます。受け取りたくない場合は、ここでの方法で友だち以外からのメッセージの受信を拒否してください。

友だち自動追加をオフにする

1 「ホーム」をタップして⚙をタップし、スクロールして「友だち」をタップ。

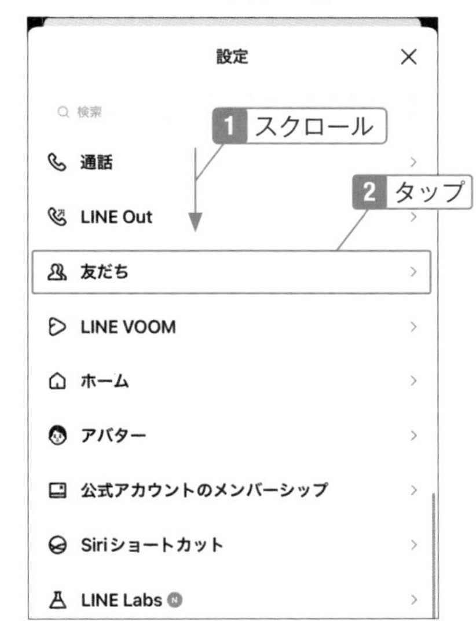

2 「友だち自動追加」をオフにする。

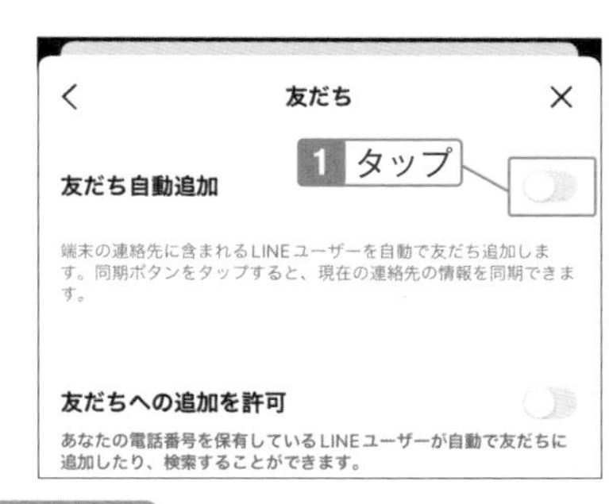

Check

友だち自動追加はオフにしておく

友だち自動追加は、アドレス帳の連絡先を元に自動的に友だち登録ができるので、一見便利に思えます。しかし、自動追加することにより、望まない人とつながってしまう可能性があるので、自動追加はオフにしておいた方がよいでしょう。

3 同様に「友だちへの追加を許可」をオフにし、「<」をタップ。

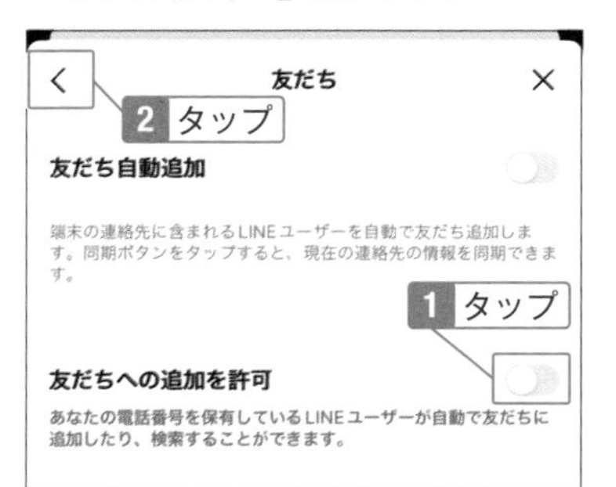

Check

友だちへの追加を許可とは

「友だちへの追加を許可」は、自分の電話番号を登録している人に友だち追加されないようにする設定です。もし、オンにしていた場合、相手が自分を登録したときに「知り合いかも？」に表示され、登録された理由が表示されます。「知り合いかも？」に表示されないようにするには、「友だちへの追加を許可」と先ほどの「IDによる友だち追加を許可」をオフにしてください。

迷惑な人をブロックする

1 「ホーム」画面で「友だち」をタップ。

2 ブロックしたい相手を長押しし、「ブロック」をタップ。

Check

友だち一覧に表示させないようにするには

友だち一覧に載せたくない友だちは、手順2で「非表示」をタップし、「非表示」をタップします。ただし、非表示にした相手からメッセージが来たときには、トーク一覧に表示されます。再表示する場合は、「ホーム」画面の⚙→「友だち」→「非表示リスト」で再表示する友だちの「編集」をタップし、「再表示」をタップします。

ブロックを解除する

1 「ホーム」をタップし、画面右上の⚙をタップし、「友だち」をタップ。

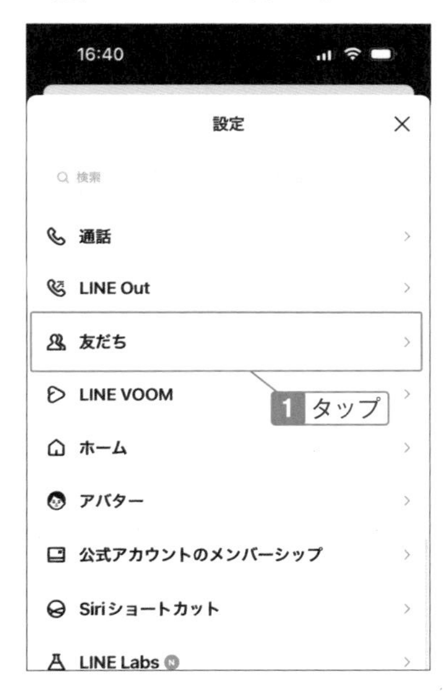

2 「ブロックリスト」をタップ。

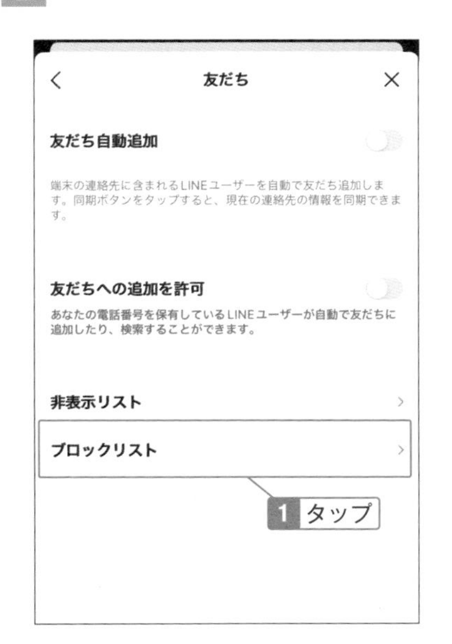

3 友だちをタップしてチェックを付け、「ブロック解除」→「OK」(Androidの場合は「編集」→「ブロック解除」)をタップ。

Check

完全に削除したい

手順3で「削除」をタップすると、完全に削除されます。さらに、トークリストに残っているトークルームを長押しし、「削除」をタップすれば、今後その友だちを目にすることがなくなります。

メッセージが届いたときに画面に内容を表示させないようにする

内容表示をオフにし、メッセージが届いたことだけを通知できる

メッセージが届いたときに、他の人にスマホの画面をのぞかれると内容を見られてしまいます。また、LINE Payの支払いで店員に画面を見せたときにメッセージを読まれることもあるかもしれません。見られたら困るという人は、内容表示をオフにしておきましょう。

メッセージの内容表示をオフにする

1 「ホーム」画面の右上にある ⚙ をタップし、「通知」をタップ。

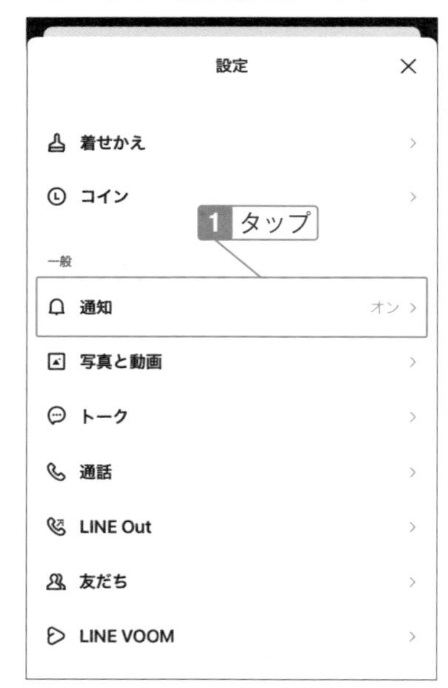

Check

メッセージの内容を人に見られたくない

スマホの通知をオンにしておけば、LINEにメッセージが来たときにすぐにわかり便利なのですが、スマホを置きっぱなしにしたときに他人に見られたり、お店の人にスマホを見せたときに表示されたりすることもあります。見られたくない場合は、ここでの設定をしてください。

2 iPhoneの場合は「新規メッセージ」をオン（緑色）にする。続いて「メッセージ内容を表示」をオフ。最後に「<」をタップして戻る。

3 メッセージが表示されなくなる。

パスワードやメールアドレスを変更する

パスワードを知られた場合やメールアドレスを変えたいときに

パスワードを盗まれた可能性がある場合は、すぐに変更しましょう。変更後のパスワードは、再インストールのときなどに困らないように忘れないでください。一緒に登録メールアドレスの変更方法も覚えておきましょう。

パスワードを変更する

1 「ホーム」画面右上の⚙をタップし、「アカウント」をタップ。

2 「パスワード」をタップして変更できる。メールアドレスを変更する場合は「メールアドレス」をタップして変更する。ロックの画面が表示されたら解除する。

3 パスワードの場合は新しいパスワードを2回入力し、「変更」をタップ。

03-04

新しいスマホでLINEを使用する

QRコードを使って簡単に引き継ぎができる

スマホを買い替えた場合、新たにアカウントを作り直す必要はありません。LINEでは、QRコードで引き継ぎができます。ただし、これまでのトーク内容を残したいのならバックアップを取っておきましょう。

トークのバックアップを取る

1 「ホーム」画面右上の⚙をタップし、「トークのバックアップ」(Androidの場合は「トークのバックアップ・復元」)をタップ。

2 「PINコードを作成して今すぐバックアップ」をタップ(初回のみ)。

Hint

特定の友だちとのトークを保存するには

ここでは、引継ぎ用にすべてのトークのバックアップを取りますが、特定の友だちのトークを保存する方法もあります。トークルームの右上にある☰をタップし、「その他」→「トーク履歴を送信」をタップします。

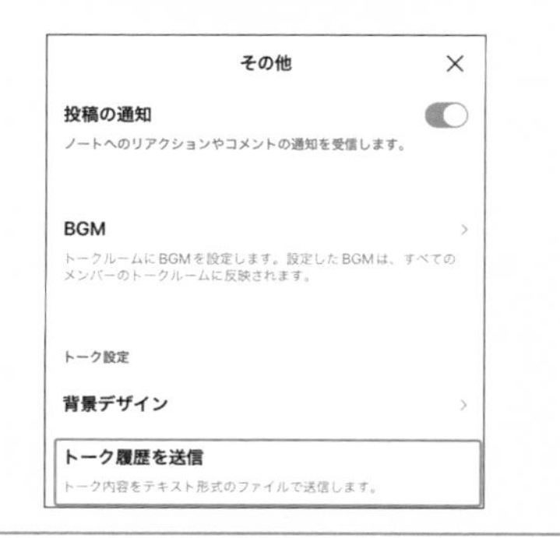

3 バックアップ用に6桁の数字を入力し「→」をタップ。

4 「今すぐバックアップ」をタップ(Androidの場合はGoogleアカウントを選択して「バックアップを開始」をタップ)。

古いスマホのQRコードを新しいスマホで読み取る

1 古いスマホでLINEの「ホーム」画面右上の⚙をタップし、「かんたん引き継ぎQRコード」をタップ。

Note

かんたん引き継ぎQRコード

QRコードを利用した引き継ぎ方法は、バックアップをせずに直近14日間のトーク履歴を復元できます。同じOS間の場合は、トーク履歴のバックアップを行えば、すべてのトーク履歴を復元できます。なお、LINE12.10バージョン未満ではQRコードを利用したかんたん引き継ぎはできないので、最新のLINEに更新してから操作してください。

Check

iPhoneからiPhoneの引継ぎ

新しいiPhoneにバックアップデータを復元するには、古いiPhoneと同じApple IDで使用してください。

2 QRコードが表示される。

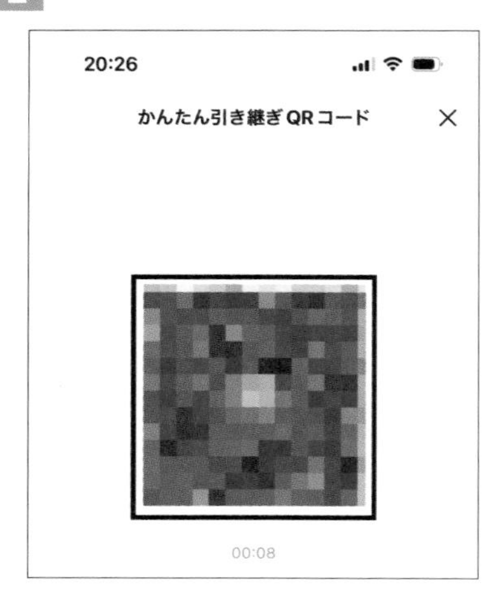

3 新しいスマホにLINEアプリをインストールして起動する。「ログイン」をタップ。

4 「QRコードでログイン」をタップ。

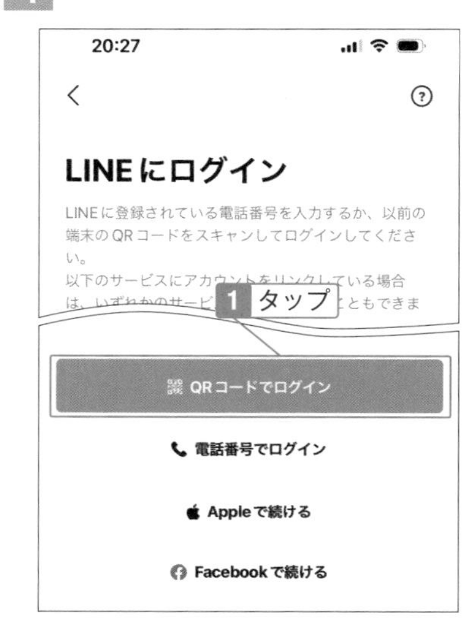

5 「QRコードをスキャン」をタップして古いスマホのQRコードを読み取る。

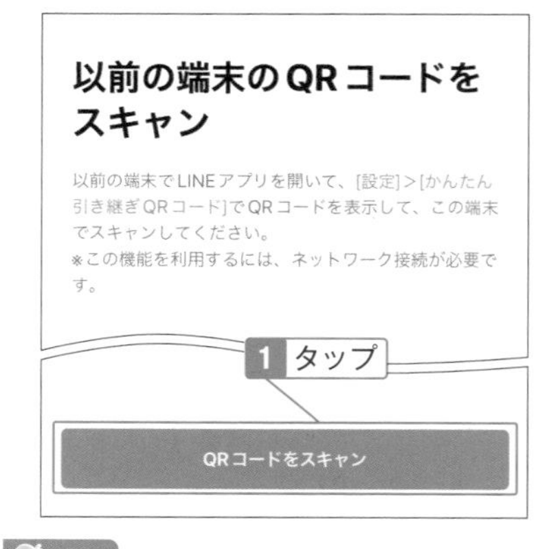

Hint

以前のスマホが使えない場合

以前のスマホが使えない場合は、ログイン画面で携帯電話番号を入力し、パスワードを入力して、SMSで届いた番号を入力すればログインできます。電話番号が変わってしまった場合でも、以前利用していたスマホの電話番号またはLINEに登録していたメールアドレスでLINEアカウントを引き継ぐことができます。そのようなときのために、LINEにメールアドレスを登録し、パスワードを忘れないようにしましょう。

6 ロックを解除する旨のメッセージが表示される。

7 古いスマホにメッセージが表示されるので、チェックを付けて「次へ」をタップ。

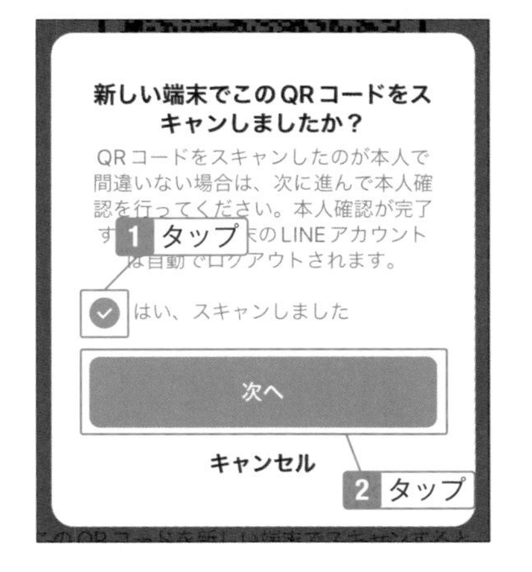

8 新しいスマホで「ログイン」をタップ。

9 「トーク履歴を復元」をタップ（Androidの場合は「Googleアカウントを選択し「トーク履歴を復元」をタップ）。以降、LINEの利用登録をしたときと同様に画面の指示に従って操作する（SECTION01-02参照）。

Check

異なるOS間の引き継ぎ

iPhoneからAndroid、AndroidからiPhoneなど、異なるOSの場合は、手順8の後の画面で「次へ」をタップしてください。トーク履歴は、直近14日間だけ復元されます。

Hint

iPhoneのクイックスタートを使う場合

新旧のiPhoneを近づけてデータを移行できるクイックスタートを使う方法もあります。その際も、バックアップを取っておくことをおすすめします。

LINEの利用を止める

アカウントの削除は簡単だが、本当に止めてよいか考えてから操作する

LINEを止めたいときやアカウントを作り直したいときにはアカウントを削除します。ただし、登録した友だちや購入したスタンプ、LINEコインなども失います。取り戻したいと思っても復元できないので、よく考えた上で操作してください。

アカウントを削除する

1 「ホーム」画面右上の⚙をタップし、「アカウント」をタップ。

2 「アカウント削除」をタップし、「次へ」をタップ。

3 内容を確認してチェックを付け、「アカウントを削除」をタップ。その後スマホからLINEアプリをアンインストールする。

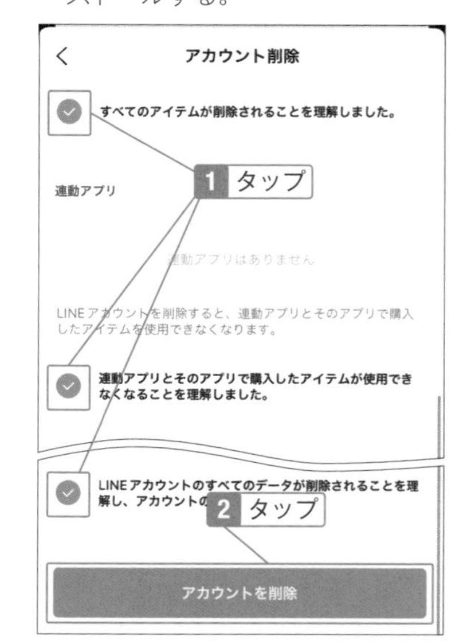

Check

アカウントの削除は慎重に行う

アカウントを削除すると、LINEのすべてのメッセージ、友だちリスト、有料スタンプなどが削除されます。また、LINEコインやLINEポイントも失います。もし、しばらくLINEを使いたくないのなら、スマホからLINEをアンインストールする方法をおすすめします。

Chapter

04

カメラやスタンプ作成などいろいろなLINEサービスを利用しよう

LINE関連のサービスはいろいろあります。たとえば、「商品の写真を撮りたい」「インスタに見栄えの良い写真を載せたい」といったときに、LINE Cameraアプリを使うと標準のカメラアプリとは違う素敵な写真を撮ることができます。また、オリジナルキャラクターのスタンプを作成して販売することも可能です。

LINE Cameraで写真を撮影・編集する

撮影時にフィルターを設定して、見栄えの良い写真を撮れる

LINE Camera は、LINEが提供しているカメラアプリです。ただ撮影するだけでなく、フィルターを使って見栄えの良い写真にしたり、暗く映ってしまった写真を明るくしたりできます。また、顔写真の写りを良くする機能もあります。

LINE Cameraで撮影する

1 iPhoneの場合は「App Store」、Androidの場合は「Playストア」からLINE Cameraアプリをインストールして起動する。

2 「ホーム」画面で「カメラ」をタップ。写真へのアクセスのメッセージが表示されたら許可する。カメラや写真へのアクセスについては許可する。

3

❶ LINE Cameraのホーム画面に戻る
❷ 縦横比を選択できる。インスタやメルカリの写真は「1:1」がおすすめ
❸ 自撮りする場合はタップして切り替える
❹ タイマー、グリッドや水準器などを使うときにタップする
❺ 撮影済みの写真を表示する
❻ 被写体が映し出される
❼ スタンプで顔を加工できる
❽ 静止画を撮影する
❾ 動画を撮影する
❿ フィルターを設定する

見栄えの良い写真を撮影する

1 [icon]をタップ。

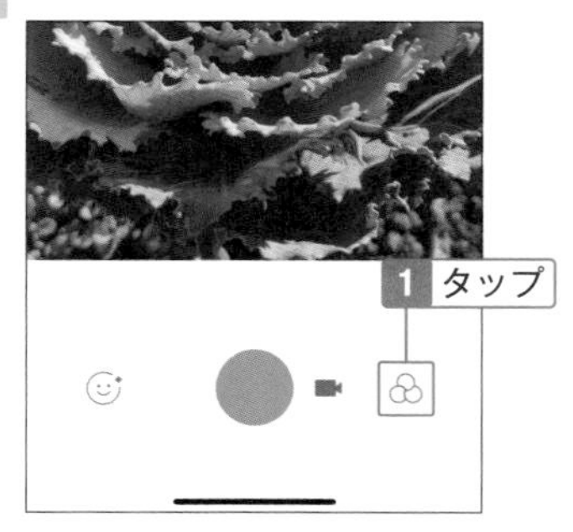

2 任意のフィルターをタップする。

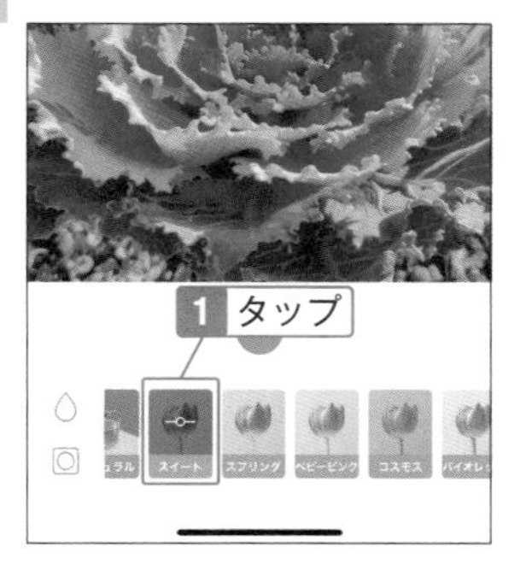

3 左の[icon]や[icon]をタップすると周囲をぼかしたり、暗くしたりできる。「撮影」ボタンをタップすると撮影して保存される。右上のサムネイルをタップすると、今撮影した写真を確認できる。

撮影済みの写真を編集する

1 「アルバム」(Androidの場合は「ギャラリー」)をタップして写真を選択する。

2 「編集」(Androidの場合は「選択」)をタップ。

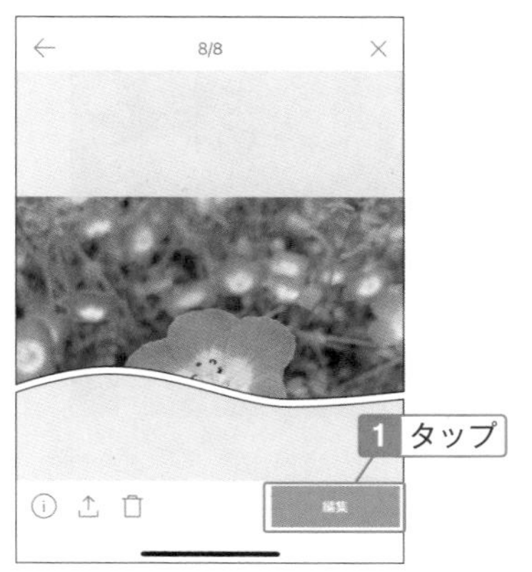

3

❶ 顔のパーツの補正、シミ・クマ消しなどができる
❷ 切り抜き、回転、傾き調整などができる
❸ フィルターを付けられる
❹ 露出や明るさ、彩度補正などができる
❺ フレームを付けられる
❻ スタンプを付けられる
❼ 手描きができる

4 「切り抜き」をタップ。

5 縦横比のボタンをタップして比率を選択。ハンドルをドラッグして必要な部分を囲む。

6 をタップ。

7 「明るさ/コントラスト」をタップ。

8 「明るさ」と「コントラスト」のバーをドラッグして調整する。「チェック」をタップ。

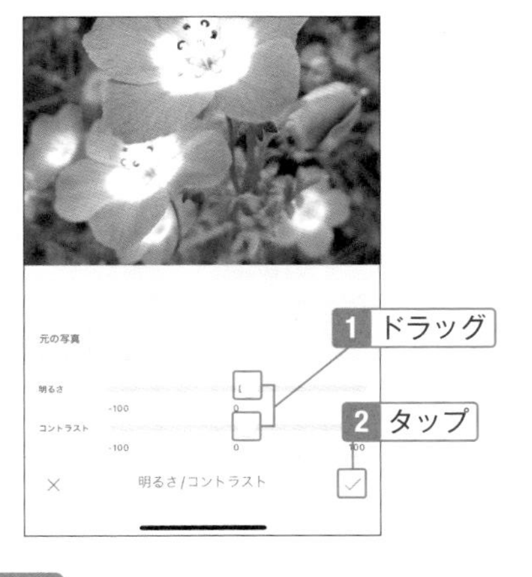

9 同様に「露出」や「彩度」も調整できる。⬇をタップして保存する。

10 「完了」をタップ。メッセージが表示された場合は「後で」をタップ。

Hint

顔のパーツを補正するには

手順6の画面で、左端にある をタップすると、目や鼻のサイズを変えたり、ニキビやクマを消したりなど顔を補正して見た目を良くすることができます。

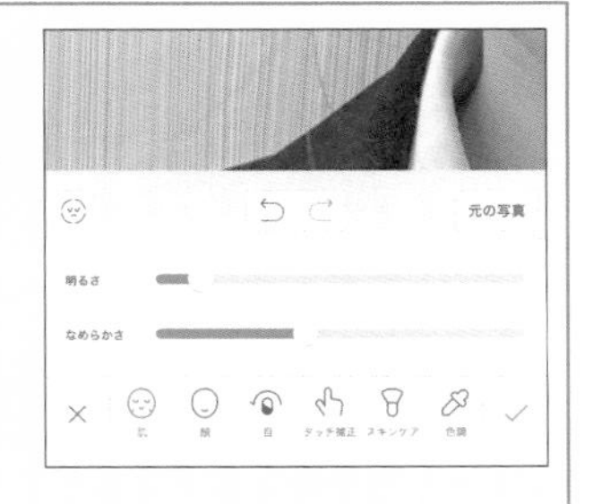

04-02

LINEスタンプを作成する

絵心がなくても、アプリを使って簡単にスタンプを作成できる

SECTION01-09で説明したスタンプは、一般の人でも販売することが可能です。販売するには審査が必要となりますが、イラストを描くなどして作成したオリジナルスタンプをたくさんの人に使ってもらうことができます。

LINE Creators Marketに登録する

1 「LINEスタンプメーカー」アプリを開き、「LINEログイン」をタップ。

2 「OK」をタップ。

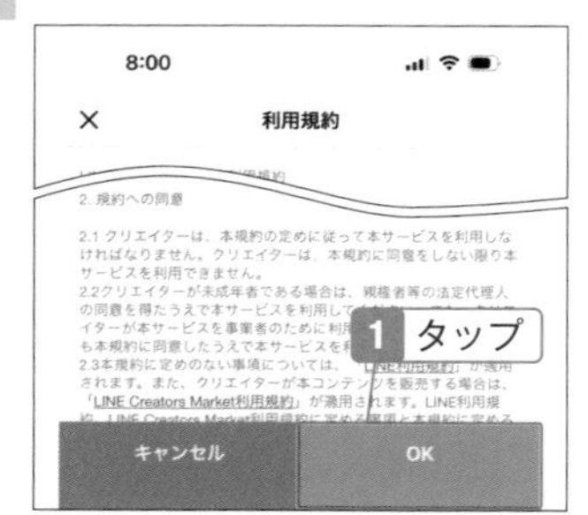

3 「許可する」をタップ。

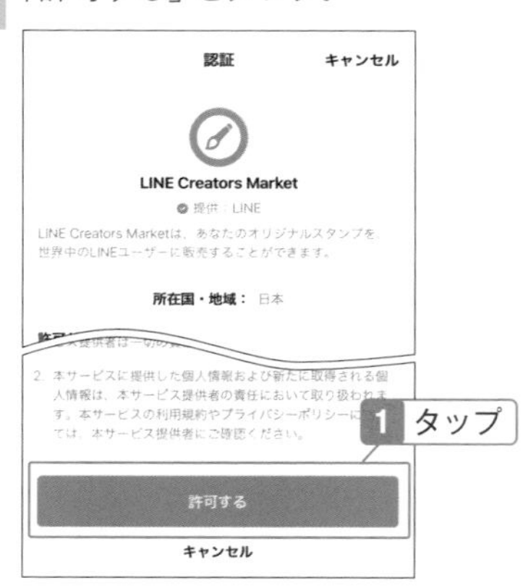

Check

LINEスタンプを作成するには

SECTION01-09で説明したスタンプは、一般の人でも販売することができます。LINEスタンプメーカー（無料）を使うと、スキャナや画像編集ソフトを使わずに、誰でも簡単にスタンプを作成することができます。

4 「確認」をタップ。メッセージが表示されたら「開く」をタップ。

5 LINE スタンプメーカーの「TOP」画面が開いた。⚙をタップ。

6 「ユーザー情報」をタップ。

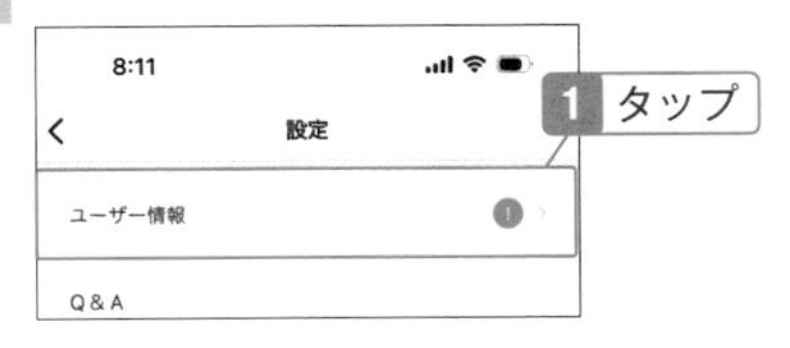

7 「編集」をタップ。

8 ユーザー情報を入力し、「保存」をタップ。メッセージが表示されたら「OK」をタップ。この後、本人確認のメールがメールアドレスに送られてくるので、リンクをタップ。

9 「クリエイター名」をタップ。

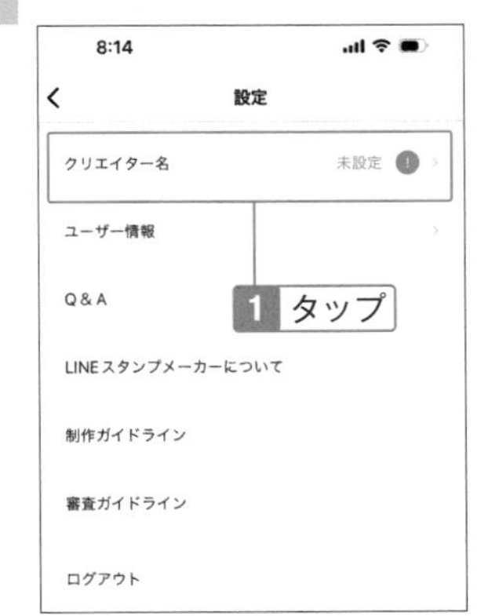

10 英語で入力し、「完了」をタップ。

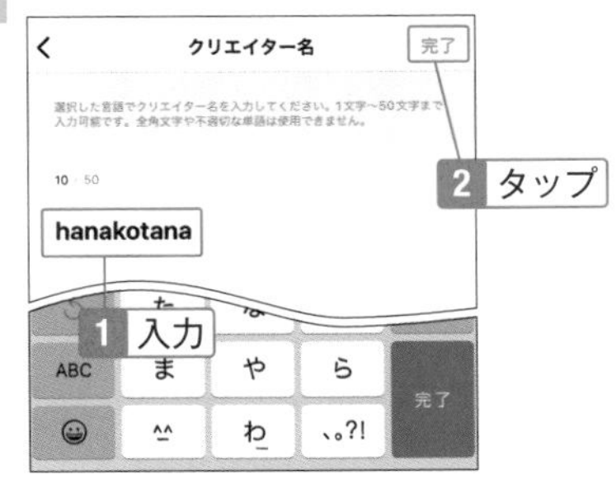

04 カメラやスタンプ作成などいろいろなLINEサービスを利用しよう

11 「言語を追加」をタップし、Japaneseを選択して日本語名を入力。

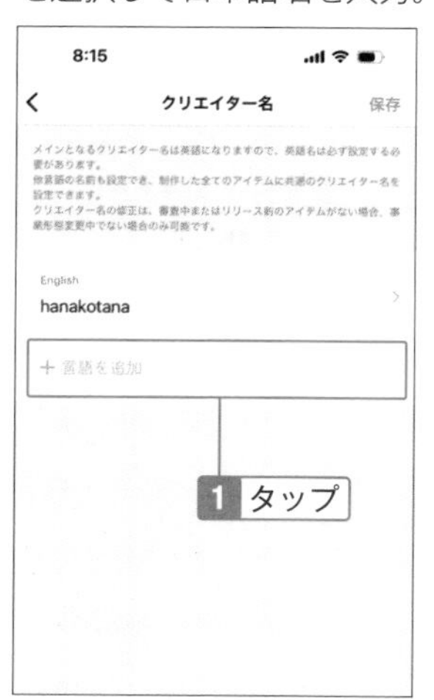

12 「保存」をタップ。終わったら「<」をタップしてTOP画面に戻る。

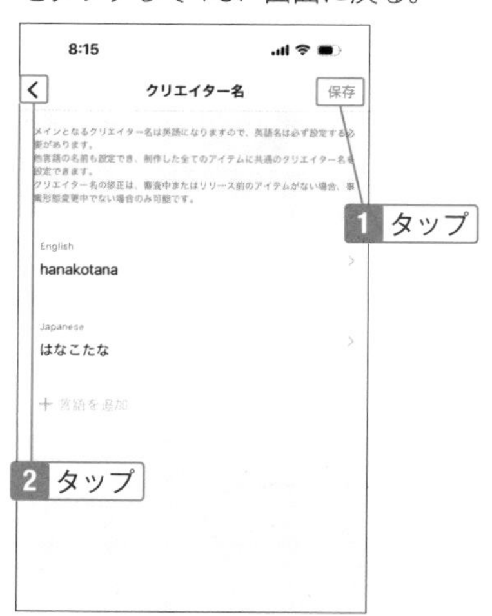

スタンプを作成する

1 TOP画面で「+」をタップ。

2 タイトルをタップして入力。絵文字や半角カナは使用不可。

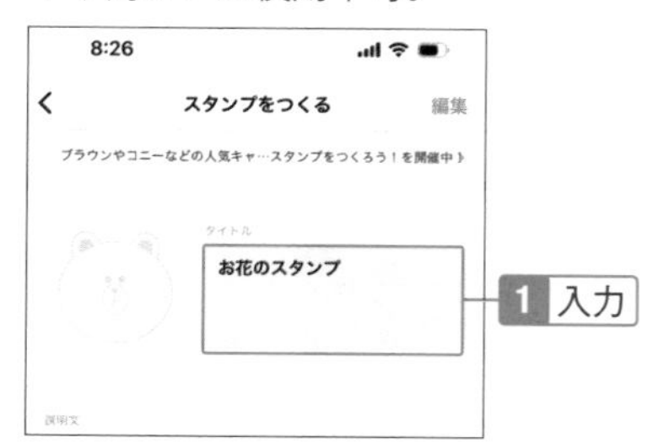

3 「+」をタップ。

4 保存してある写真を使う場合は「アルバムの写真を使う」、その場で写真を撮る場合は「カメラで写真を撮る」、手書きする場合は「イラストを描く」をタップする。ここでは「アルバムの写真を使う」をタップ。写真へのアクセス許可のメッセージが表示された場合は「OK」をタップ。

5 使用したい写真をタップ。

6 図形の形にする場合は「かたち」、フレームを付ける場合は「デコフレーム」、自由に切り抜きたい場合は「なぞる」をタップ。ここでは「かたち」をタップ。

7 ここでは「まる」をタップ。ピンチアウトやドラッグをして必要な部分を囲む。その後「次へ」をタップ。

8 「スタンプシミュレータ」をタップすると、イメージを確認できる。画面右上の「次へ」をタップ。

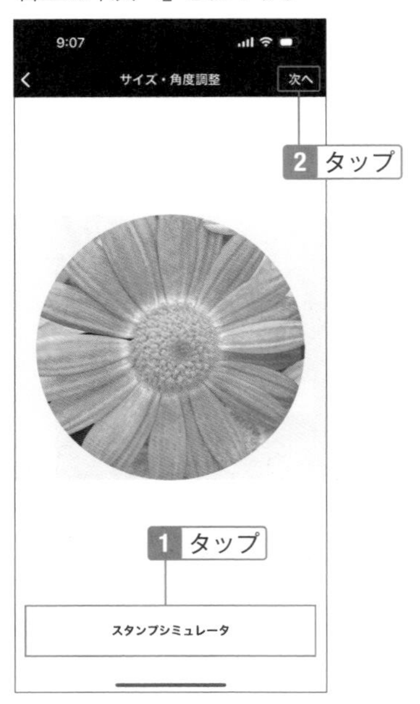

9 「テキスト」をタップ。

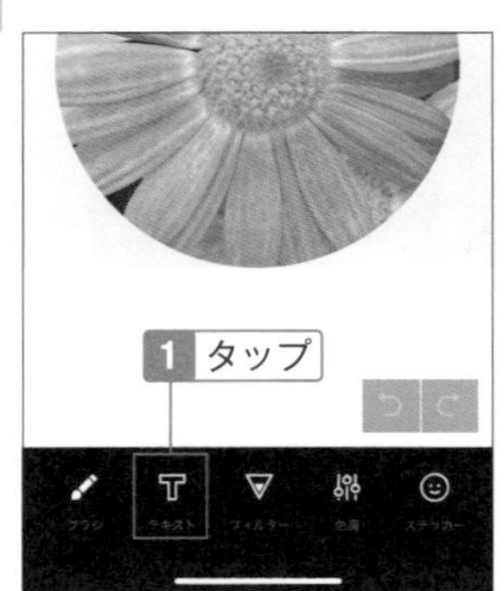

10 文字を入力し、☑をタップ。

11 ピンチアウトとピンチインで文字サイズを変更できる。

12 「フォント」をタップ。

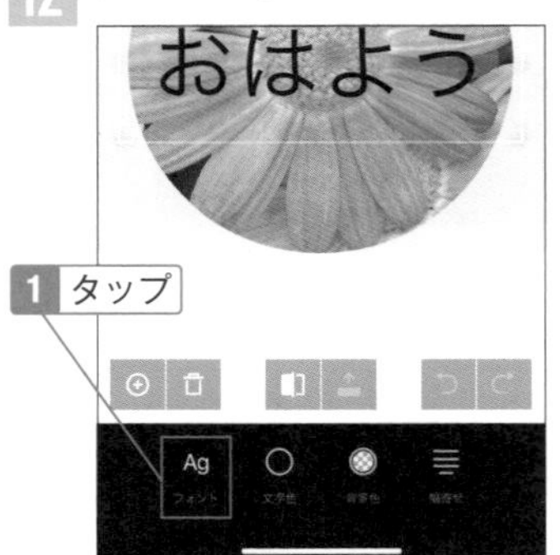

13 フォントを選択。「＋」をタップして他のフォントをダウンロードして使うことも可能。その後☑をタップ。

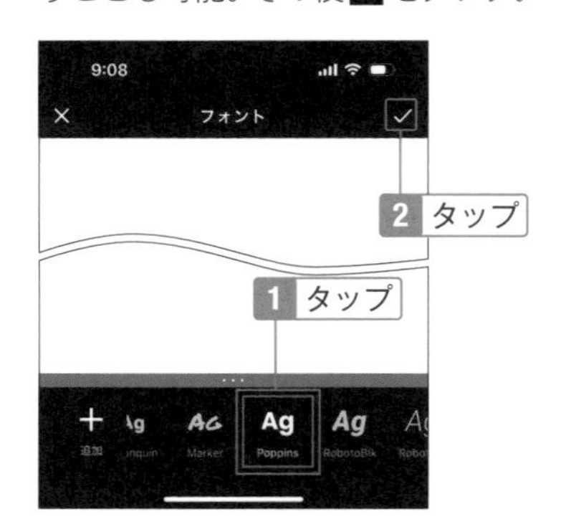

14 文字色を設定し、右上の ✓ をタップ。次の画面で右上の「次へ」をタップ。

15 イメージが表示されるので、「保存」をタップ。メッセージが表示されたら再度「保存」をタップ。

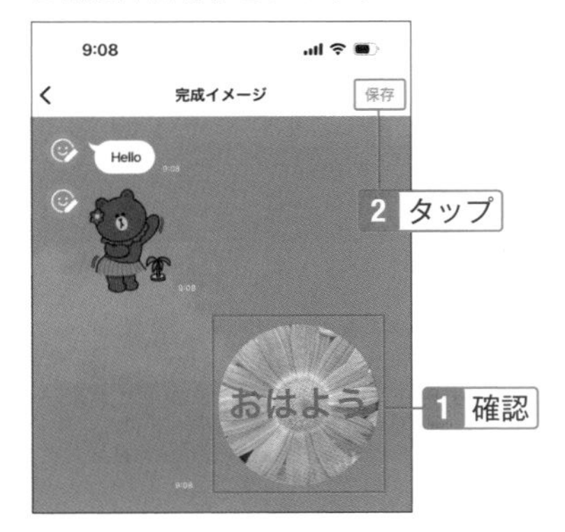

16 スタンプを作成した。「OK」をタップ。

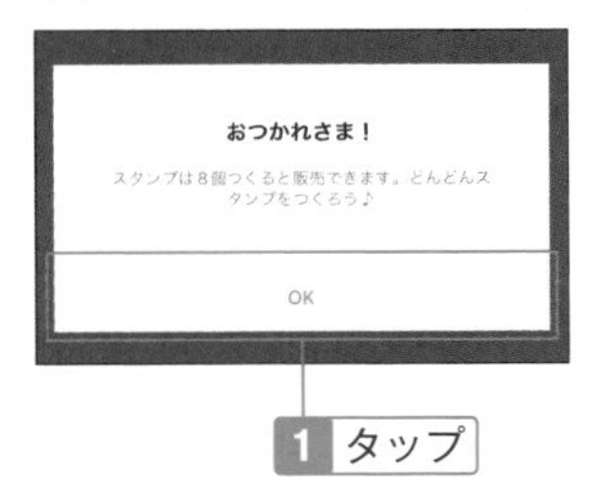

17 同様に8個以上のスタンプを作成する。「<」をタップすると前の画面に戻る。

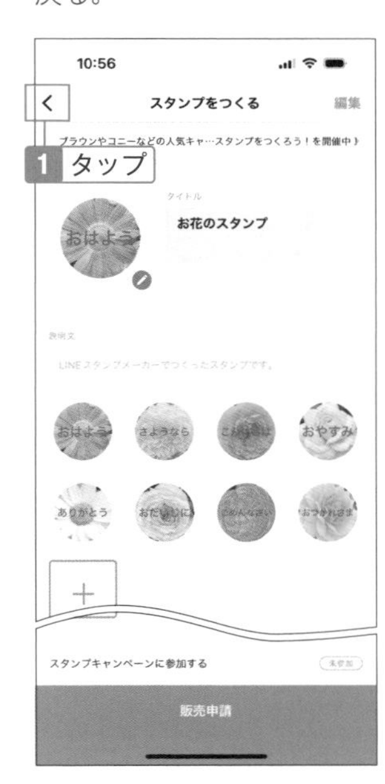

Check

作成するスタンプの数

　スタンプ販売をするには最低8個のスタンプが必要で、8個、16個、24個、32個、40個単位で1セットにして販売できます。なお、1つのパッケージ中で作成できるスタンプは40個までです。同じようなスタンプを作成する場合は、ベースとなるスタンプを作成してコピーすると早く作れます。スタンプをコピーするには、手順17の画面でスタンプをタップして、回 をタップします。

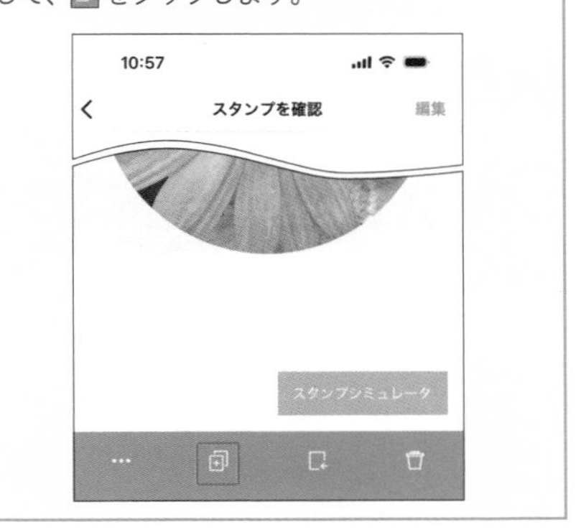

LINEスタンプを販売する

作成したスタンプは、非公開にして仲間内だけで使うこともできる

スタンプを販売するには、販売基準を満たしているかどうかの審査を受ける必要があります。無事に審査を通過して販売することになった場合、非公開にして特定の人だけが使えるようにすることも可能です。ここでは、スタンプの販売申請と管理画面について説明します。

販売申請をする

1 申請するスタンプのパッケージをタップ。

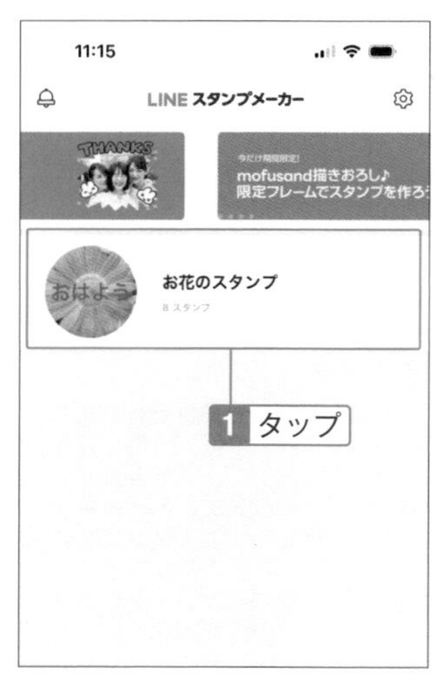

Check

スタンプを販売するには

販売するには、申請して審査を受けなければなりません。申請前にガイドライン（https://creator.line.me/ja/guideline/sticker/）をよく読んでおきましょう。たとえば「日常会話で使いづらいもの」「権利者からの許諾が証明できないもの」「公序良俗に反するもの」などはNGです。また、宣伝目的でスタンプを販売することはできません。「〇月〇日発売」の告知や企業ロゴのみのスタンプは販売できないので気を付けてください。

2 「販売申請」をタップ。

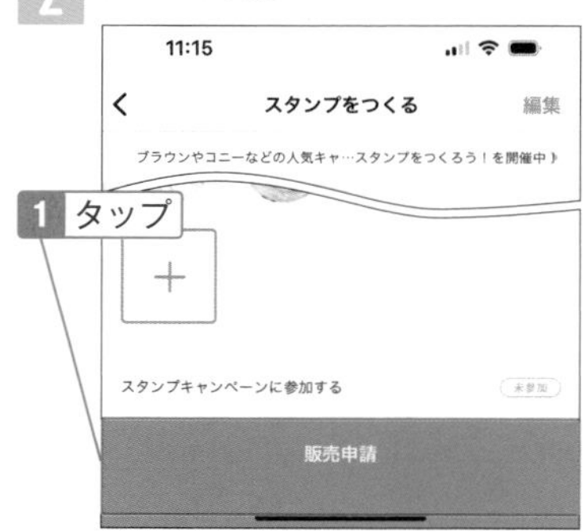

3 申請するスタンプの数を選択。

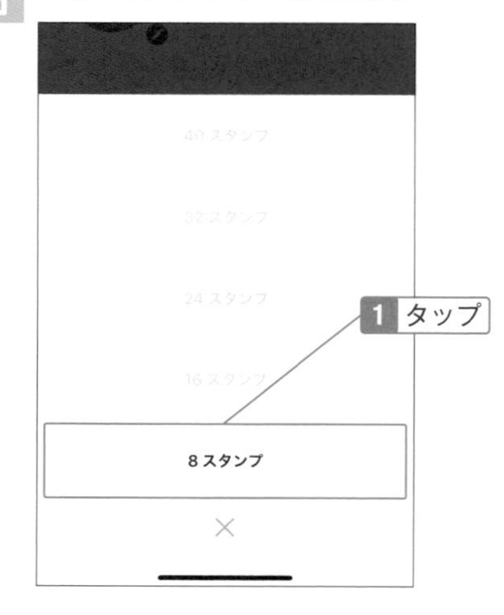

4 使用するスタンプにチェックを付けて、「次へ」をタップ。

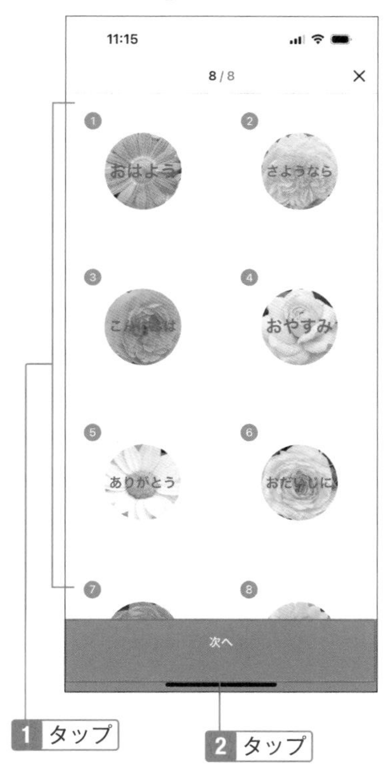

5 メインにする画像を選択し、「次へ」をタップ。

6 スタンプのタイトルを設定する。すでに使用されているタイトルの場合、そのままでは販売できないので変更する。写真を使用しているか否かを選択。

7 販売価格を入力。「プライベート設定」をタップして公開するか否かを設定する。

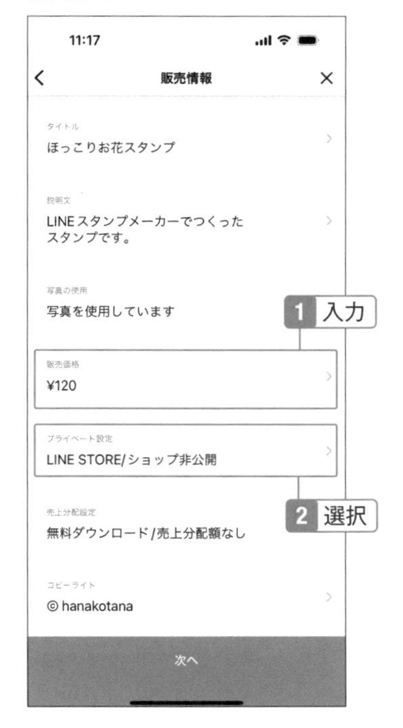

8 「販売エリア」が「選択したエリアのみ」「LINEスタンププレミアム」が「参加する」になっていることを確認する。「テイストカテゴリ」でカテゴリを設定し、「次へ」をタップ。

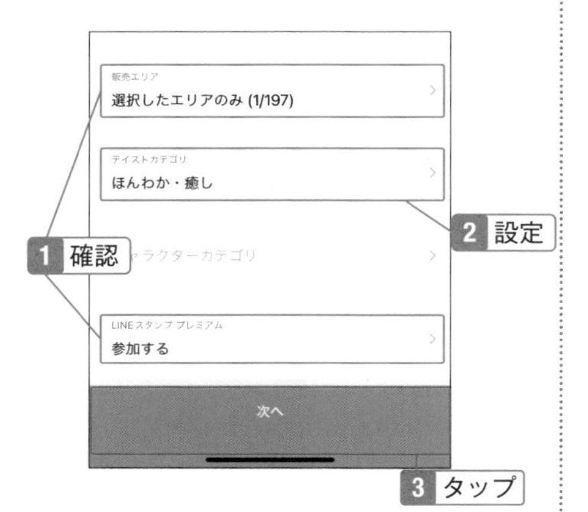

Note

LINEスタンププレミアムとは

LINEスタンププレミアムは、クリエイターズスタンプが使い放題になる定額制サービスのことです。手順8で「参加する」を選択すると、スタンプを販売開始して半年経過した後にLINE スタンププレミアムの対象スタンプになります。

9 プレビューを確認し、「次へ」をタップ。

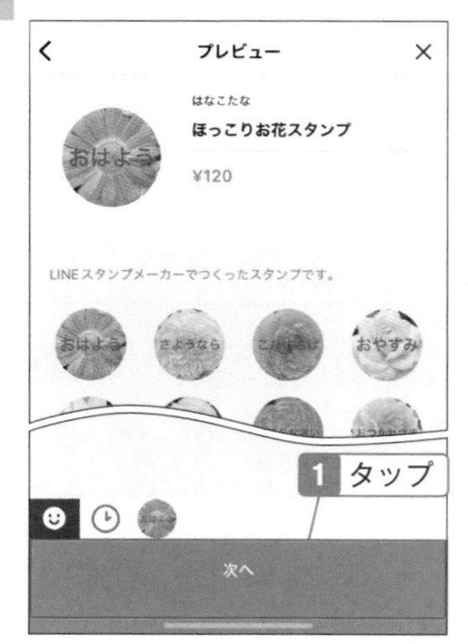

10 説明を読んですべてにチェックを付けて「リクエスト」をタップ。メッセージが表示されたら「リクエスト」をタップし、「OK」をタップ。

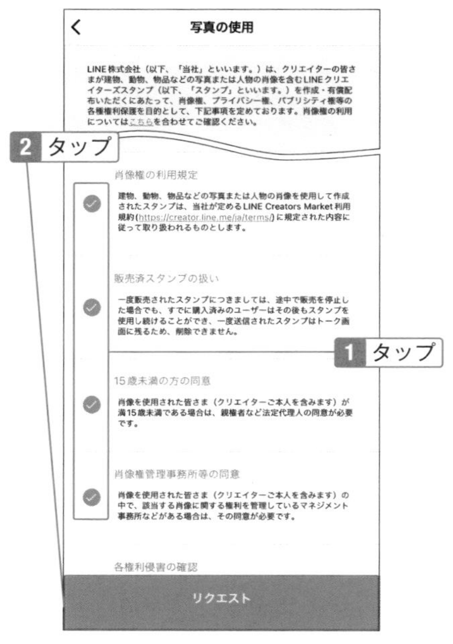

11 審査待ちになる。

Check

スタンプの審査期間

審査が完了するまで約1週間位かかることもあります。審査が完了するとLINE公式アカウントからトークとメールに通知が来るのでそれまで待ちましょう。なお、実際に販売が開始された場合、作成者本人は無料でダウンロードすることができます。

12 承認されるとトークとメールで通知が来るので、申請済みリストをタップし、スタンプセットをタップ。

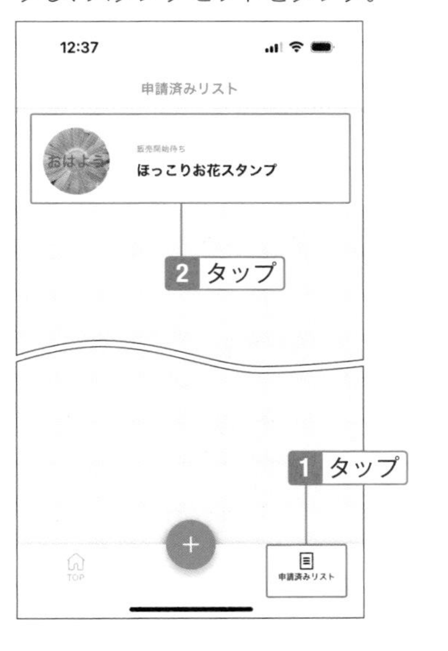

13 「販売開始する」をタップ。メッセージが表示されるので「OK」をタップ。

LINE Creators Marketで販売スタンプを管理する

ブラウザでhttps://creator.line.me/ja/にアクセスし、LINEのアカウントでログインすると、アイテム管理画面が表示される。以下はパソコン画面。

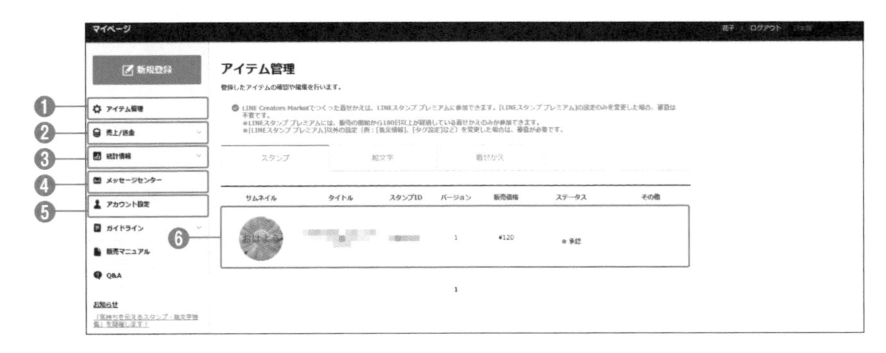

❶ **アイテム管理**：申請したスタンプ一覧が表示される
❷ **売上/送金**：売上レポートや送金申請ができる
❸ **統計情報**：スタンプごと、販売エリアごとの送受信数が表示される
❹ **メッセージセンター**：受信メッセージが表示される
❺ **アカウント設定**：名前や住所、メールアドレス、送金先などを設定できる
❻ **スタンプ**：タップするとスタンプ詳細が表示される。仲間内で使う場合はここに表示される購入用URLを伝える

LINEでギフトを贈る

カードと一緒に贈れる。住所を知らない友だちにも配送することが可能

LINEを使って、友だちにプレゼントを贈れるサービスが「LINEギフト」です。100円未満もあれば数万円の商品もあるので、お祝いやお礼、ご褒美などさまざまな目的で商品を選ぶことができます。ここでは、LINEギフトの贈り方と受け取り方を説明します。

LINEギフトを贈る

1 「LINE」アプリで「ウォレット」の「もっと見る」をタップし「ギフト」をタップ。あるいは、「ホーム」画面で「サービス」の「すべて見る」をタップし、「LINEギフト」をタップ。

2 LINEギフトの画面が表示されるので、贈りたいギフトをタップ。

Hint

目的に合ったギフトを選ぶ

手順2の画面で下方向にドラッグすると、目的別のギフト一覧があります。また、下部の「検索」ボタンをタップすると、カテゴリや価格帯の条件を指定して探すことができます。

3 「友だちにギフト」をタップ。規約に同意のメッセージが表示されたらチェックを付けて「同意して続ける」をタップ。

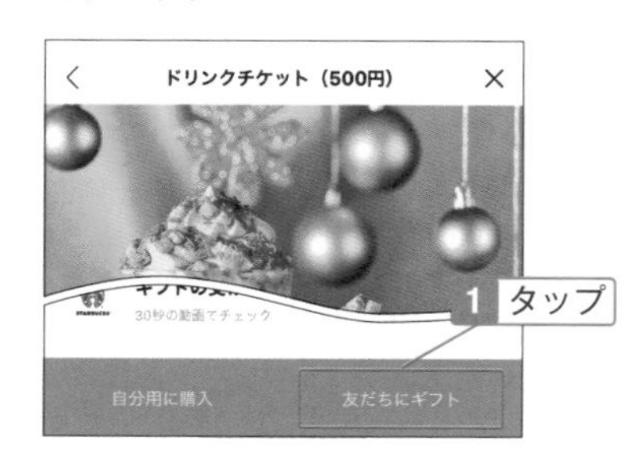

Note

LINEギフトとは

LINEの友だちにプレゼントが贈れるサービスです。誕生日祝い、結婚祝い、お礼などのプレゼントを、相手の住所を知らなくても贈ることができます。

4 プレゼントする友だちをタップし、「次へ」をタップ。

5 「支払方法」をタップして選択し、手続きする。ここではLINE Payで支払う。「購入内容確定」をタップ。

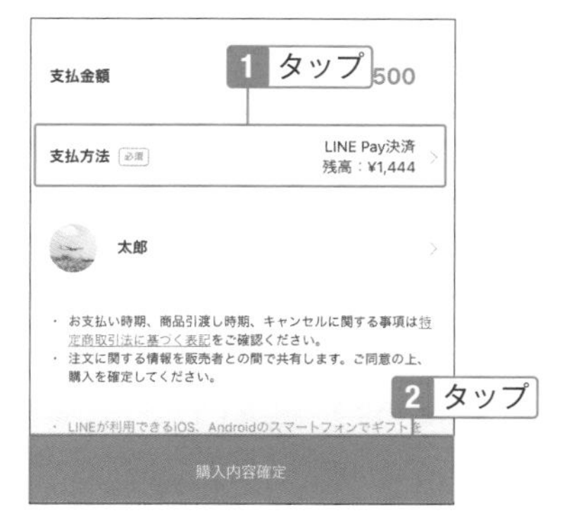

6 カードを選択。

> **Check**
>
> **画面を閉じてしまった場合**
>
> 　手順5で支払いが済んだ後に、画面を閉じてしまうと、ギフトを贈ることができません。その場合は、「LINE GIFT」の画面の下部にある「マイページ」をタップし、「メッセージ作成待ち」をタップした画面から再開してください。

> **Check**
>
> **配送ギフトの場合**
>
> 　配送するギフトの場合は、受け取り主が配送先を入力するので、住所がわからなくても送ることができます。

7 メッセージを入力し、「ギフトメッセージを確定」をタップ。

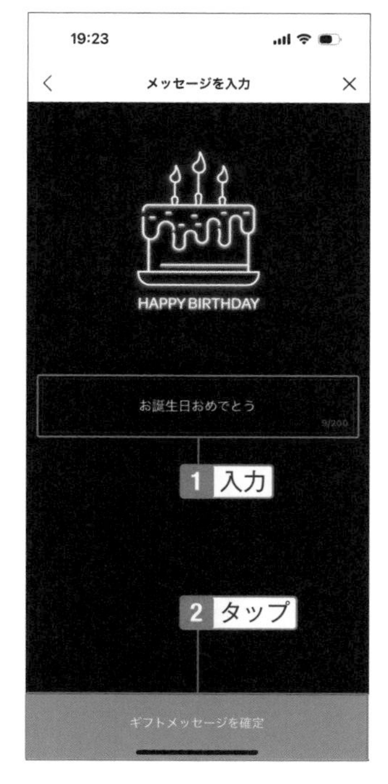

8 「ギフトを贈る」をタップ。

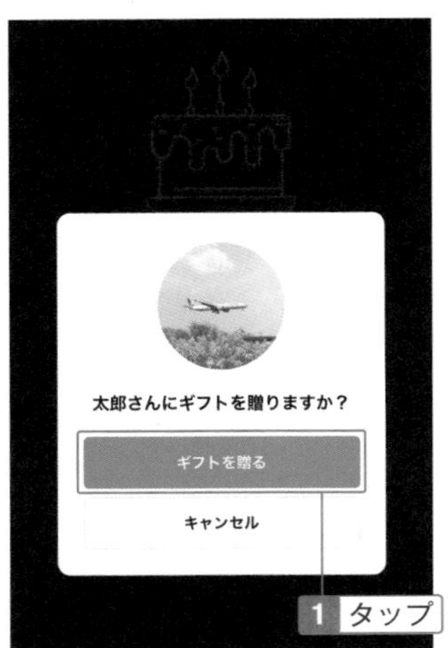

Check

贈ったギフトを確認するには

贈ったギフトは、「LINE GIFT」の画面の下部にある「マイページ」をタップし、「贈ったギフト」をタップすると一覧が表示されます。また、購入したものを見たい場合は「購入履歴」をタップすると表示できます。

ギフトを使用する

1 「LINE GIFT」の画面で「マイページ」をタップし、「もらったギフト」をタップ。

2 ギフトをタップし、レジでバーコードをスキャンしてもらう。

Hint

ギフトを使ったら使用済みにする

もらったギフトを使用したら、手順2の画面下部にある「eギフトの使用状態を変更」をタップして、使用済みに変更する必要があります。そうすることで、手順2の上部にある「使用済みに変更していないギフトのみ表示」をオンにして未使用のギフトだけを絞り込めます。

Chapter

05

キャッシュレス決済 LINE Payを使ってみよう

LINEは使っているけれど、LINE Payは使っていないという人もいるでしょう。LINE Payを使えば、スマホだけでお店での支払いができるようになります。似たようなサービスがいろいろありますが、LINE Payなら普段使っているLINEアプリで支払いができるので、他のアプリをダウンロードする必要がありません。また、LINE友だちへ送金することもできます。この章では、LINE Payの一通りの使い方を説明します。

LINE Payを使えるようにする

チャージや送金には本人確認が必要なので登録しておこう

LINE Payを使うには、登録手続きが必要となります。それほど時間はかからないので、いざというときのために手続きしておくとよいでしょう。また、銀行口座を使ったチャージや送金などを行なう場合は本人確認が必要なので設定しておきましょう。

LINE Payに登録する

1 「ウォレット」をタップし、「今すぐLINE Payをはじめる」をタップ。

2 「はじめる」をタップ。

3 「すべてに同意」をタップし、「新規登録」をタップ。

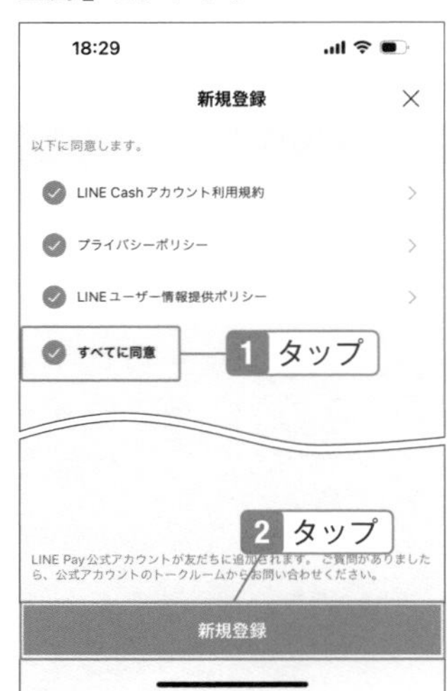

Note

LINE Payとは

LINE Payは、LINEユーザーが使えるスマホ決済サービスです。LINE Pay加盟店またはPayPay加盟店で、現金を必要とせずにスマホだけで買い物ができます。また、LINE友だちに送金することも簡単にできます。LINE Payにチャージしすぎたり、現金が必要になったりしたときには、手数料を払えば出金することも可能です。 LINE Pay残高から出金するときや外貨両替など一部手数料がかかりますが、代金の支払いやチャージ、友だちへの送金など、ほとんどが無料で利用できます。なお、ここではiPhoneの解説です。Androidの場合は画面が少し異なります。

4 「設定」をタップ。

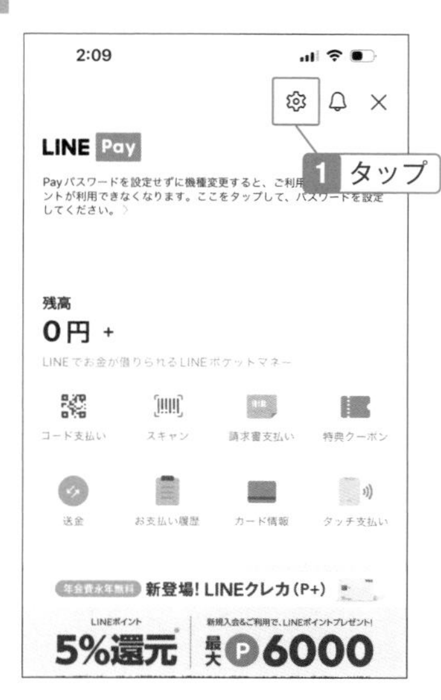

5 「パスワード」をタップ。

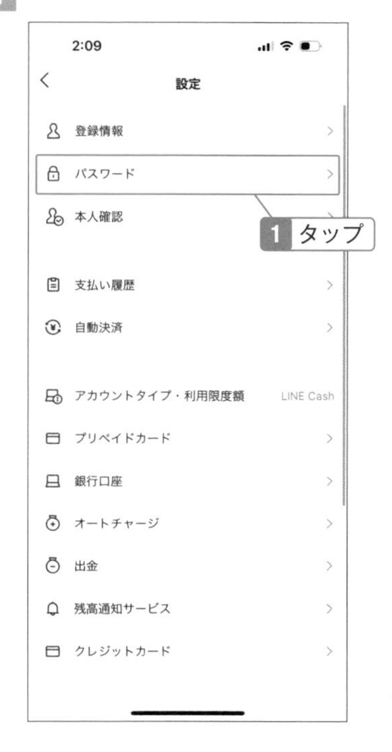

6 LINE Payで使うパスワードを設定する。同じ数字が3つ以上連続しないように入力。

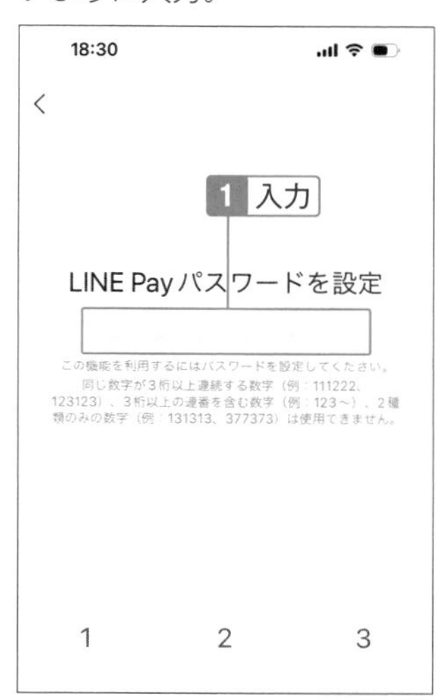

7 支払い時にFace IDを使う場合は「はい」をタップ。

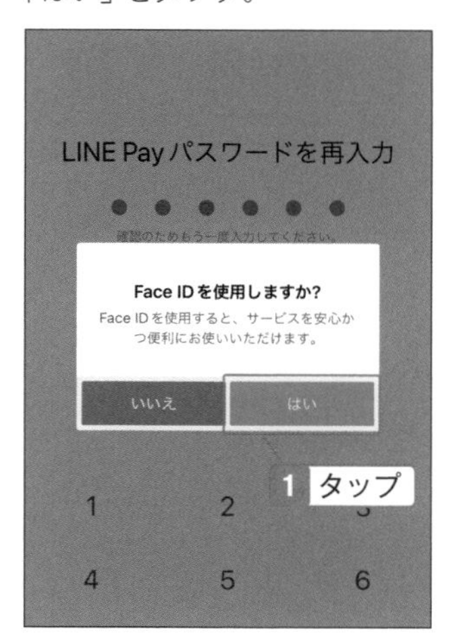

Check

生体情報を使用する

パスワード入力の場合、支払い時に入力ミスや失念によりもたつくことがありますが、生体情報（iPhoneの場合はFace ID）を使えば素早く決済できます。

Check

後からパスワードを変更するには

LINE Payを設定すると、「ウォレット」の画面に残高0円と表示されるので、残高の部分をタップします。「設定」をタップし、「パスワード」→「パスワード変更」をタップして変更できます。現在のパスワードを入力した後、変更後のパスワードを設定してください。

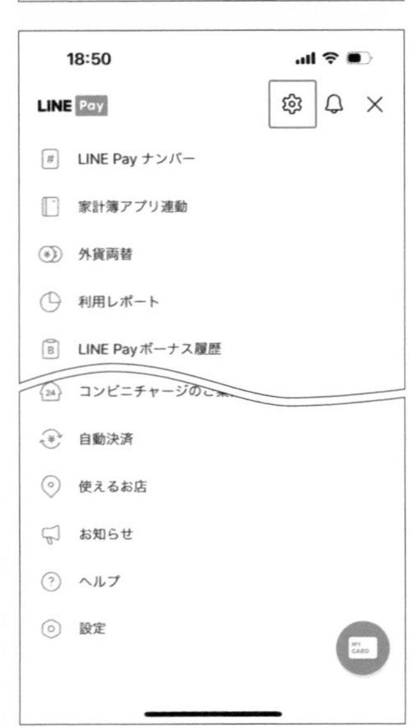

8 「オン」をタップ。

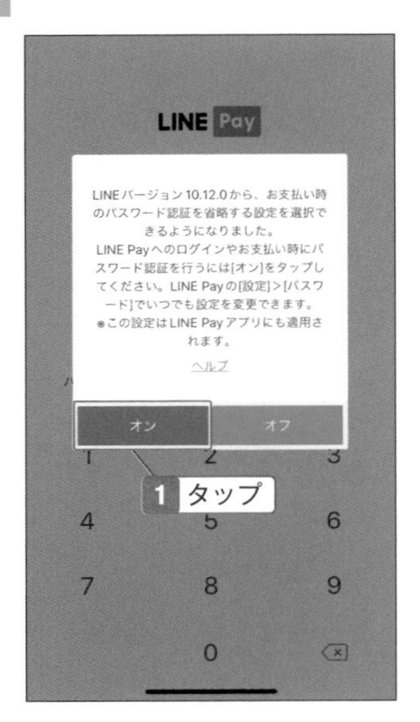

9 パスワードを設定した。

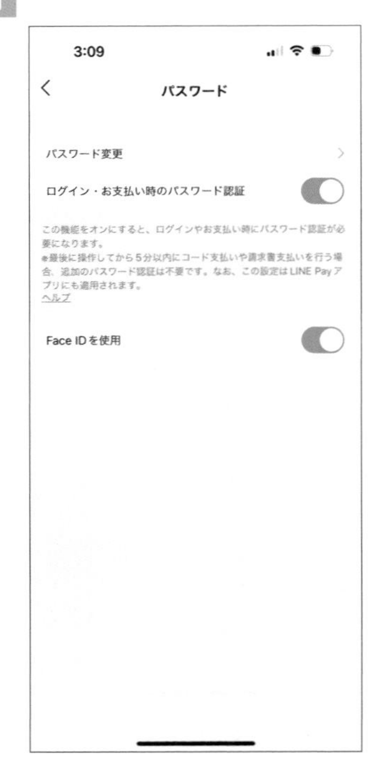

Note

Visa LINE Payプリペイドカードとは

手数料と年会費が無料で使えるLINEのバーチャルプリペイドカードです。Apple Payに設定すると、スマホをかざすことで簡単に決済ができるので便利です。利用するには、「LINE Pay」画面で「タッチ支払い」をタップして手続きします。

Hint

LINE Payアプリ

本書では「LINE」アプリでLINE Payの使い方を解説しますが、「LINE Pay」アプリもあります。LINE Pay専用のアプリなので、位置情報でLINE Payが使えるお店の検索ができクーポンやマイカードもLINEアプリよりも表示しやすいです。iPhoneはApp Storeから、AndroidはPlayストアからインストールできます。

本人確認をする

1 「ウォレット」の上部にある残高の部分をタップ。

Check

メールアドレスを設定する

本人確認の手続きをする前に、LINEにメールアドレスを設定しておく必要があります。「ホーム」画面右上にある⚙をタップし、「アカウント」→「メールアドレス」をタップして設定しておきましょう（Section03-03参照）。

2 「設定」をタップ。

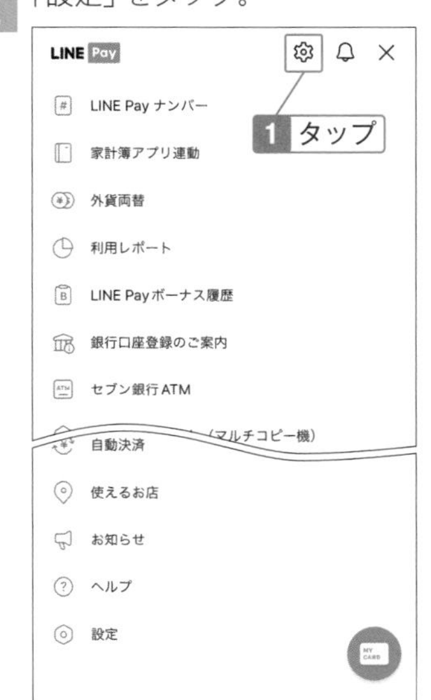

3 「本人確認」をタップ。メッセージが表示されたら「確認」(Androidの場合は「本人確認」)をタップ。

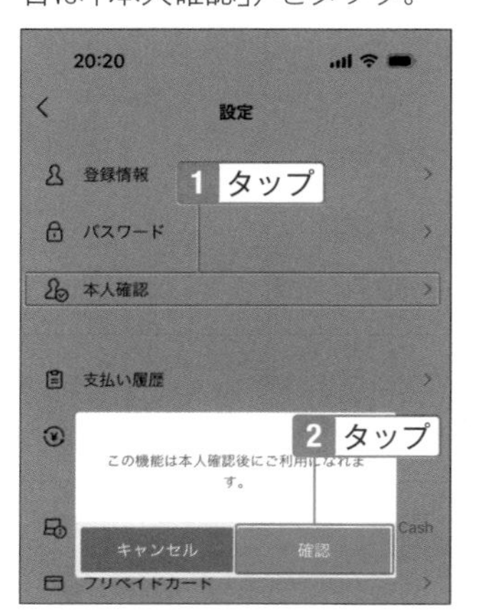

4 本人確認方法を選択。ここでは「日本国籍の方」をタップ。メッセージが表示されたら「OK」をタップ。

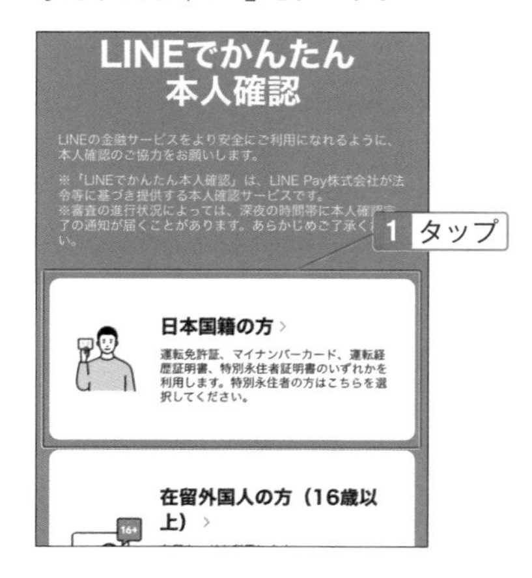

5 「スマホでかんたん本人確認」をタップ。

6 スクロールして利用規約を読み「同意します」をタップ。メールアドレスを設定していない場合はメッセージが表示されるので設定する。

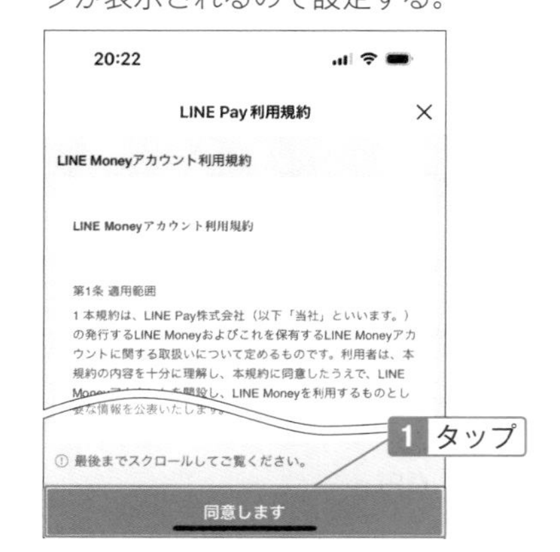

7 「はじめる」をタップ。

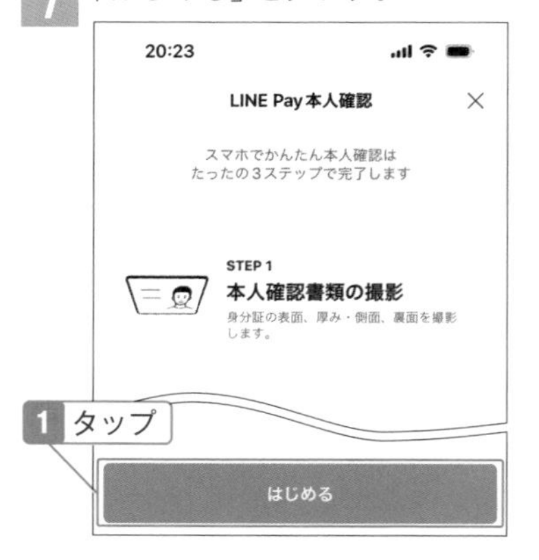

8 確認書類（ここでは「運転免許証」）をタップ。

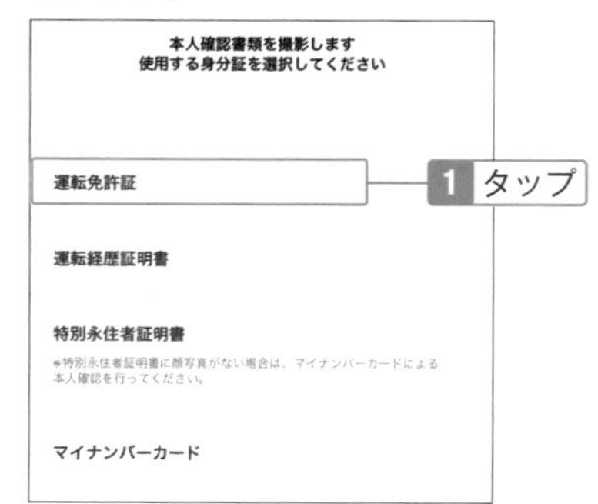

9 「表面の撮影に進む」をタップし、免許証の表面を撮影して次へ進む。撮影機能のメッセージは「ダウンロード」をタップ。

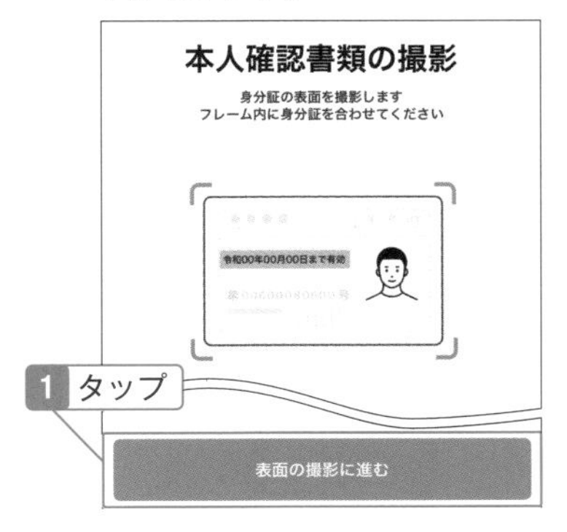

10 「厚みの撮影に進む」をタップして指示通りに撮影し、次へ進む。

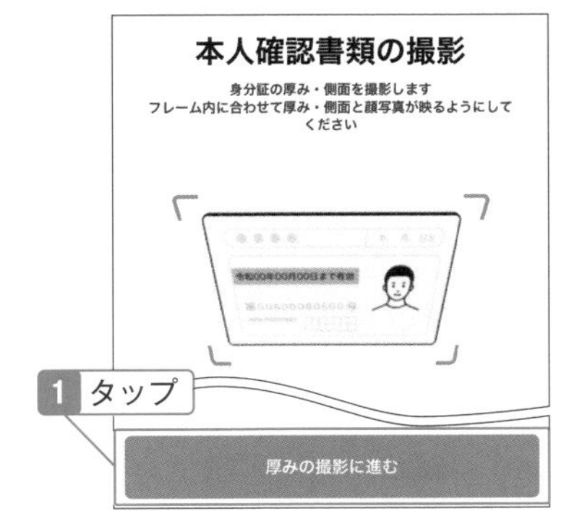

11 「裏面の撮影に進む」をタップし、免許証の裏面を撮影し、次へ進む。

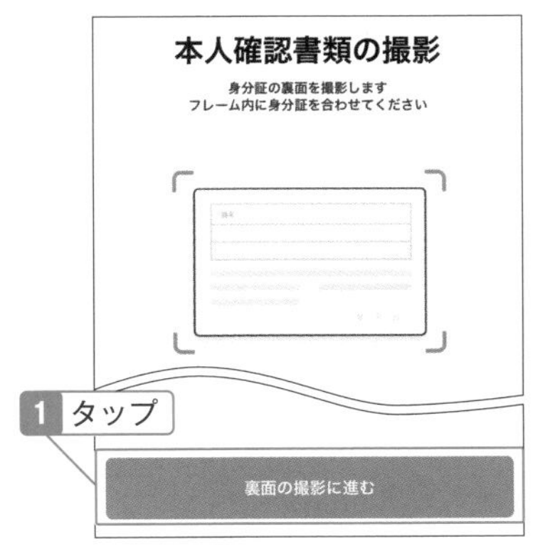

12 「顔写真の撮影に進む」をタップし、指示に従って顔写真を撮影する。

13 氏名や生年月日、住所などを入力し、「入力内容を確認」をタップ。次の画面で「申請する」をタップ。

Check

画面が異なる

ここでは執筆時点での画面で解説しています。今後アップデートにより画面が変わる場合があります。

05-02 LINE Payにチャージする

銀行口座以外に、コンビニでもチャージできる。共に本人確認が必要

LINE Payを始めたときには、当然残高がありません。このままでは支払いができないので入金（チャージ）の操作が必要です。チャージする方法は複数ありますが、銀行口座を設定すればその場でチャージできます。ただし、本人確認が済んでいる必要があります。

銀行口座からチャージする

1 「ウォレット」をタップし、「＋」をタップ。

2 「銀行口座」をタップ。

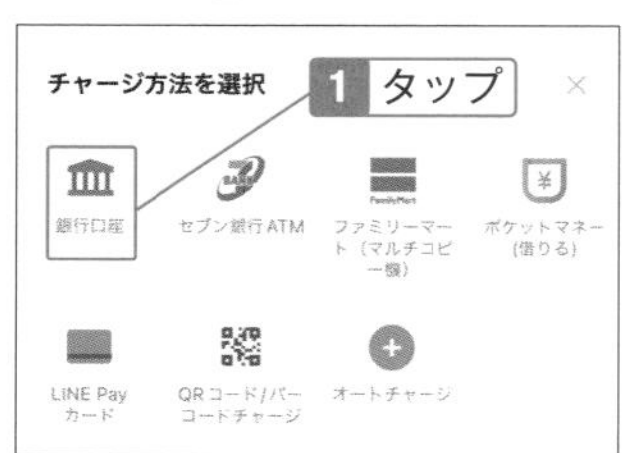

3 登録する銀行をタップし、以降、各銀行の指示に従って操作する。

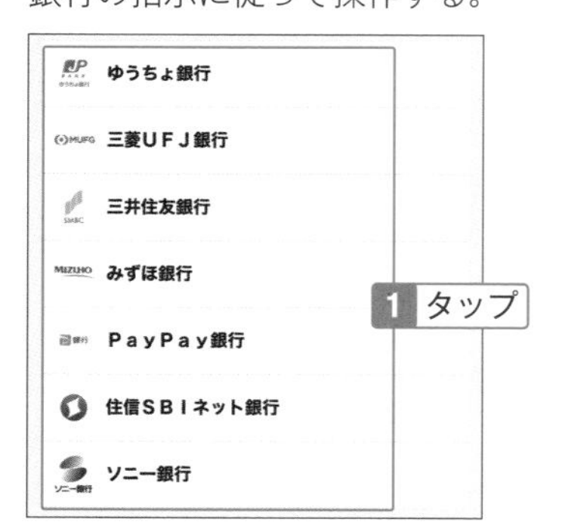

Note
Visa LINE Payクレジットカードとは

LINEのクレジットカードで、全国のVisa加盟店やLINE Payのチャージに使えます。年会費は永年無料で、決済時に利用するとLINEポイントも貯まります。利用するには、LINE Payの画面の「カードを申込む」をタップして手続きします。

Check
銀行口座の登録方法

銀行によって画面が異なり、入力事項も異なります。たとえば、ゆうちょ銀行の場合は、「記号・番号」「電話番号」「暗証番号」の入力が必要となり、三菱UFJ銀行の場合は、「口座番号」「支店」「預金種別」「キャッシュカードの暗証番号」「通帳最終残高」が必要です。

4 登録したら銀行名をタップ。

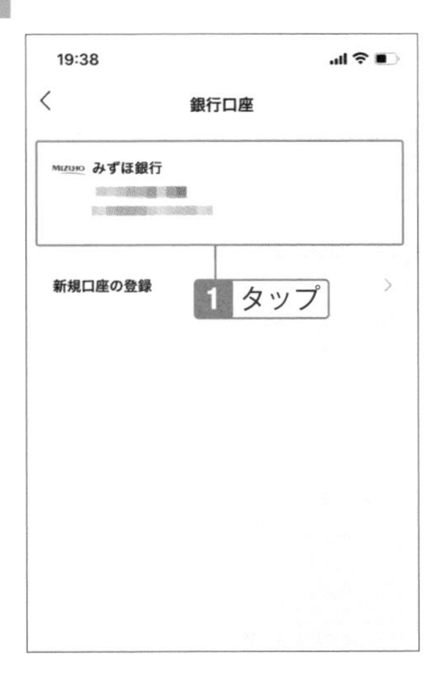

5 チャージ金額を入力するか、「+1,000」「+5,000」「+10,000」「+20,000」から選択し「チャージ」をタップ。

セブン銀行ATMでチャージする

1 「ウォレット」画面の「+」をタップし、「セブン銀行ATM」をタップ。

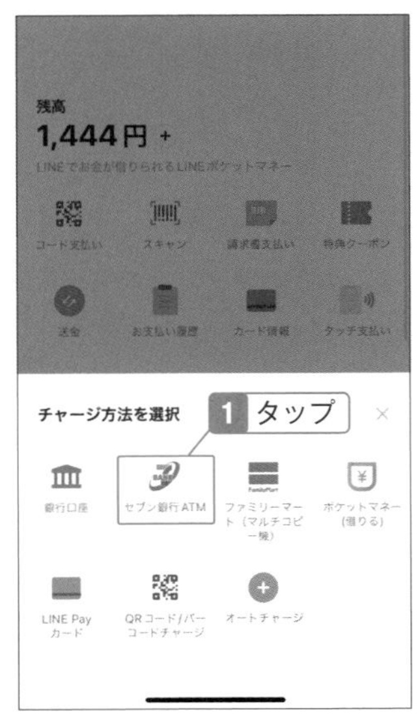

2 「QRコードをスキャン」をタップ。

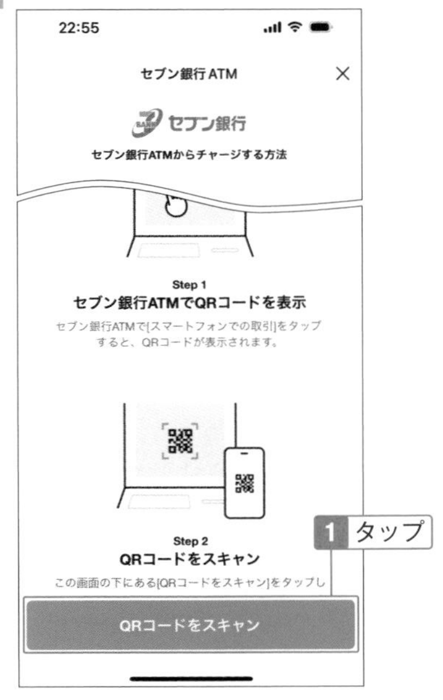

3 セブン銀行のATMで「スマートフォンでの取引」を選択。

4 ATMの画面に表示されたQRコードをスマホで読み取る。

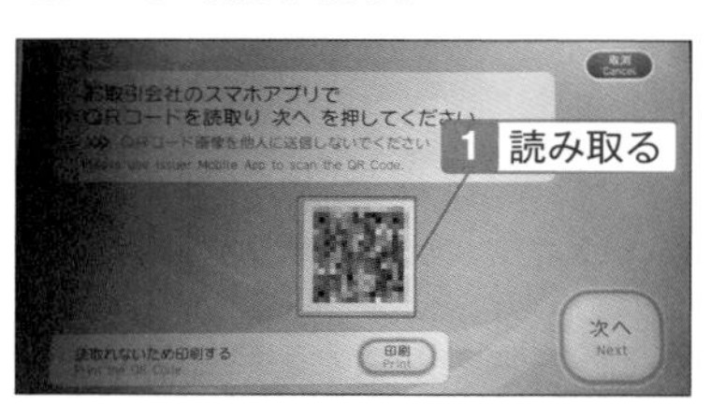

5 スマホに表示された企業番号をセブン銀行ATMに入力。次の画面で説明を読んで「確認」を選択。

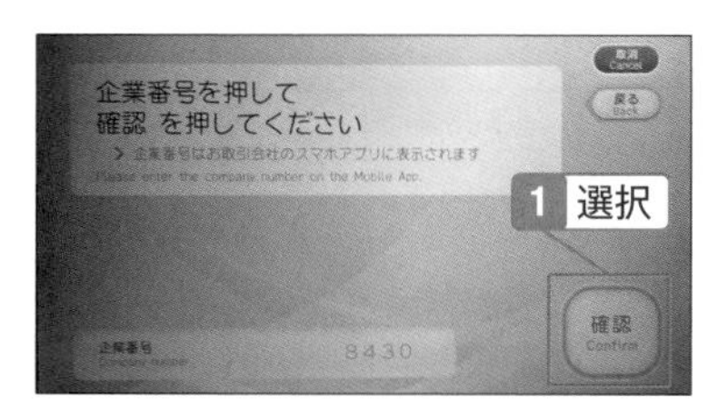

6 紙幣を投入し、金額を確認してチャージする。

ファミリーマートでチャージする

1 「ファミリーマート」をタップ。

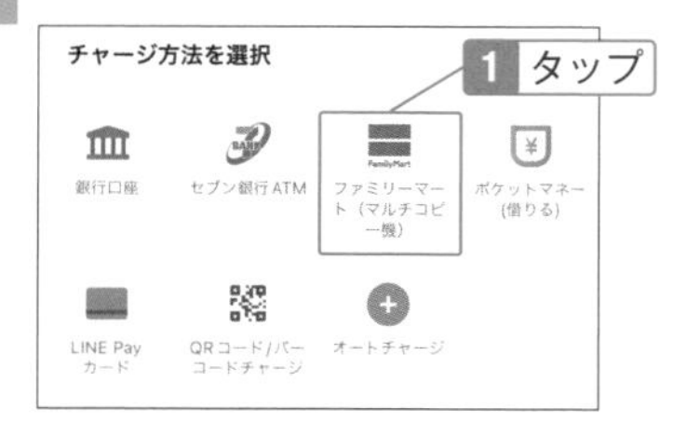

2 「チャージ金額を入力」をタップ。次の画面で「同意します」をタップ。

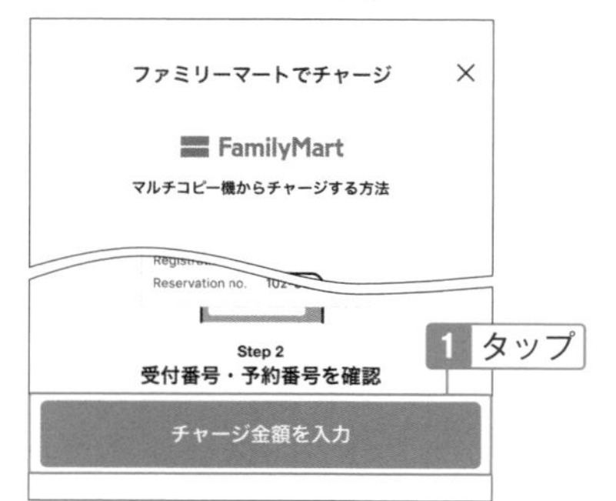

3 姓名を入力。チャージする金額を1000円単位で入力して「受付番号・予約番号を発行」をタップ。

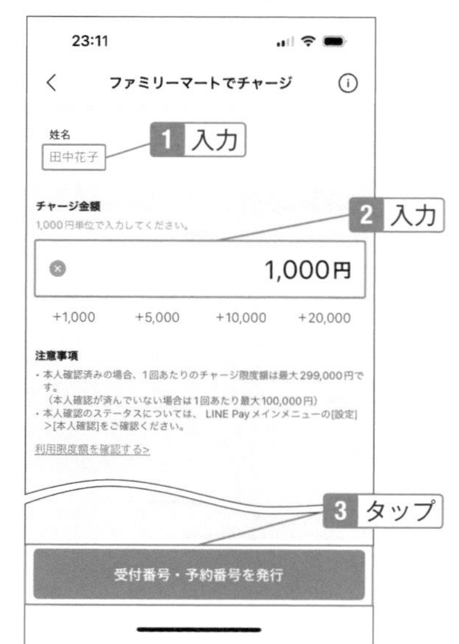

4 受付番号、予約番号が表示されたら「完了」をタップ。

5 ファミリーマートのマルチコピー機の画面で、「代金支払い/チャージ」を選択。

6 「番号入力」を選択。

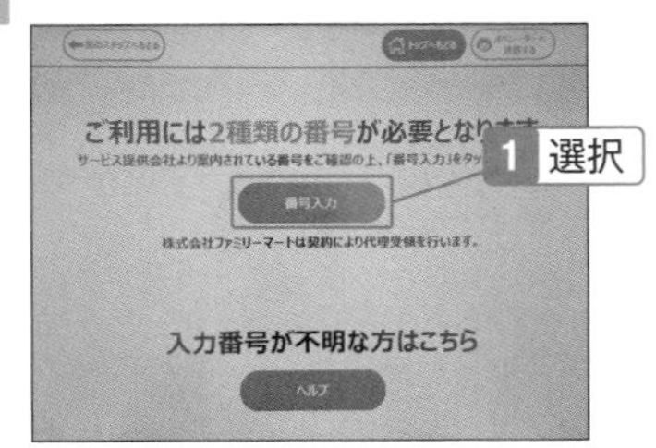

Check

受付番号はトークに送られてくる

受付番号と予約番号は、LINEウォレットからトークで送られてきます。記載されている6桁の受付番号を入力してください。

7 受付番号を入力し、「OK」を押し、次の画面で予約番号を入力する。確認画面で「OK」を選択すると、紙が出てくるのでレジに持って行き代金を支払おう。

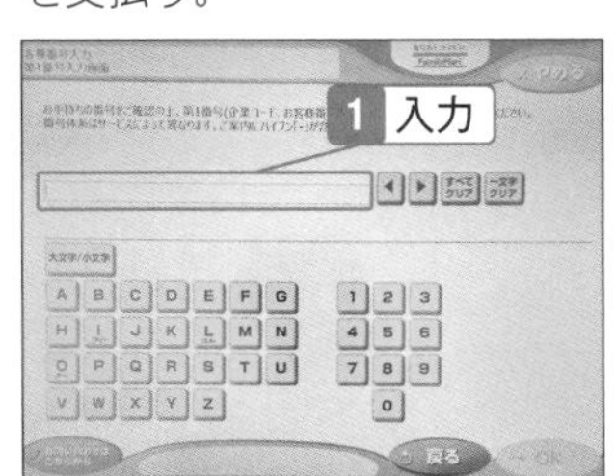

05-03

自動的にチャージする

一定の金額を下回ったら、設定した金額を自動でチャージできる

SECTION05-02でチャージする方法を説明しましたが、いざレジで支払おうとしたら残高が足りないということがあるかもしれません。オートチャージを設定しておけば、一定金額を下回ったときに自動的にチャージできるようになります。

オートチャージを設定する

1 「ウォレット」画面の「＋」をタップし（P106の手順1の画面）、「オートチャージ」をタップ。

2 「オートチャージ」をオンにする。

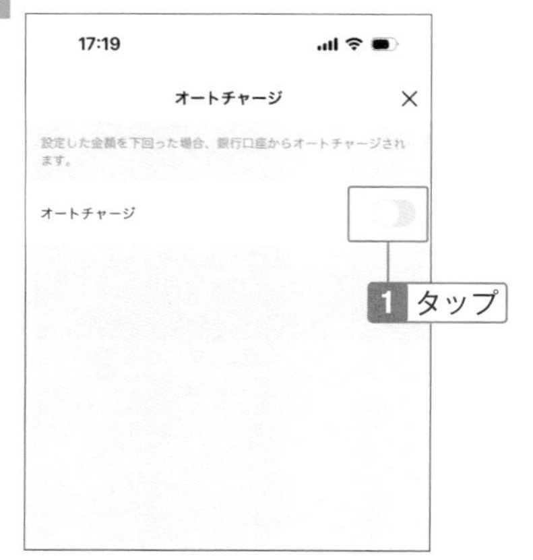

3 「オートチャージ条件」をタップ。

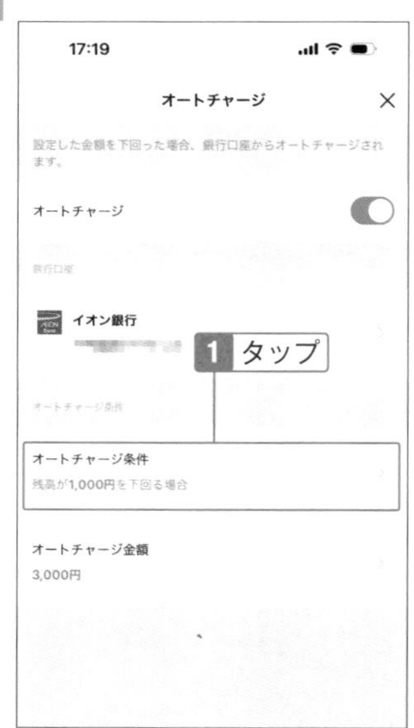

Note

オートチャージとは

設定した金額を下回ったときに、銀行口座から自動的にチャージできます。銀行口座を登録していない場合はSECTION05-02を参考にして登録しておきましょう。

4 いくらを下回った場合、銀行口座からオートチャージされるかを1000円単位で入力し、「確認」をタップ。

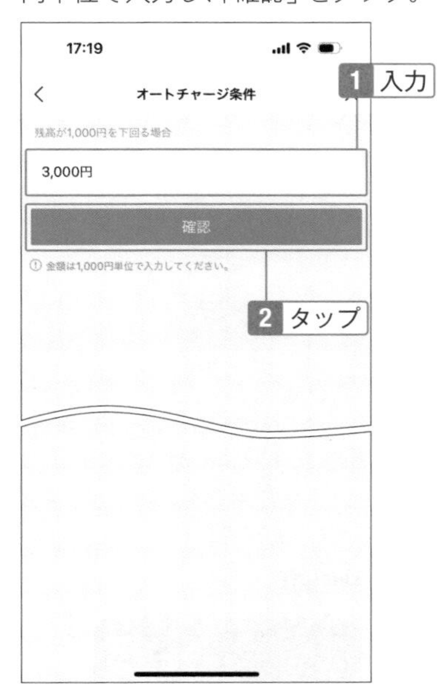

5 「オートチャージ金額」をタップ。

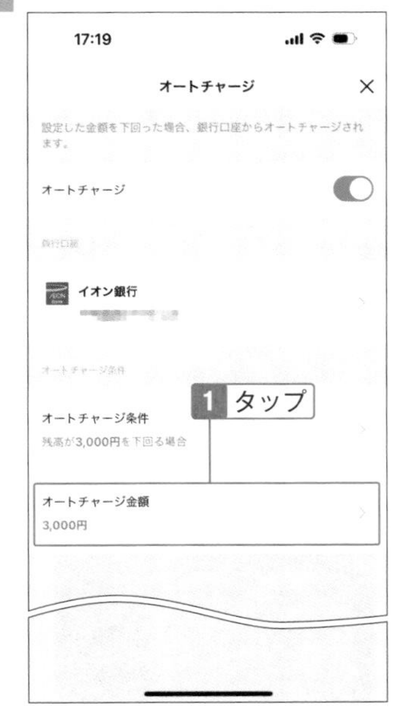

6 いくらチャージするかを1000円単位で入力し、「確認」をタップ。

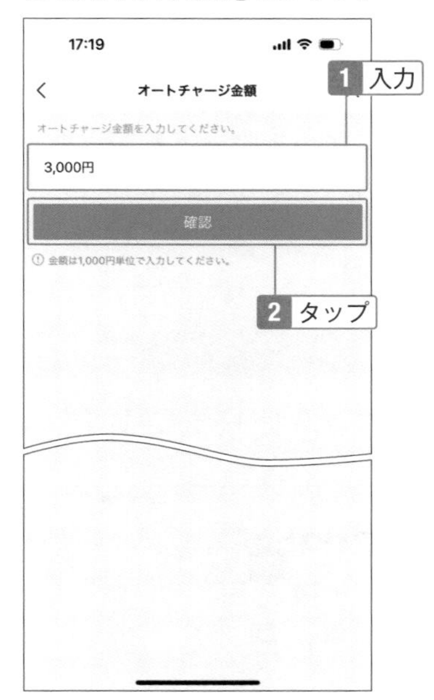

7 「×」をタップ。

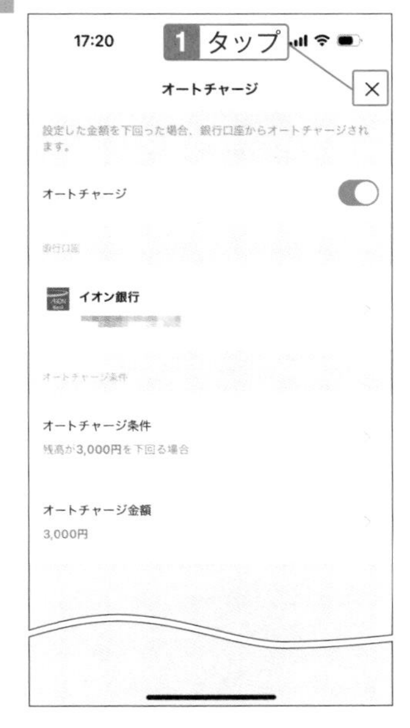

05-04

実店舗での購入時にLINE Payを使う

店舗によってコードを読み取ってもらう場合と自分で読み取る場合がある

ここでは、実際の店舗でLINE Payをどのように使うかを説明します。店舗側にコードを読み取ってもらうか自分で読み取るかは、店舗によって異なるので支払い時に確認してください。

コードを読み取ってもらう

1 「ウォレット」をタップし、「支払い」をタップ。

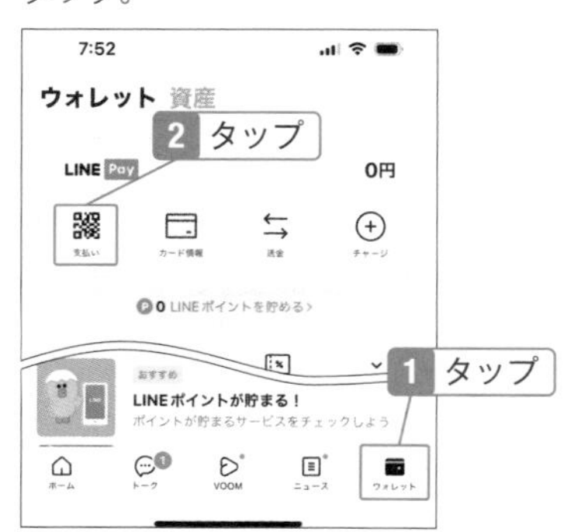

2 パスワード認証画面が表示された場合は入力する。または生体認証でロック解除する。

Hint

生体認証を使う場合

生体認証が使えるスマホの場合は、「LINE Pay」画面の「設定」→「パスワード」で生体認証の使用をオンにすると、毎回パスワードを手入力する手間を省けます。

3 残高を確認する。チャージする場合は「チャージ」をタップして操作する。LINEポイントを使う場合は「LINEポイントを使用」オンにする。店舗側にコードを読み取ってもらう。

Hint

素早く決済するには

iPhone 6s以降のiPhoneや一部のAndroidでは、ホーム画面でLINEのアイコンを長押しし、「コード支払い」または「QRコードリーダー」をタップして直接表示・読み取りができます。

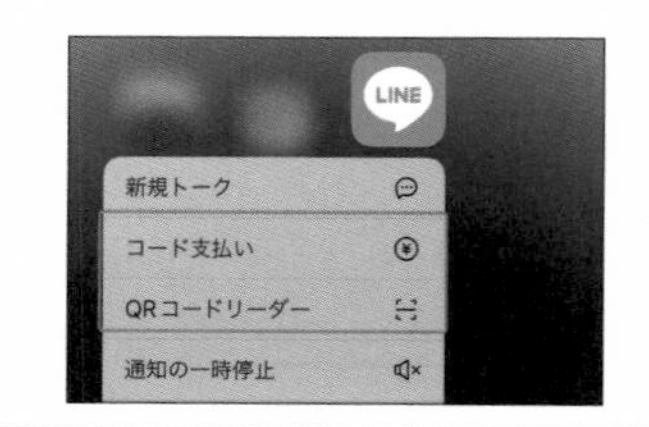

4 LINEウォレットのトーク画面に「お支払いが完了しました」とメッセージが届く。

コードを読み取る

1 「ウォレット」をタップし、「支払い」をタップ。パスワードの画面が表示されたらロック解除する。

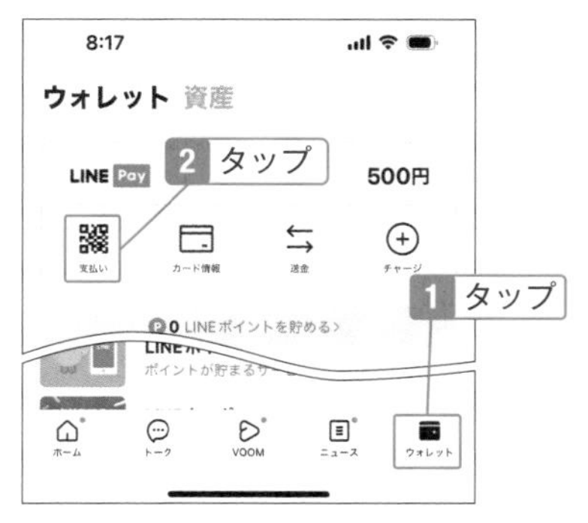

2 下部の「スキャン」をタップ。

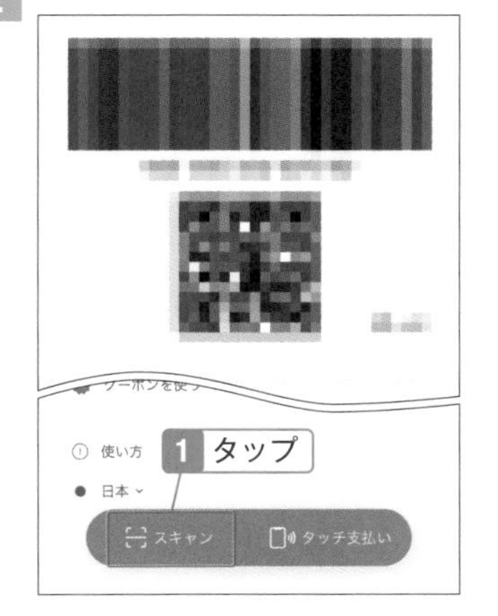

3 店頭で表示されているバーコードまたはQRコードを読み取る。

4 支払い金額を入力し、「確認」をタップ。

5 残高を確認し「〇〇円を支払う」をタップ。

オンラインショップや通販の購入時にLINE Payを使う

ショップでの支払いだけでなく、市税や公共料金の支払いも可能

LINE Payに対応しているオンラインショップなら、LINE Pay残高で支払いができます。これまでオンラインショップの購入代金を銀行に振り込んだり、コンビニに行って支払ったりしていた人は飛躍的に楽になるでしょう。また、通販の代金払いにも使えます。

購入画面で支払う

1 オンラインショップ（ここではZOZOTOWN https://zozo.jp/）の購入画面で「LINE Pay」を選択し、「次へ進む」をタップ。

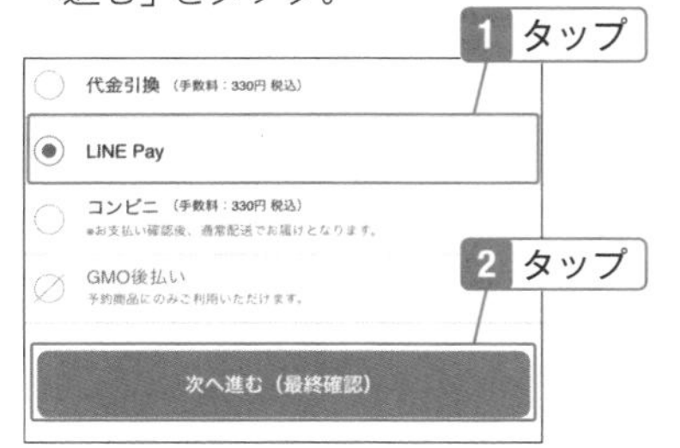

2 「注文を確定しLINEPay決済へ進む」をタップ。

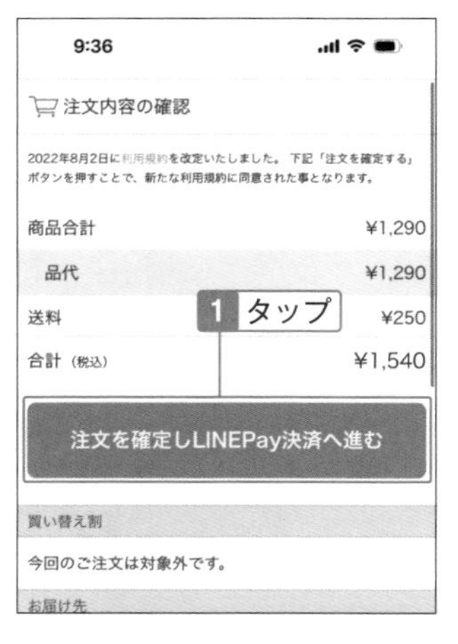

3 「開く」をタップ。

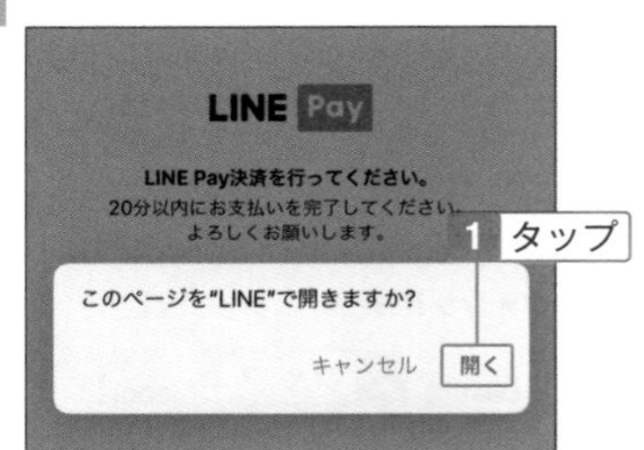

4 残高を確認し、足りなければチャージする。「○円を支払う」をタップし、この後ロックを解除して購入する。

請求書で支払う

1 「ウォレット」をタップし、残高の部分をタップ。

2 「請求書支払い」をタップ。

Check

請求書支払いを使うには

利用する通販会社がLINE Payに対応している場合は、後払いで買い物をし、送られてきた請求書のバーコードを読み取って支払うことができます。税金や公共料金もLINE Payに対応していれば支払うことができます。どちらも、届いた請求書にあるバーコードを読むだけなので、わざわざ銀行やコンビニに行く必要がなく、LINEポイントが付与されるのでお得感があります。ただし、税金・公金の請求書支払いは1回あたり30万円まで、その他の請求書支払いは1回あたり49,999円までとなっています。

3 「スキャンして支払う」をタップし、バーコードを読み取る。

4 チェックを付けて「支払う」をタップ。

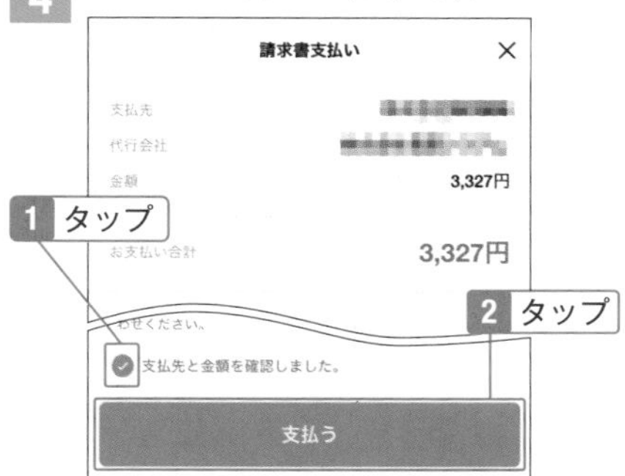

5 ポイントを利用する場合はタップしてオン。その後「○円を支払う」をタップして支払う。

05-06

友だちに送金する

LINEの友だちに、メッセージ付きで送金できる

友だちにお金を借りたときや立て替えてもらったときに、相手がLINEの友だちであればLINE Payで送金することができます。また、お金を送ってもらいたいときには送金依頼をすることも可能です。どちらもお金の内訳や理由などを一緒に送ることができます。

金額を指定して送金する

1 「ウォレット」をタップし、「送金」をタップ。パスワードの画面が表示された場合は入力する。

Check

LINE Payで送金するには

LINE Payの残高から指定した金額を、手数料無料で友だちに送金することができます。ただし、送金側はSECTION05-01の本人確認を完了している必要があります。また、相手がLINEに電話番号を登録していないと送金できません。

2 「送金・送付」をタップ。

3 送金する友だちをタップ。

4 金額を入力し、「次へ」をタップ。

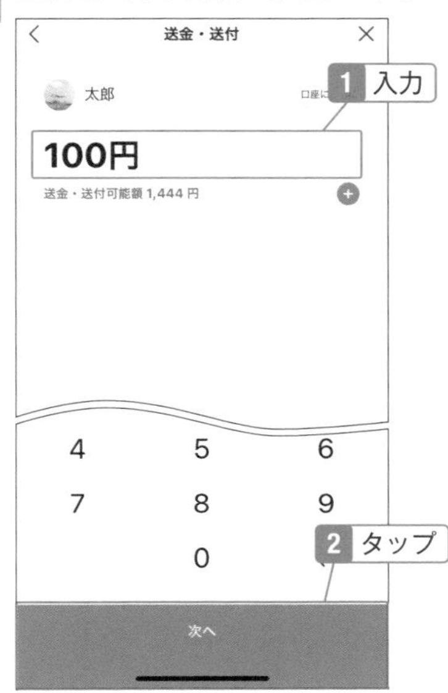

5 メッセージを入力し、イラストを選択して「送金・送付」をタップ。メッセージが表示されたら「確認」をタップ。

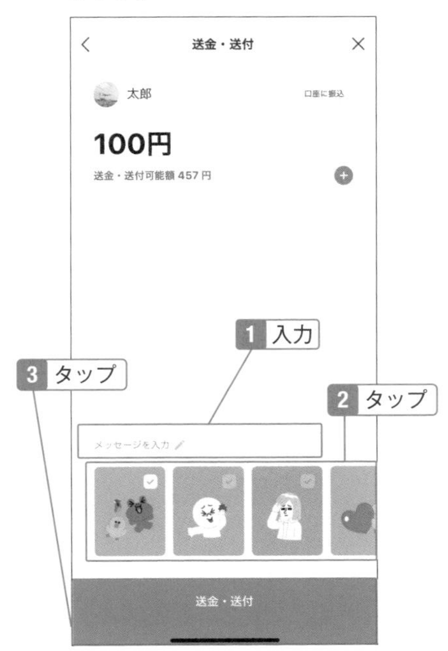

6 送金したことがトーク画面に表示される。

7 自動的に相手側に入金され、トーク画面にも表示される。

Hint

トーク画面から送金するには

送金する相手とのトーク画面で「+」をタップして「送金」をタップし、「送金・送付」をタップしても送金できます。

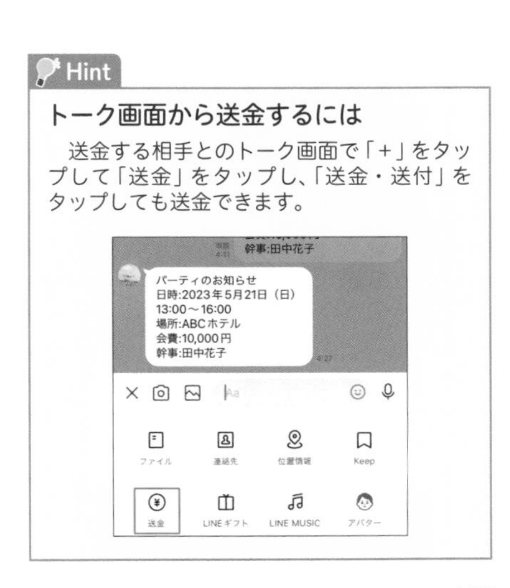

送金依頼をする

1 「ウォレット」画面で「送金」をタップ。

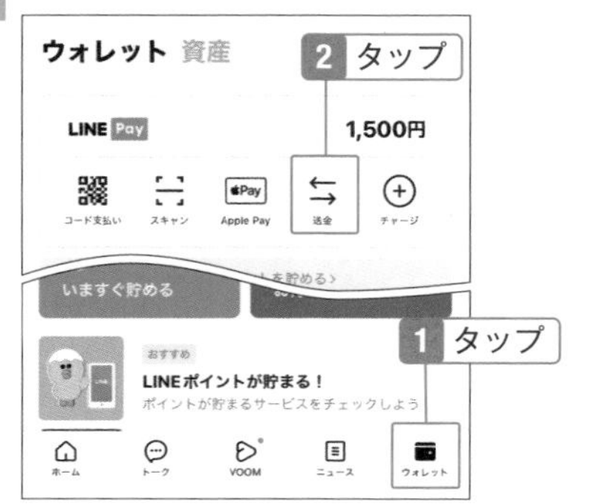

2 「送金・送付依頼」をタップ。

3 相手を選択し（複数人選択も可）、下部の「次へ」をタップ。

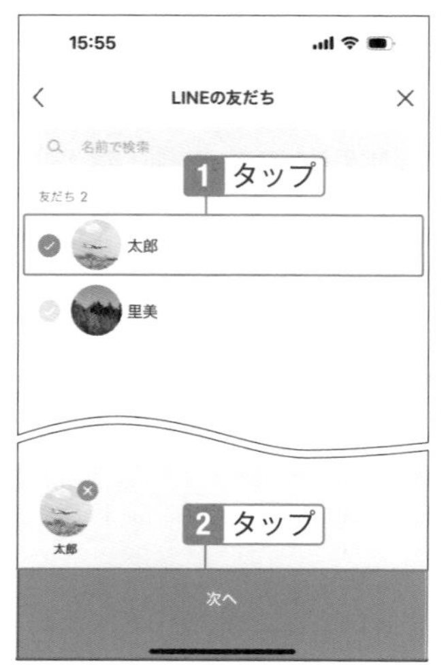

4 金額を入力し、「次へ」をタップ。

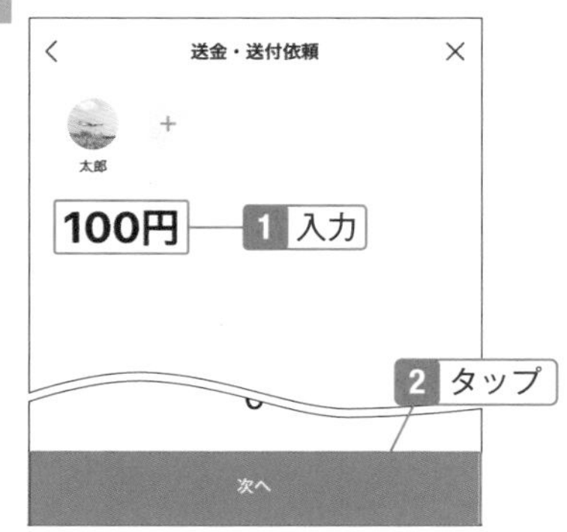

5 メッセージを入力し、イラストを選んで「〇人に送金・送付を依頼」をタップ。

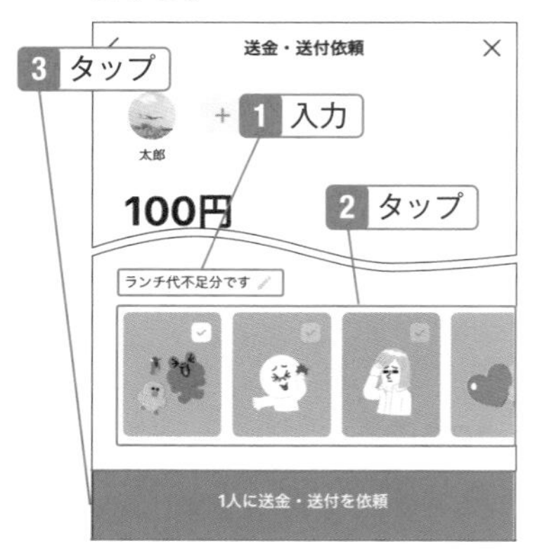

Check

送金依頼を受ける

トーク画面に依頼が来るので、タップするとLINE Payの画面が表示されます。

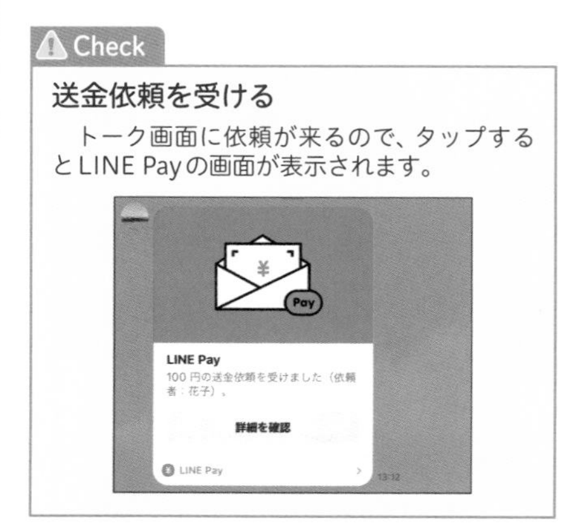

05-07

クーポンを使って買い物をする

LINEユーザーだけが使えるお得なクーポン。LINE Pay特典クーポンもある

買い物をするときに、クーポンを持っていると実際の価格より安く買えるのでお得です。企業や店舗がLINEでクーポンを配信しているので、積極的に使用しましょう。各ショップによってクーポンを取得する画面が異なるので指示に従って操作します。

クーポンを使う

1 「ウォレット」をタップし、「クーポン」をタップ（非表示の場合は「もっと見る」をタップ）。メッセージが表示されたら「同意してはじめる」をタップ。

2 さまざまなクーポンが用意されている。利用したいショップをタップ。

Check

現金払いでも使えるクーポン

ここでのクーポンは、LINE Pay払いだけでなく、現金払いでも使えます。なお、クーポンには有効期限があります。

3 使用するクーポンをタップ。

Check

定期的にクーポンが届く

LINEクーポンの利用を開始すると、「LINEクーポン」を友だち登録し、定期的にトークでクーポンが届くようになります。ただし、「LINEクーポン」をブロックした場合は届かないので注意してください。

4 「クーポンをつかう」をタップ。

5 店舗でコードを読み取ってもらう。

クーポンをお気に入りに追加する

1 使いたいクーポンが見つかったら♡をタップして赤にする。

2 クーポン画面の下部にある「お気に入り」をタップすると表示される。

Check

クーポンをお気に入りに登録する

ここでのように、気に入ったクーポンをお気に入りに登録しておけば、お店で使いたいときにすぐに表示できます。

LINE Pay特典クーポンを使う

1 ウォレット画面上部の残高をタップして「LINE Pay」画面を表示させ、「特典クーポン」をタップ。

2 使用したいショップの「↓」ボタンをタップしてクーポンを受け取る。

3 ショップで買い物をするときに支払い方法をLINE Payにするとクーポンが適用される。

Note

LINE Pay特典クーポンとは

前のページのクーポンは現金払いでも使えるクーポンですが、LINE Pay特典クーポンは、ショップでの支払い方法をLINE Payにしたときに使えるクーポンです。事前にクーポンのダウンロードが必要となります。

なお、ここではネットショップの画面で解説していますが、実際の店舗で使う場合はP112の手順3の画面で「クーポンを使う」をタップして、利用する店舗のクーポンが入っていることを確認してください。

05-08

LINEポイントを貯めたり使ったりする

動画の視聴や友だち追加して貯めたポイントを支払いに使える

LINEポイントは、LINEのキャンペーンへの参加や、LINE関連サービスで得られるポイントサービスです。ポイントには有効期限があるので、手持ちのポイントがあるのなら決済時に使いましょう。

LINEポイントを貯める

1 「ウォレット」をタップし、「LINEポイントクラブ」をタップ（非表示の場合は「もっと見る」をタップ）。メッセージが表示されたら「同意して利用する」をタップ。

2 興味のあるミッションをタップ。

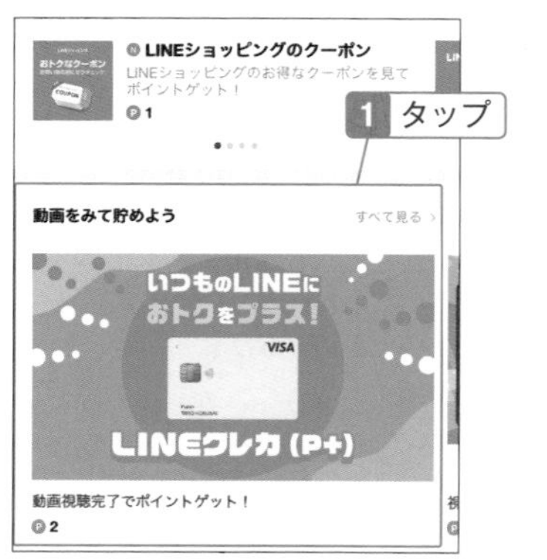

3 画面の指示に従ってポイントを取得する。

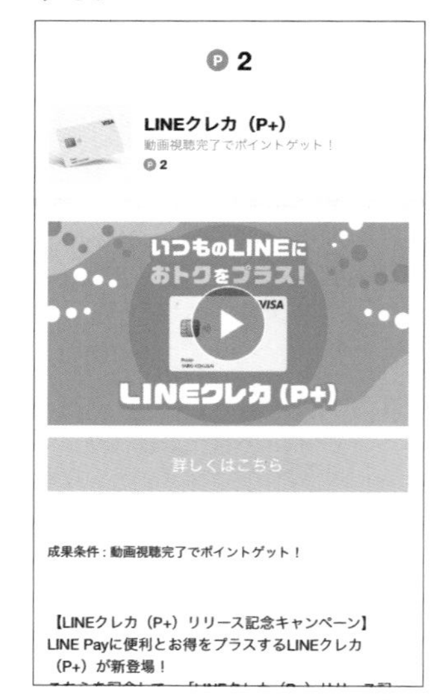

Note

LINEポイントとは

買い物する際に1ポイント1円として使用できます。ここでのようにミッションを達成することでポイントを獲得する以外にも、「LINEレシート」サービスで紙のレシートの登録や、「LINE　PLACE」サービスにクチコミを投稿することでポイントを貯めることも可能です。また、LINEショッピング経由で買い物をしたときにも獲得できます。なお、ポイントを友だちに送ったり、出金したりはできません。

ポイント履歴を確認する

1 「LINEポイントクラブ」をタップ。

2 「履歴」をタップ。

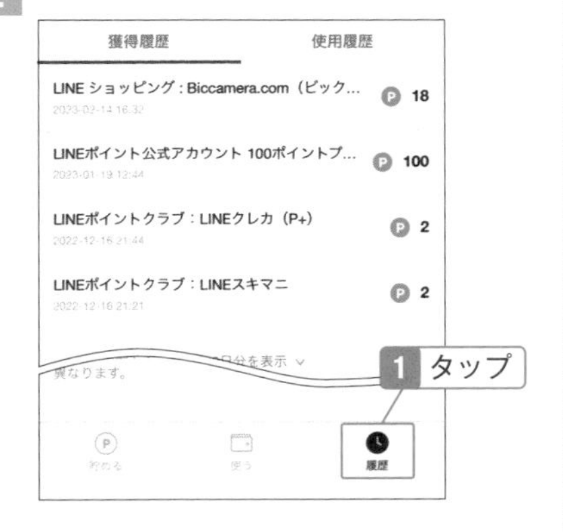

3 ポイントを獲得した履歴が表示される。「使用履歴」をタップすると使った履歴が表示される。

支払いにLINEポイントを使う

1 購入時の画面（SECTION05-04の手順3）でLINEポイントをタップ。ポイント数の指定はできない。

2 LINEポイントをオンにした状態で支払いをする。

05-09

LINE Pay残高を引き出す

LINE Pay残高から現金を引き出せる

「送金された金額を現金化したいとき」や「チャージしすぎたとき」には、LINE Pay残高を出金することができます。セブン銀行ATMを使えば、夜間でも引き出すことができるので、急にお金が必要になったときに役立つかもしれません。

出金する

1 「ウォレット」をタップし、上部の残高の部分をタップ。

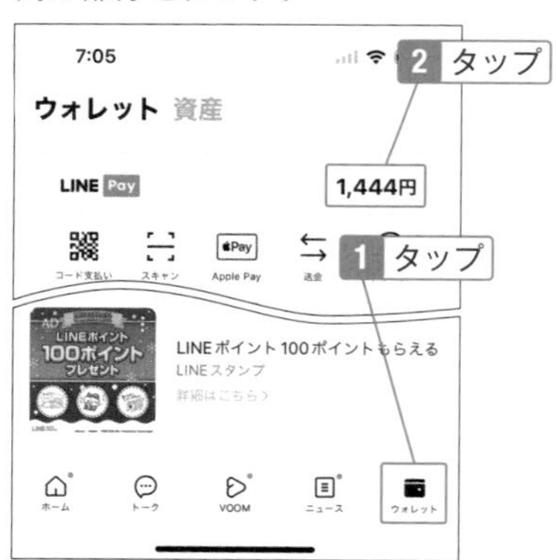

2 「設定」をタップ。

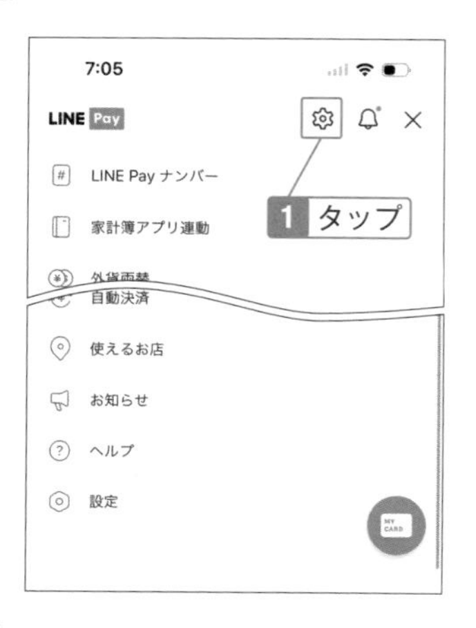

3 「出金」をタップ。

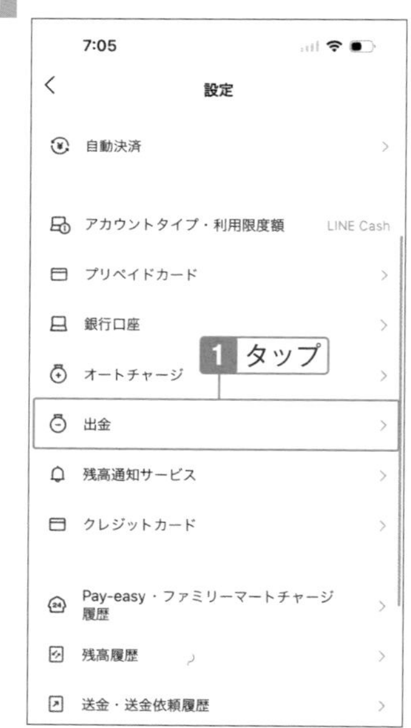

Check

LINE Pay残高を出金するには

セブン銀行ATMを使って現金を引き出すか、銀行口座に出金できます。基本的にセブン銀行ATMの場合は24時間出金できますが、銀行口座の場合は銀行の営業時間内での出金となります。どちらも1回の出金につき220円かかります。なお、出金するにはSECTION05-01の本人確認を完了している必要があります。

4 「セブン銀行ATM」をタップ。

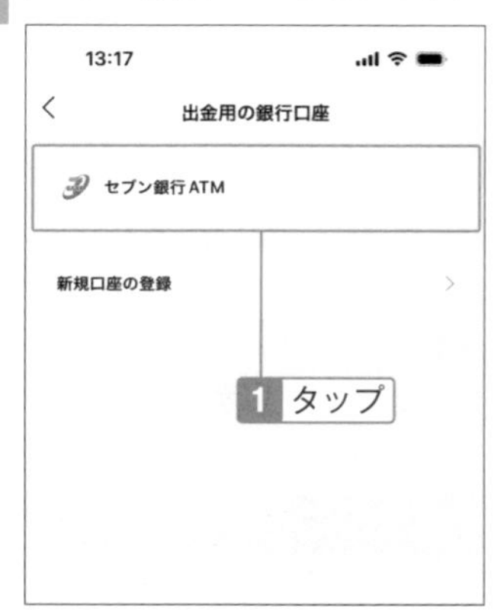

5 「スマートフォンでの取引」をタップし、「次へ」をタップするとQRコードリーダーが表示される。

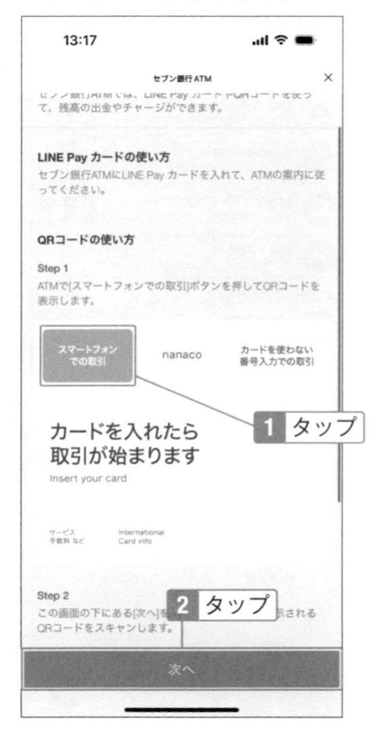

6 セブン銀行ATMの画面で「スマートフォンでの取引」を選択。

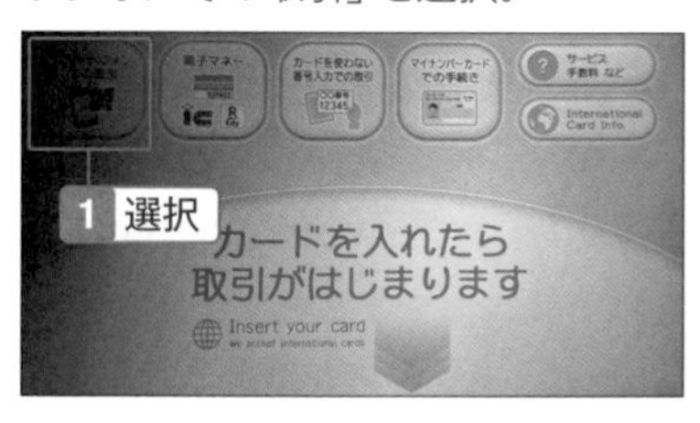

7 QRコードが表示されるので、スマホの画面に表示されているQRコードリーダーで読み取る。

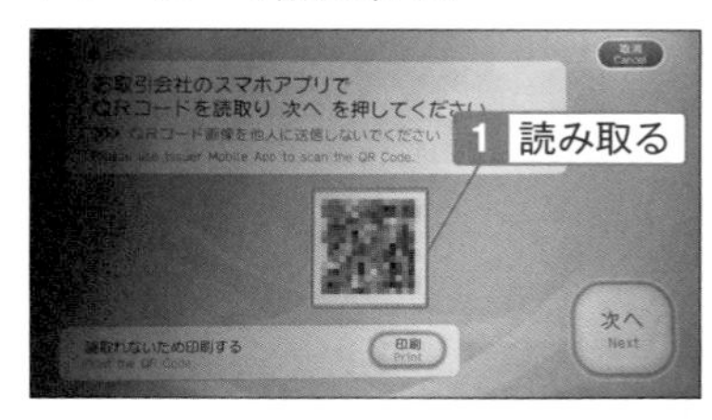

8 スマホの画面に表示された企業番号をATMに入力し「確認」を押す。次の画面で認証番号を入力して「確認」を押す。

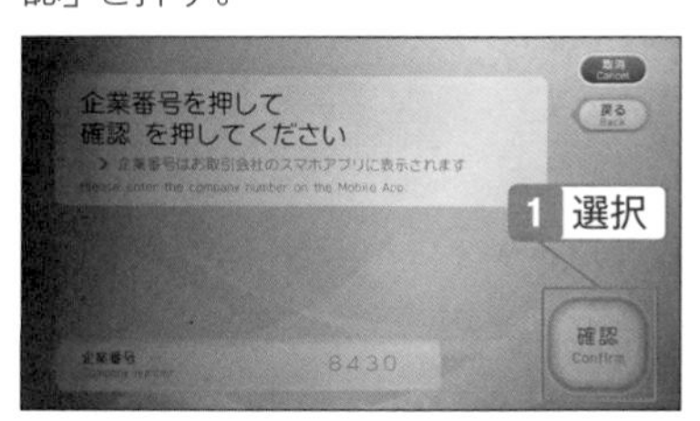

9 引き出す金額を入力して「確認」を選択する。

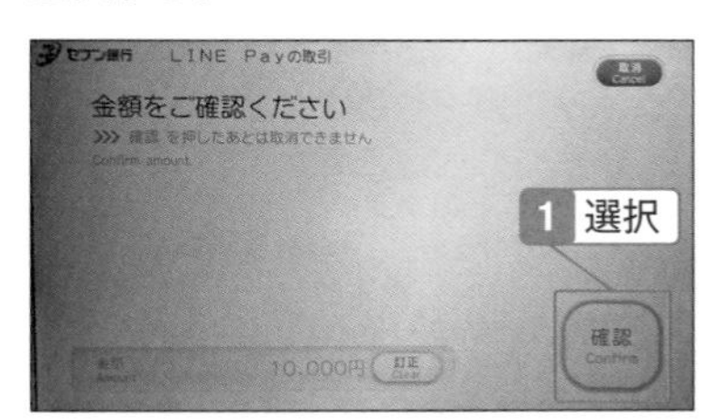

05-10

ショップカードを使う

紙のポイントカードが不要になるので、財布の中をスッキリ整理できる

店舗で買い物をするときに、スタンプを押してもらう紙のポイントカードがありますが、LINE上でポイントが貯められるのがショップカードです。スマホのスタンプカードなので、お財布の中にポイントカードを入れて持ち歩く必要がなくなります。

ショップカードを追加する

1 「ホーム」画面の「サービス」にある「すべて見る」をタップ。

Note ショップカードとは

お店で買い物をしたときに、スタンプを押してもらう紙のスタンプカードと同じように、LINE上のカードに押印できる機能です。Chapter07で説明しますが、ショップ側がポイント付与の条件や特典を自由に設定できるようになっています。なお、期限があるショップカードもあるので、カードに記載されている注意事項を確認してください。

2 「ショップカード」をタップ。メッセージが表示されたら「ショップカードを始める」をタップ。

3 「お店を探す」タブをタップして検索し、追加したいカードの「＋」をタップ。

ショップカードにポイントを付ける

1 「ホーム」画面で「サービス」の「すべて見る」→「ショップカード」をタップ。

2 「カード一覧」タブに追加したカードが表示されるのでタップ。

3 お店の人の指示に従い、「GET」をタップしてQRコードを読み込む。

Note

LINE マイカードとは

「ホーム」画面の「サービス」→「マイカード」（または「ウォレット」画面の「ポイントカード/会員証」）で表示される「マイカード」は、「モバイルTカード」や「Pontaカード」などのよく使われる会員証やポイントカードも追加できるサービスです。ショップカードと一緒にまとめて管理することができます。

LINE Payの決済履歴を確認する

いつどこで利用したかがわかる

便利なLINE Payですが、現金を使わないため出金状況がわかりにくいという人もいるでしょう。確認したいときは「利用レポート」を表示してください。いつどこで支払ったかを知りたいときには「履歴」で確認できます。

利用レポートを見る

1 「ウォレット」画面の金額の部分をタップしてLINE Pay画面を表示させ、下部の「利用レポート」をタップ。

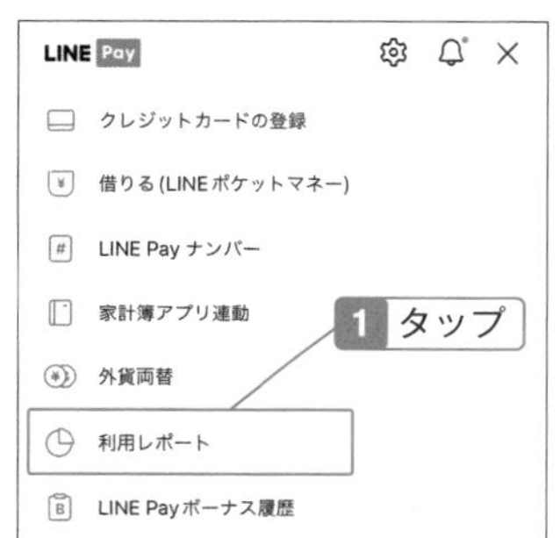

2 利用レポートが表示される。上部の＜をタップすると別の月のレポートが表示される。

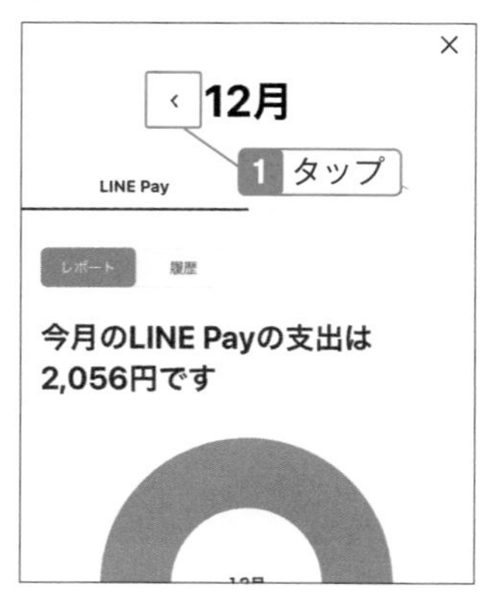

3 「履歴」タブをタップすると、入出金の履歴を見られる。

Check

LINEレシートの支出を見るには

手順3の画面で、上部の「LINEレシート」をタップすると、お店でもらったレシートを登録できる「LINEレシート」の支出を確認することも可能です。「ウォレット」画面の「もっと見る」→「レシート」で利用できます。

Chapter

06

集客やファン作りに役立つ公式アカウントをはじめよう

中小企業や個人事業主が集客アップをはかるには、広告出稿やサイト制作などでコストがかかるものですが、LINEの「公式アカウント」なら、コストを抑えつつ集客・販促ができます。とは言え、公式アカウントを始めたくても、パソコンが苦手な人やパソコンが古くて操作しづらいという人もいるでしょう。そこで、このChapterではスマホでもできる機能を紹介します。まずはいつも利用しているスマホで公式アカウントを体験してください。

06-01

公式アカウントとは

集客・販促ツールとしてブログやメルマガよりも効果がある

公式アカウントは企業や店舗だけでなく、誰でも取得することができます。利用するには3つのプランありますが、ひとまず無料プランで使ってみて、慣れてきたら有料プランを利用するとよいでしょう。

公式アカウントでできること

●友だち追加している人への一斉配信（SECTION06-10）

友だち追加している人のトークルームに、メッセージや写真、動画などを一斉配信することができます。指定した日時を予約して配信することも可能です。

●自動応答（SECTION06-08、06-13、06-14）

友だち追加してくれた人に自動的にメッセージを送ったり、営業時間外に届いたメッセージに自動で返信したりできます。また、AIを使った応答メッセージもあります。

Note

公式アカウントとは

LINEには、Chapter03までで解説した個人アカウントとは別に、ビジネス向けの「公式アカウント」があります。すでにどこかの企業や店舗を友だち追加していて、定期的に新商品の紹介やクーポンなどを受け取っている人も多いのではないでしょうか。実は公式アカウントは、誰でも作成して利用することができるのです。スマホユーザーの大多数がLINEを利用しているため、ブログやメルマガなどよりも効果的な集客・販促ツールとして注目されています。

●チャット（SECTION06-12）

個人のLINEと同じように1対1の会話が可能です。誰とでも会話できるわけではなく、メッセージを送ってきたユーザーに返信可能です。

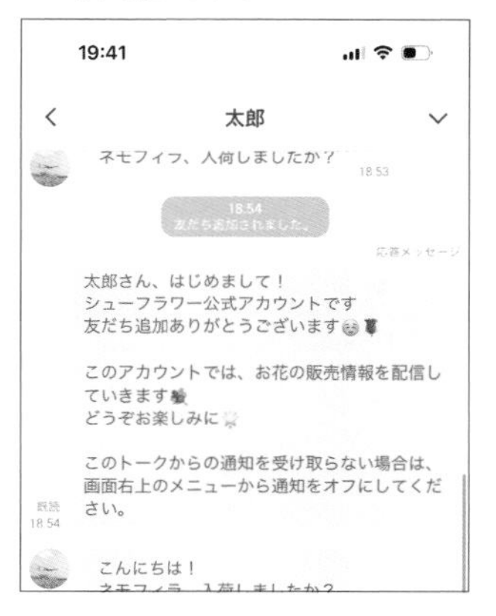

●クーポン（SECTION06-09）

「10%引きクーポン」や「〇〇プレゼント」のようなクーポンを配信できます。抽選で当たるクーポンにすることもできます。

●プロフィール画面（SECTION06-06）

プロフィール画面に会社や店舗の住所、営業時間、地図などを入れられます。クーポンや通話をボタンで表示させることもできます。

●ショップカード（SECTION06-17）

スマホでスタンプを貯められるカードを配布できます。紙のスタンプカードのように、紛失したり、かさばったりすることがないので便利です。

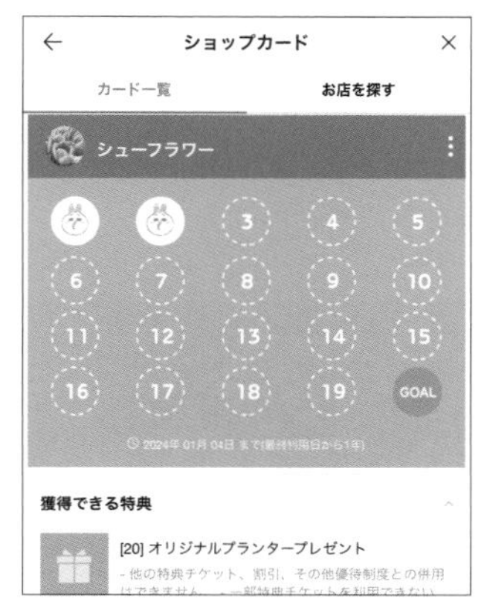

⚠ Check

公式アカウントを開設できないサービス

医薬品サービス、出会い系やアダルト関連、情報商材やネットワークビジネスなど、申請できないサービス、業種があります。LINE公式アカウントガイドライン（https://terms2.line.me/official_account_guideline_jp）に一覧があるので該当しないか確認してからはじめましょう。

●VOOM（SECTION07-09～12）

個人のLINEと同じようにVOOMが使えます。写真や動画を投稿して、お客様とコミュニケーションを取ることができます。

●リサーチ（SECTION07-04）

トーク画面にアンケートやクイズを配信できます。参加の謝礼としてクーポンを配布することも可能です。

●分析（SECTION07-08）

友だち追加の数、メッセージのリンクをクリックされた数、クーポンが利用された数などを一覧で見ることができます。それらを分析して、今後の配信方法やメッセージ内容を改善して集客アップをはかります。

●複数人での管理（SECTION07-14）

公式アカウントを複数のスタッフで管理することができます。スタッフごとに、「管理者」「運用担当者」「運用担当者（配信権限なし）」「運用担当者（分析の閲覧権限なし）」の権限を設定できます。

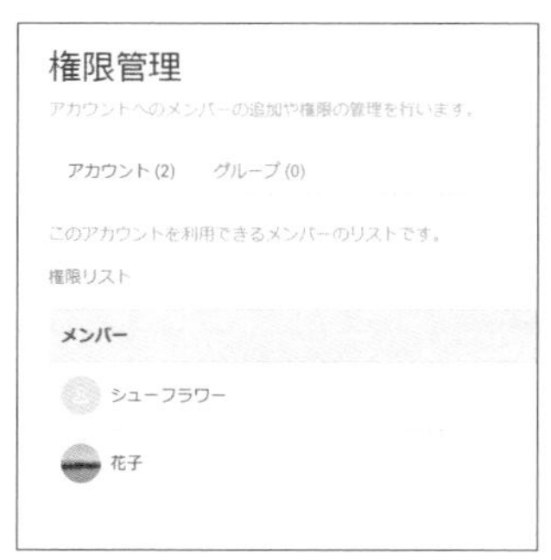

公式アカウントのプラン

公式アカウントには、「フリープラン」「ライトプラン」「スタンダードプラン」があり、それぞれ月単位の無料メッセージ通数が異なります。2023年6月（予定）以降は新プランに変わり、無料で使えるコミュニケーションプランは毎月の無料メッセージ通数が200までとなります。メッセージ通数とは「メッセージを送った回数」×「送った友だちの数」のことなので、200人に1回配信したら200です。ただし、すべてのメッセージがカウントされるのではなく、チャットや自動応答メッセージ、あいさつメッセージ、ショップカードの有効期限通知などのメッセージはカウントされないので心置きなく使えます。もちろんVOOMの投稿も無料です。

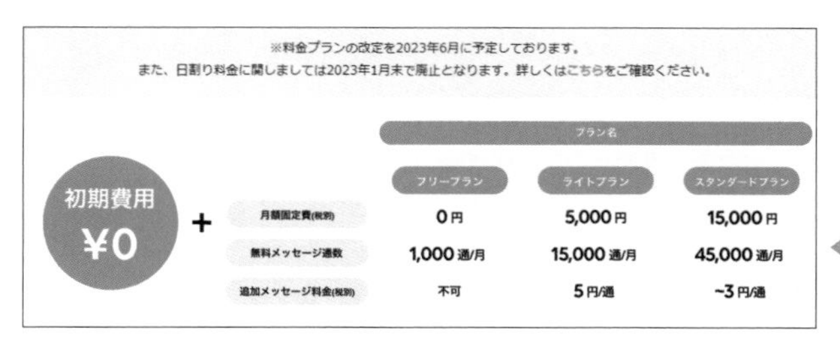
※料金プランの改定を2023年6月に予定しております。
また、日割り料金に関しましては2023年1月末で廃止となります。詳しくはこちらをご確認ください。

初期費用 ¥0 ＋

プラン名	フリープラン	ライトプラン	スタンダードプラン
月額固定費(税別)	0円	5,000円	15,000円
無料メッセージ通数	1,000通/月	15,000通/月	45,000通/月
追加メッセージ料金(税別)	不可	5円/通	~3円/通

◀LINE公式アカウント料金プラン
https://www.linebiz.com/lp/line-official-account/plan/

◀2023年6月以降の新料金プラン
https://www.linebiz.com/jp/news/20221031/

アカウントの種類

アカウントには「未認証アカウント」と「認証済アカウント」の2つのタイプがあります。「未認証アカウント」は、法人・団体・個人を問わず利用できるアカウントです。一方、認証済アカウントはLINEの審査に合格したアカウントのことです。認証済アカウントになると、LINEアプリ内の検索結果に表示されたり、LINEキャラクター入りポスターのダウンロードや請求書決済が可能になったりなどのメリットがあります。

公式アカウントは、個人アカウントと区別するためにアカウント名の左にバッジが付いているのですが、未認証アカウントは灰色のバッジ、認証済みアカウントは紺色のバッジになります。さらに特別に認められているアカウントには緑色のバッジが付いています。

シューフラワー

▲未認証の公式アカウントは灰色のバッジ

シューフラワー

▲認証済みの公式アカウントは紺のバッジ

シューフラワー

▲特別に認められている公式アカウントは緑のバッジ

LINEビジネスIDを取得する

ビジネス用のアカウントを作成する

公式アカウントを始めるにあたって「LINEビジネスID」を作成しましょう。ビジネスIDの作成はWeb版のみとなっているので、スマホのブラウザアプリかパソコンのブラウザを使用してください。ここではスマホのブラウザで説明します。

LINEビジネスIDを取得する

1 スマホのブラウザまたはパソコンでLINE for Businessのアカウントの開設ページ(https://www.linebiz.com/jp/signup/)にアクセスし、「メールアドレスの登録はこちら」(パソコンの場合はLINE Business IDの作成はこちら)をタップ。

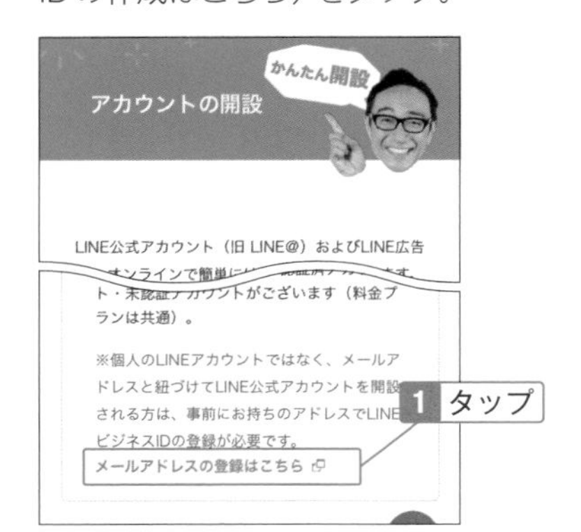

Note

LINEビジネスIDとは

LINEビジネスIDは、LINEが提供するビジネス向けまたは開発者向けのIDのことで、公式アカウントはこのビジネスIDを使って利用できます。ビジネスIDの作成はWeb版のみなので、スマホのブラウザアプリまたはパソコンで操作してください。なお、手順2で「LINEアカウントで登録」を選択し、普段使用しているLINEのアカウントと連携させて使うこともできますが、商用で使う場合は個人アカウントとは別に作成することをおすすめします。

2 「メールアドレスで登録」をタップ。

3 メールアドレスを入力し、「登録用のリンクを送信」をタップ。

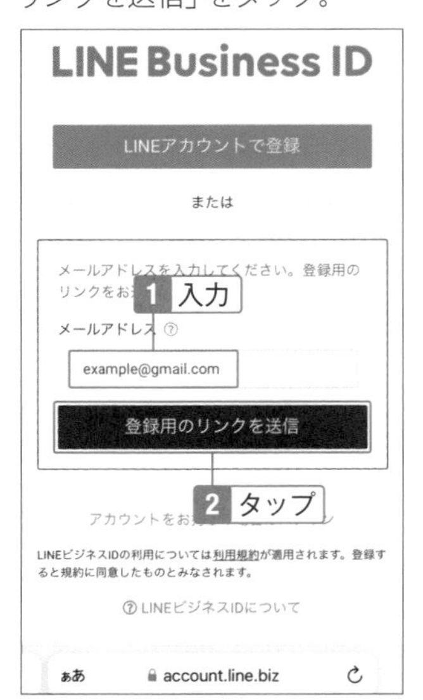

4 送られてきたメールにある「登録画面に進む」をタップし、ブラウザをタップ。

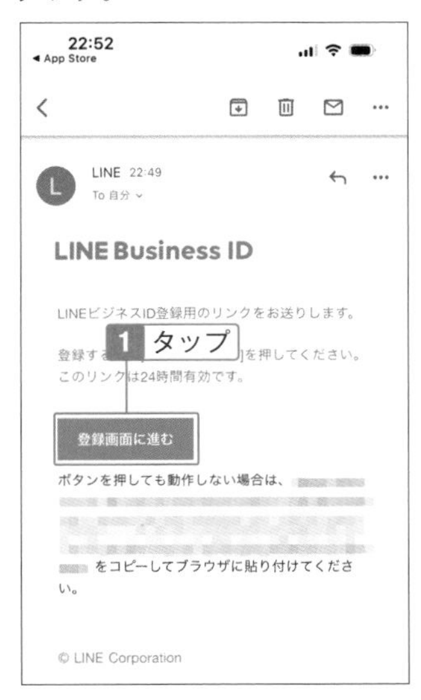

5 名前とパスワードを入力し、「私はロボットではありません」にチェックを付け、「登録」をタップ。画像選択画面が表示された場合は、指示に従って該当する画像をタップする。

6 「登録」をタップ。次の画面も「登録」をタップ。

7 「サービスに移動」をタップ。

公式アカウントを作成する

スマホの場合はアプリをインストールして作成する

LINEビジネスIDを取得したら公式アカウントを作成しましょう。ここではスマホで作成する方法とパソコンで作成する方法を分けて解説します。スマホの場合は、「LINE公式アカウント」アプリをインストールしてください。

スマホで公式アカウントを作成する

1 スマホに「LINE公式アカウント」アプリをインストールして開き、「メールアドレスで登録・ログイン」をタップ。

Note

「LINE公式アカウント」アプリ

LINE公式アカウントをスマホで使う場合は、「LINE」アプリとは別に「LINE公式アカウント」アプリを使用します。iPhoneはApp Storeから、AndroidはPlayストアで検索してインストールし、「Official Account」アイコンをタップして開きます。もちろん無料です。

2 「ビジネスアカウント」をタップ。

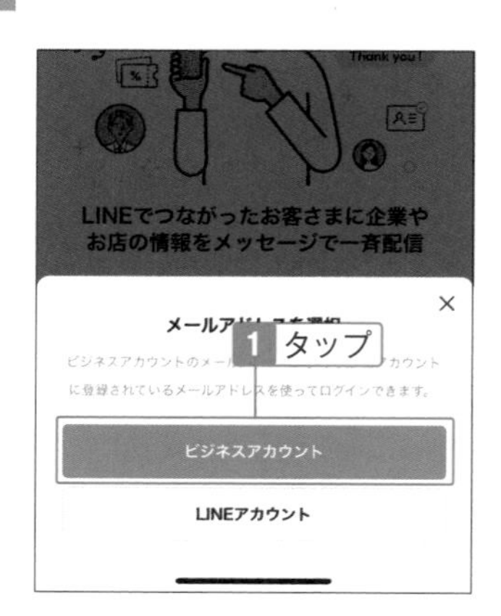

3 先ほど登録したビジネスアカウントのメールアドレスとパスワードを入力し、「ログイン」をタップ。

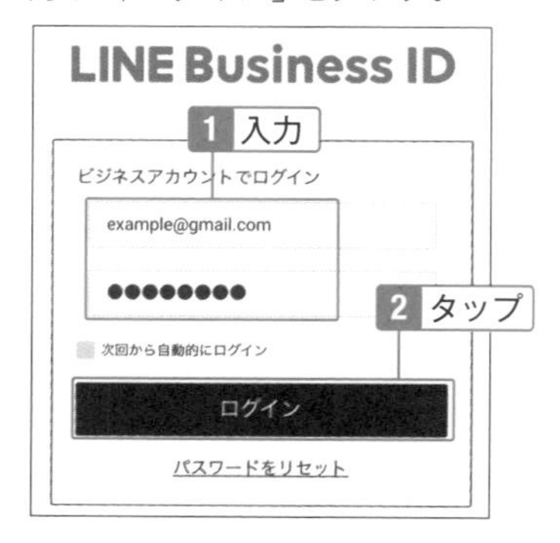

4 「アカウントを作成」をタップ。

5 アカウント名や業種を入力し、「確認」をタップ。

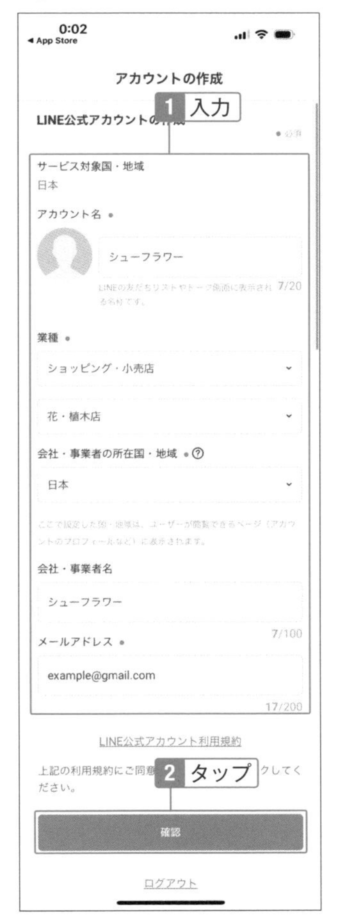

6 「アカウントを作成」をタップ。

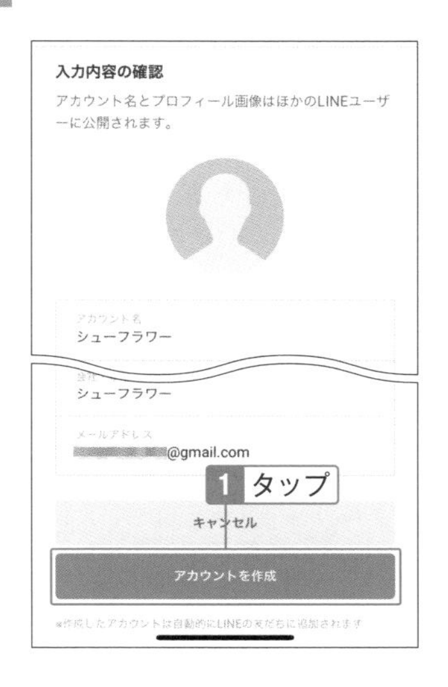

7 「TOPに戻る」をタップ。次の画面で同意書を読んで「同意」をタップ。

8 「×」をタップ。メッセージが表示されたら「閉じる」をタップ。

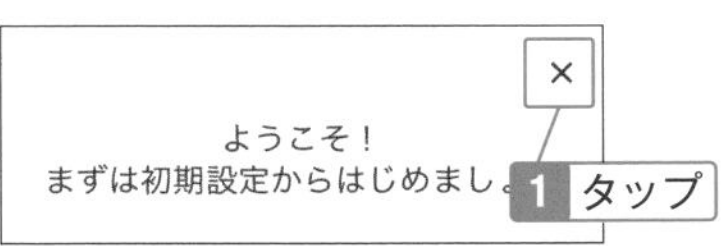

06 集客やファン作りに役立つ公式アカウントをはじめよう

LINE公式アカウントアプリの「ホーム」画面

❶ **メニュー**：アカウントの切り替えや作成、ログアウトするときにタップする

❷ **アカウント名とID**：タップするとアカウントを設定できる

❸ **ターゲットリーチ**：分析画面を表示する

❹ **無料メッセージ**：プレミアムIDの購入や今月のメッセージ利用状況が表示される

❺ **メッセージを配信する**：メッセージを配信するときにタップする

❻ **メッセージ配信**：メッセージを配信できる。配信済みメッセージの確認も可能

❼ **あいさつメッセージ**：友だちが追加されたときの自動メッセージを作成する

❽ **応答メッセージ**：メッセージを受信したときの自動メッセージを作成する

❾ **AI応答メッセージ**：AIによるメッセージを設定する

❿ **クーポン**：クーポンを作成する

⓫ **ショップカード**：ポイントカードを作成する

⓬ **友だちを増やす**：QRコードや友だちURL、「友だち追加」ボタンを作成できる

⓭ **プロフィール**：プロフィール画面を設定する

⓮ **リッチメニュー**：トークルームに固定表示できるメニューを作成する

⓯ **利用状況**：プレミアムIDの購入や配信済み無料メッセージ数の確認ができる。❹と同じ。

⓰ **お知らせ**：LINE公式アカウントからのお知らせが表示される

⓱ **設定**：アカウント、登録情報、権限、応答、VOOMの設定ができる

⓲ **ヘルプ**：マニュアルやFAQを表示できる

⓳ ホーム画面を表示する

⓴ VOOM画面を表示する

㉑ メッセージ一覧が表示される

㉒ 分析画面が表示される。3と同じ。

㉓ お知らせやコメントが付いたときなどに通知が表示される

パソコンで公式アカウントを作成する

1 135ページの画面の次に表示された画面でアカウント名や業種などを入力。運用目的と主な使い方を選択し、「確認」をクリック。次の画面で「完了」をクリック。

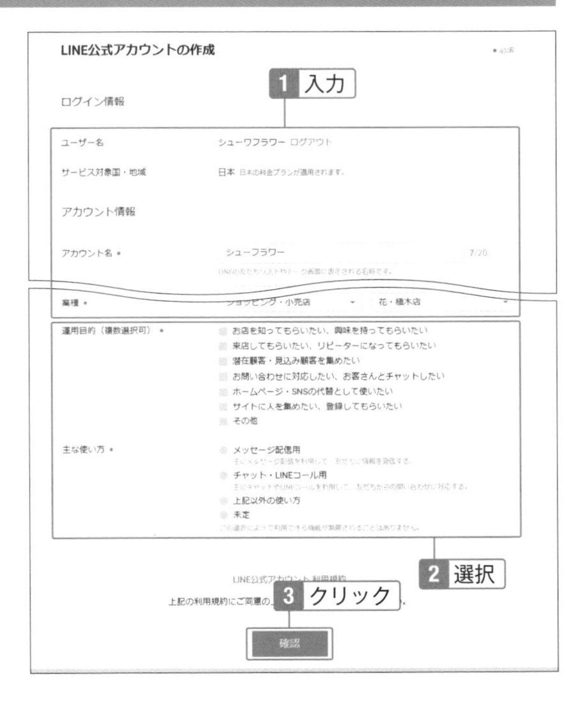

2 「あとで認証を行う（管理画面に移動）」をクリック。

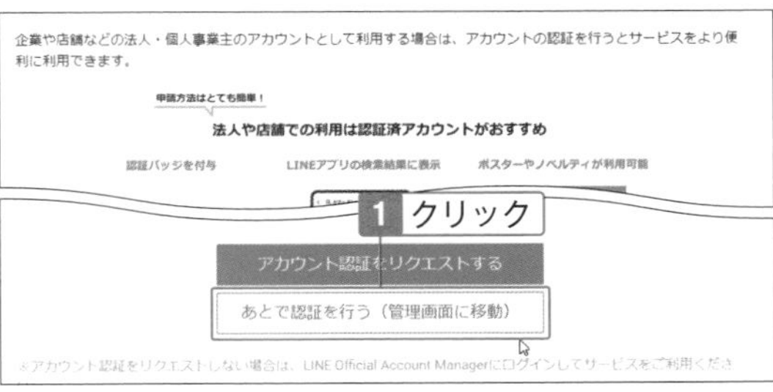

3 「同意」をクリック。メッセージが表示されたら「×」をクリック。

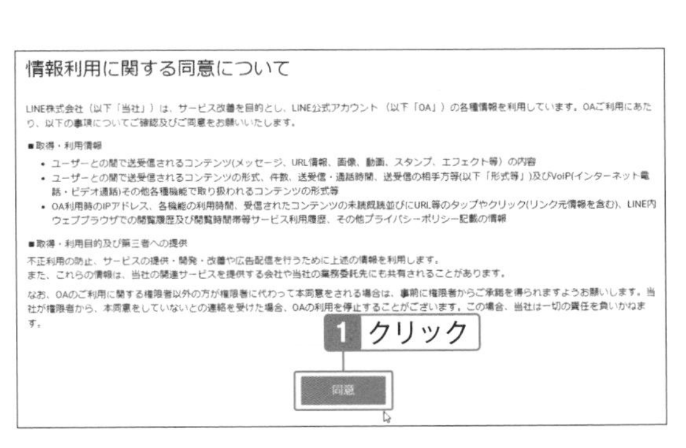

Official Account Manager画面

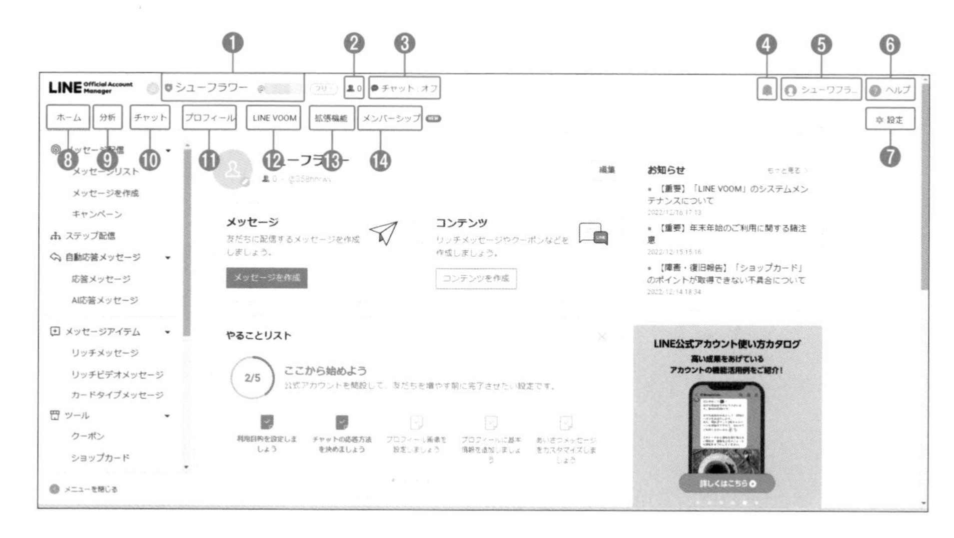

❶ **アカウント名**：アカウントの切り替えができる
❷ 友だち登録者数が表示される
❸ **チャット**：クリックすると応答設定画面が表示される
❹ **通知**：お知らせやコメントが付いたときなどに通知がある
❺ アカウントリストやグループリストの表示、LINEビジネスIDの編集、ログアウトができる
❻ **ヘルプ**：マニュアルやFAQを表示できる
❼ **設定**：アカウント設定や登録情報、支払い方法などの設定ができる
❽ **ホーム**：「ホーム」画面を表示する
❾ **分析**：分析画面を表示する
❿ **チャット**：チャット画面を表示する
⓫ **プロフィール**：プロフィール画面を設定する
⓬ **LINE VOOM**：VOOM Studio画面を表示する
⓭ **拡張機能**：拡張機能を連携できる
⓮ **メンバーシップ**：月額会員制サービスを使える

Check

ログアウト・ログインするには

Official Account Manager画面右上のアイコンをクリックし、「ログアウト」をクリックします。ログインする場合は、LINE for Business（https://www.linebiz.com/jp/service/line-official-account/）の画面右上にある「ログイン」をクリックし、「LINE公式アカウント」の「管理画面にログイン」をクリックした画面でログインします。

アカウントを設定する

アカウント画像は商用にふさわしい画像にする

メッセージを配信する際には、アカウント設定画面でプロフィール画像として設定した画像が表示されます。常に表示される画像なので、お店や商品に適した画像を設定するようにしましょう。また、ステータスメッセージにひとことを入れることもできます。

アカウントを設定する

1 LINE公式アプリの「ホーム」画面で「設定」をタップ。

2 「アカウント」をタップ。

3 ステータスメッセージの✎をタップ。

Check

アカウント名の変更

アカウント作成の際に入力したアカウント名を変更したい場合は、手順3の画面でアカウント名の✎をタップして変更できます。ただし、変更すると7日間は変えられないので注意してください。なお、認証済アカウントの場合、アカウント名の変更は原則不可となっています。

4 ステータスメッセージを入力し、「保存」をタップ。メッセージが表示されたら「保存」をタップ。

Note

ステータスメッセージとは

20字までのひとことを入れることができ、「〇〇線〇〇駅近くのネイルサロン」「大特価セール★日用品まとめ買いのチャンス」など自由に入力できます。なお、一度変更すると1時間以内は変更できないので注意してください。

プロフィール画像を設定する

1 プロフィール画像の◎をタップ。

2 「プロフィール画像を変更」をタップし、その場で撮影する場合は「カメラで撮影」、撮影済みの写真を使う場合は「写真を選択」をタップして写真を選択する。メッセージが表示されたら「すべての写真へのアクセスを許可」をタップ。

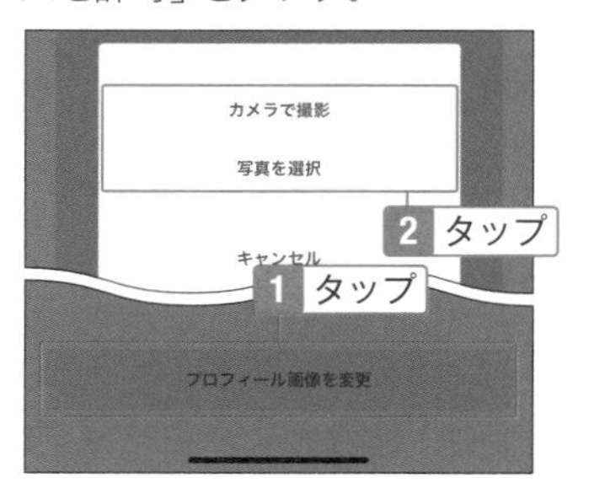

3 「完了」をタップ。

Check

プロフィール画像

プロフィール画像は、友だちリストやトーク画面に表示されます。会社のロゴやオリジナルキャラクターのイラスト、商品写真など、ひと目でアカウントを把握してもらえるような画像を選びましょう。画像のサイズは640px×640pxにするときれいに収まります。なお、画像の変更は1時間に1回となっています。

4 ピンチアウトして必要な部分のみを囲み「完了」をタップ。メッセージが表示されたら「保存」をタップ。

5 「位置情報」をタップ。

6 「住所」ボックスに会社や店舗の住所を入力。「位置情報」ボックスにも住所を入力し、🔍をタップ。地図が表示されたら「保存」をタップ。

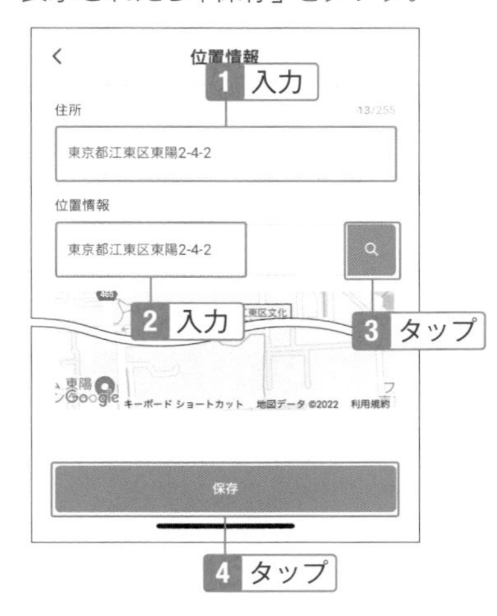

7 「<」を2回タップして「ホーム」画面に戻る。

Hint

パソコンでアカウントを設定する

パソコンでアカウントを設定する場合は、Official Account Managerの画面右上にある「設定」をクリックし、左の一覧の「アカウント設定」をクリックした画面で設定します。

会社や店舗の情報を設定する

会社や店舗の情報はミスがないように入力する

登録した直後は会社や店舗の情報が設定されていないので、忘れないように早い段階で設定しておきましょう。会社と店舗が異なる場合は両方入力します。住所や電話番号などを正しく入力するようにしてください。

会社情報を入力する

1 ホーム画面で「設定」をタップし、「登録情報」をタップ。

2 「会社情報」をタップして入力し、下部の「保存」をタップ。必要に応じて管理者情報や店舗情報を入力。できたら「<」をタップして戻る。

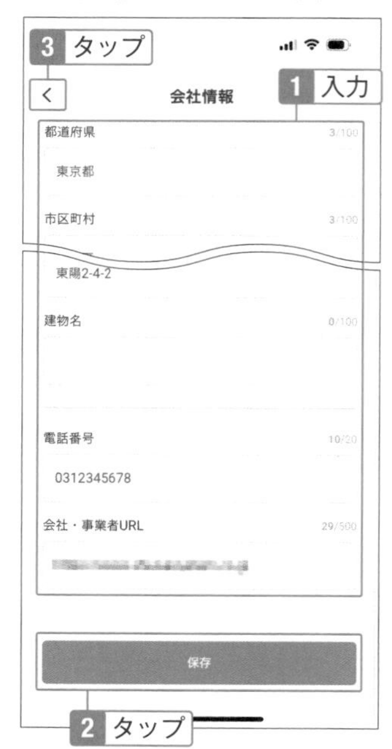

Hint

パソコンで会社情報を設定するには

パソコンの場合は、Official Account Managerの画面右上にある「設定」をクリックし、左の一覧の「登録情報」をクリックした画面で設定します。

プロフィール画面を作成する

プロフィール画面はLINE上のホームページのようなもの

お客様が店舗の営業時間や住所を知りたがっているときに、プロフィール画面を見ればすぐにわかるように正しく設定しておきましょう。電話番号も設定しておけば、スマホからそのまま電話をかけられます。

背景とデザインを設定する

1 ホーム画面で「プロフィール」をタップ。

2 「プロフィール」の設定画面が表示される。背景のをタップして画像を選択し、「完了」をタップ。

3 右下角をドラッグして必要な部分のみを囲み、「OK」をタップ。

Note

プロフィール画面とは

アカウントの概要がわかるページのことで、住所や営業時間、地図などの基本情報を入れられます。また、SECTION06-09のクーポンやSECTION06-17のショップカードをボタンで入れたり、パーツを使って商品リストやテイクアウトの情報を入れることも可能です。

4 背景色をタップ。

5 設定する色をタップ。

6 「フッターボタン」タブをタップして、ボタンの色を選択し「適用」をタップ。

Check

背景色とフッターのボタンの色

背景色は、アカウント名やボタンがある部分の背景の色です。フッターのボタンはプロフィール画面の最下部に表示されるボタン（ここでは「トーク」）の色です。

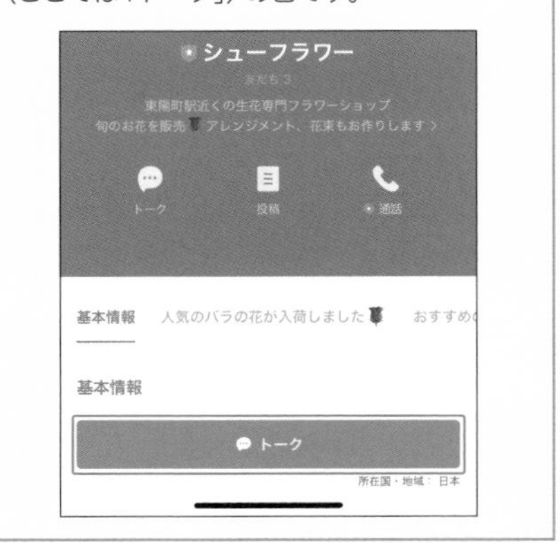

7 「保存した内容を公開」をタップし、「OK」をタップ。

ボタンを追加する

1 背景色の部分にあるボタンの「追加」をタップ。

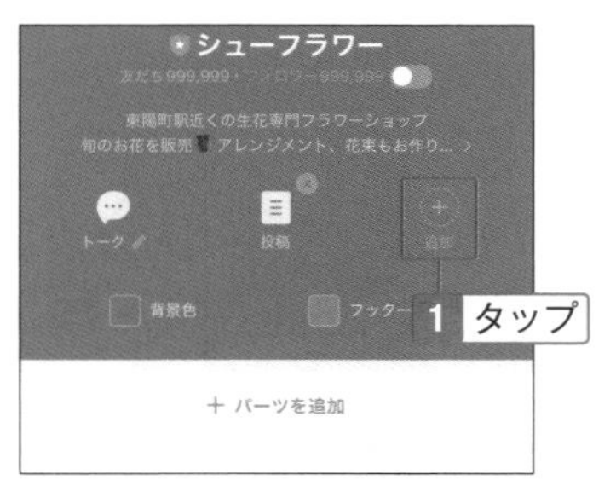

⚠Check
プロフィール画面のボタン

ステータスメッセージの下に3つのボタンを入れられます。「トーク」ボタンは必須で、「投稿」ボタンが不要なら「×」をタップして削除できます。その他「通話」や「クーポン」などのボタンを追加することが可能です。なお、クーポンやショップカードは作成した後でないと設定できません。

2 プロフィール画面に表示させるボタンを選択。ここでは「通話」をタップして「次へ」をタップ。

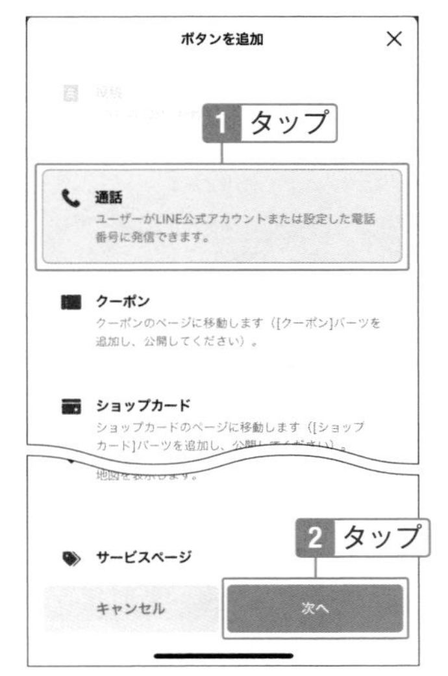

3 電話番号をタップして入力し、「追加」をタップ。

4 「変更を保存」をタップ。メッセージが表示されたら「OK」をタップ。

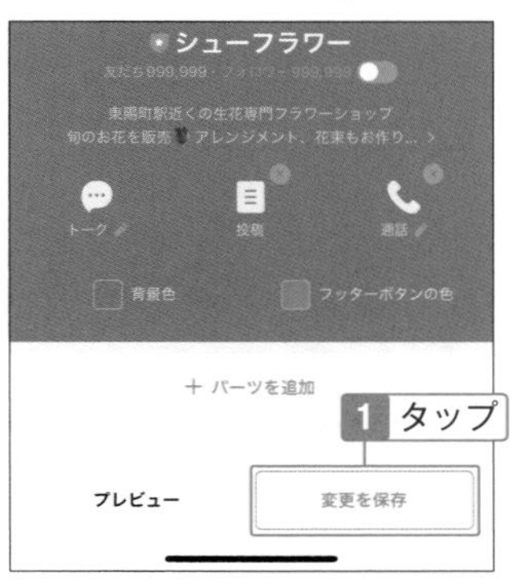

⚠Check
プレビューを確認する

公開前に手運4の画面左下の「プレビュー」をタップし、「保存中の内容」をタップして確認してください。

パーツを追加する

1 「パーツを追加」をタップ。

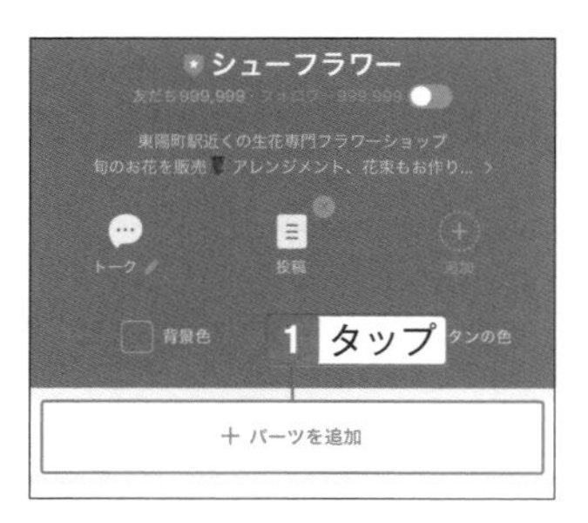

> **Note**
>
> **パーツとは**
>
> 現在表示されているお知らせや基本情報の他に、商品情報やテイクアウトなどをパーツとして入れられます。また、SECTION06-09のクーポンやSECTION06-17のショップカードを作成して追加できます
>
> **コンテンツ**：写真または動画と一緒に文章を入れたり、メニューや商品情報をリスト形式で追加したりできる
> **顧客獲得ツール**：ショップカードまたはクーポンを追加できる
> **アカウント情報**：お知らせ、SNSへのリンク、基本情報、よくある質問を追加できる
> **サービス・取り組み**：感染症対策、「デリバリー・出前」「デリバリー・宅配」「テイクアウト」を追加できる

2 ここでは「コンテンツ」タブの「自由記述」を選択し、「追加」をタップ。

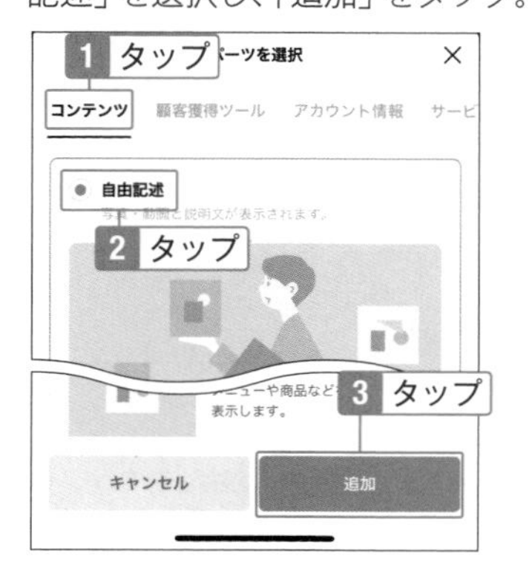

3 写真を追加し、タイトルと内容を入力して「保存」をタップ。メッセージが表示されたら「OK」をタップし、左上の「<」をタップ。

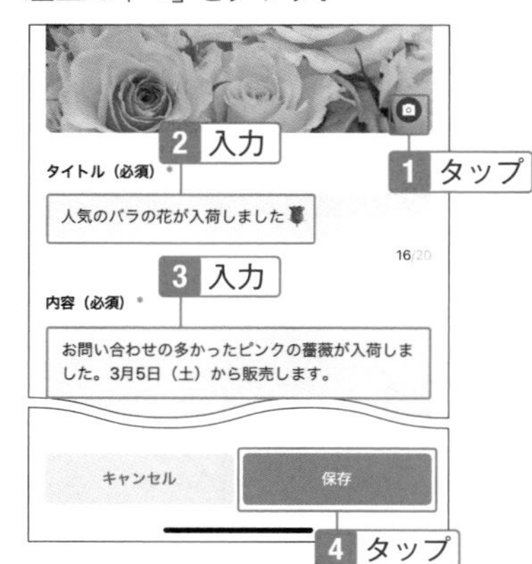

> **Check**
>
> **デリバリーや宅配の情報**
>
> デリバリーやテイクアウトのサービスを実施しているお店の場合は、手順2の画面で「サービス・取り組み」をタップし、「デリバリー・出前」や「テイクアウト」を選択してプロフィールに表示させましょう。

4 複数追加した場合は「↓」をタップして順序の入れ替えが可能。削除する場合は右にある🗑をタップ。

基本情報を設定する

1 下方向へスクロールし、「基本情報」の「編集」をタップ。

2 「紹介文」のスライダをタップしてオン（緑色）にし、30字以内で文章を入力。

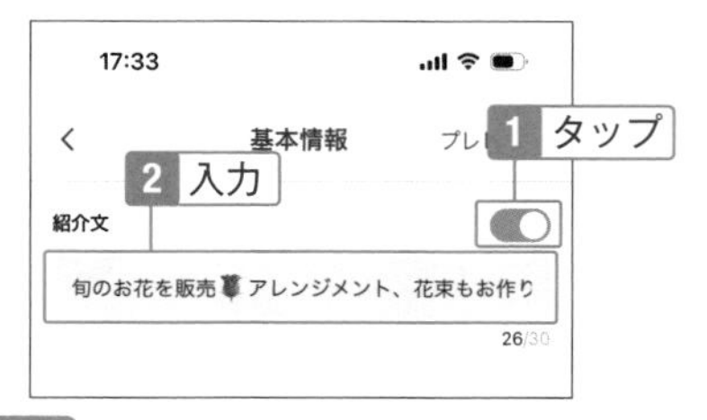

3 「営業時間」のスライダをタップしてオンにし、営業時間を入力。休業日はチェックをはずす。

Check

イレギュラーの営業についても記載する

お盆休みや年末年始など、イレギュラーの営業時間がある場合は、土曜日の下にあるボックスに入力します。

Hint

パソコンでプロフィール画面を設定する

パソコンで設定する場合は、Official Account Managerの上部にある「プロフィール」タブをクリックすると、プロフィール画面を編集できる画面が表示されます。

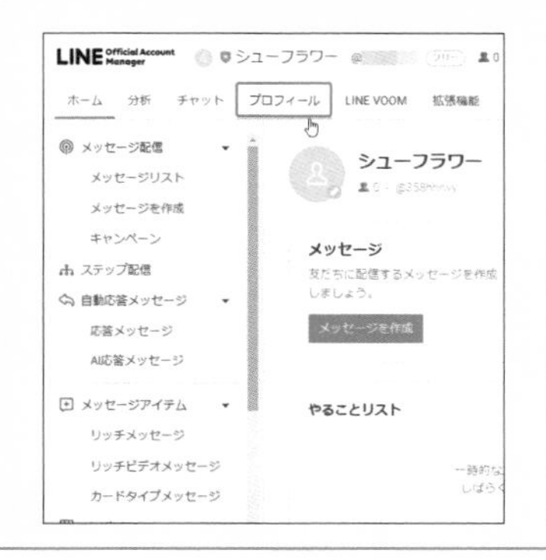

4 スクロールし、飲食店の場合は「予算」をオンにして金額を設定する。

5 「電話」のスライダをタップしてオンにし、電話番号を入力する。

Note

LINEコールとは

手順5の画面にある「LINEコール」は、ユーザーが無料で通話できるサービスです。SECTION07-07でLINEコールの設定をすると、手順5で「LINEコール」を選択できるようになります。

6 スクロールし、Webサイトのスライダをオンにして URL を入力。

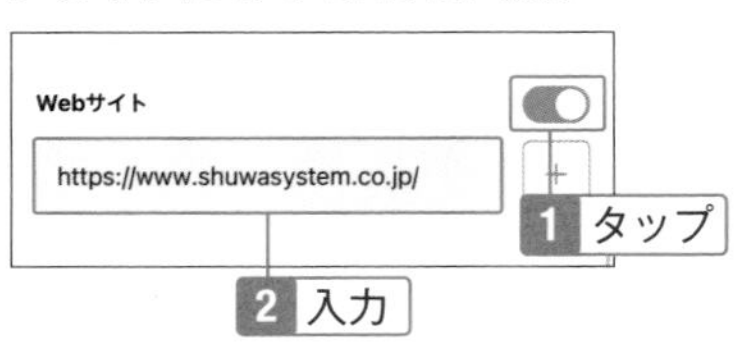

7 予約制にする場合は「予約」をオンにし、「トーク」をオン。続いてメッセージを入力。外部の予約サービスを使うことも可能。

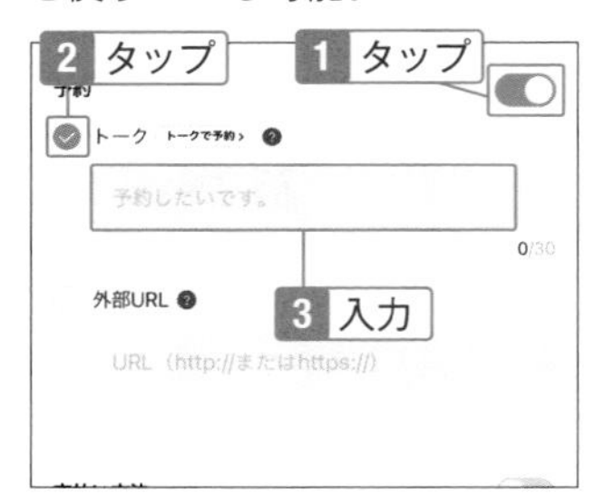

8 支払い方法を表示する場合はオンにして選択。必要に応じて設備を設定。

9 「住所」のスライダをタップしてオンにし、住所を入力。続いて「地図を表示」をタップ。

10 地図が表示されるので、「プレビュー」をタップ。

11 確認したら「×」をタップ。

12 「保存」をタップ。メッセージが表示されたら「OK」をタップ。その後「<」をタップして戻る。

13 「基本情報」のスライダをタップしてオンにする。一通り設定したら「保存した内容を公開」をタップして公開する。

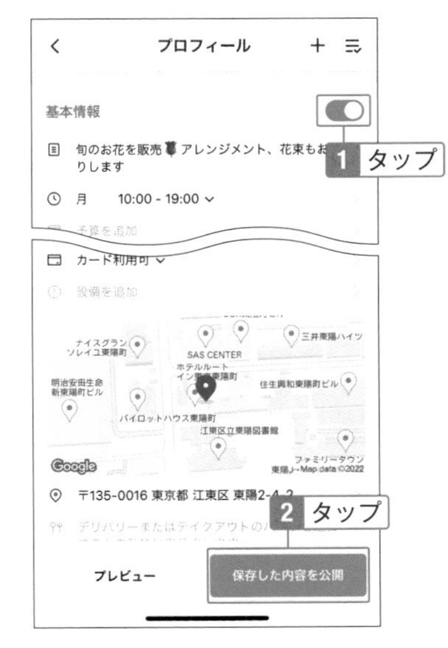

06 集客やファン作りに役立つ公式アカウントをはじめよう

06-07

認証済アカウントに申請する

検索してもらうには認証済アカウントが必要

公式アカウントは未認証のままでも使えますが、認証済アカウントにすれば信頼できる企業・お店として見てもらえます。また、LINEアプリ上でキーワードやアカウント名で検索したときに表示されるようになるので集客しやすくなります。

アカウント認証をリクエストする

1 ホーム画面で「設定」をタップし、「アカウント」をタップ。

2 「認証ステータス」をタップ。

3 「アカウント認証をリクエスト」をタップ。

Check

アカウント認証の申請

アカウント認証を申請して審査を通過すると、アカウント名の左に紺色のバッジが付き、ユーザーがLINE上で検索したときに表示されるようになります。また、キャラクター付きのポスターのダウンロードや請求書払いが可能になるなどのメリットもあります。ただし、個人や個人を特定できるアカウントは申請できません。もちろん規約に反する企業・サービスはNGです。手順3の画面にある「LINE公式アカウントガイドライン」をタップして、いま一度確認してください。なお審査には、申請後5~10営業日程度かかります。

4 スクロールして説明を読み、「アカウント認証を申請する」をタップ。

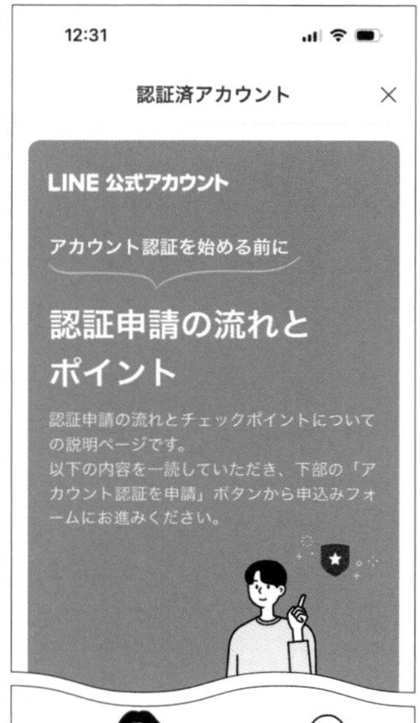

⚠ Check

アカウント名

認証済みアカウントにすると、基本的にアカウント名の変更ができなくなるので、申請前に本当にこの名前でよいか確認してください。変更する場合は手順5の「アカウント名」の✐をタップして修正してください。

5 認証済アカウントの申し込み画面が表示されるので、必要事項を入力。入力したら最下部の「確認」をタップ。

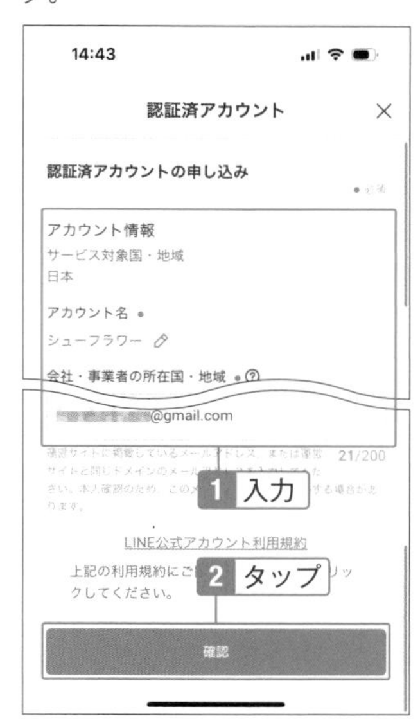

6 再確認して「申し込む」をタップ。

Hint

パソコンで認証済みアカウントに申請するには

パソコンの場合は、Official Account Managerの画面右上にある「設定」をクリックし、左の一覧の「アカウント設定」をクリックして、「アカウント認証をリクエスト」をクリックします。

友だち追加されたときのメッセージを設定する

いつでも友だち追加されてもよいように設定しておく

友だち追加されたときに、自動でメッセージを送信できます。メッセージ内容は自由に入力できますが、追加してもらったことへの感謝の意と一緒に、配信内容や営業時間、クーポンなどを入れてオリジナルメッセージを作成しましょう。

あいさつメッセージを設定する

1 「ホーム」画面の「あいさつメッセージ」をタップ。

2 友だち追加してくれたときの自動メッセージを入力。「絵文字」をタップすると絵文字を入れられる。

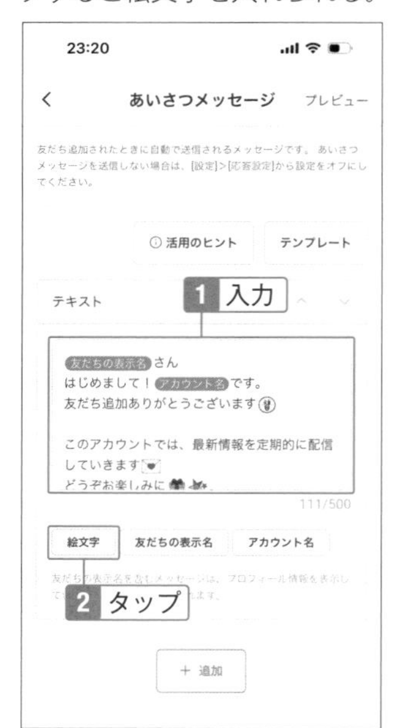

Note あいさつメッセージとは

友だち追加してもらったときに自動で配信するメッセージのことです。メッセージ回数にはカウントされず、無料で配信することができます。あいさつメッセージを利用するには、「ホーム」画面の「設定」→「応答」の画面で、「あいさつメッセージ」が「オン」になっている必要があります。

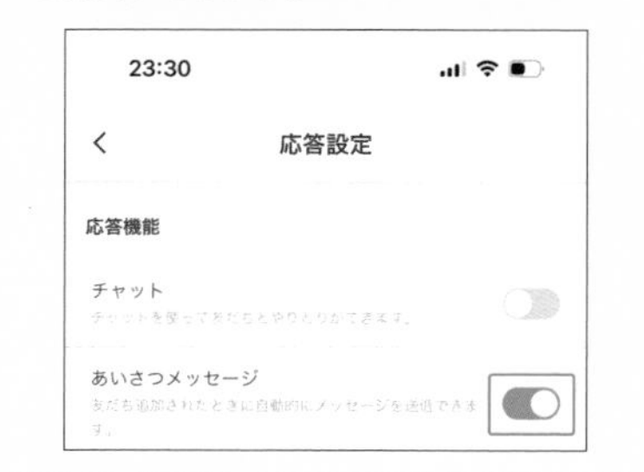

Check 「友だちの表示名」と「アカウント名」

緑の「友だちの表示名」と「アカウント名」の部分には、ユーザーのプロフィール情報に入力されている名前とアカウント名が自動で入るようになっています。不要であれば削除してもかまいません。

3 「プレビュー」をタップ。

Check

吹き出しの追加

手順3の下部にある「追加」をタップして、トークの吹き出しを5つまで追加することが可能です。SECTION06-09のクーポンを作成していれば、友だち追加してくれたお礼にクーポンを配布でき、商品を買ってもらえる可能性があります。

4 トークルームに表示されるメッセージを確認できる。「トークリスト」タブをタップしてリストでの表示も確認する。「×」をタップ。

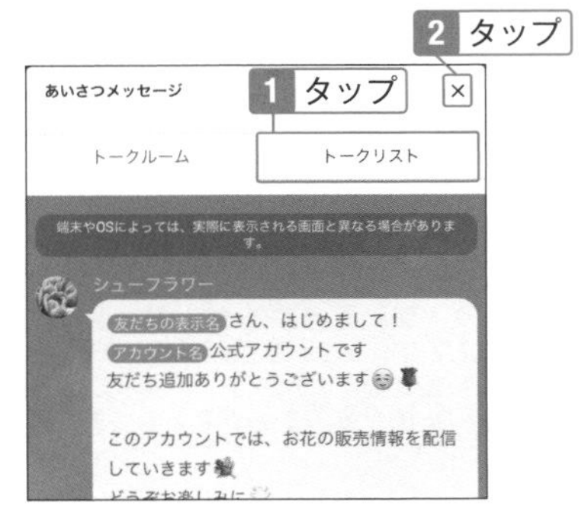

Hint

テンプレートを使用する

手順3の画面右上の「テンプレート」をタップすると、クーポンや予約に関するサンプル文章があり、修正して使うことができます。

5 「保存」をタップ。メッセージが表示されたら「保存」をタップ。その後左上の「<」をタップして「ホーム」画面に戻る。

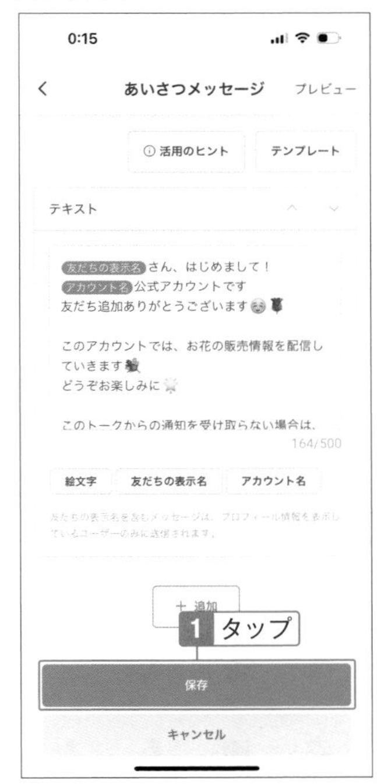

Hint

パソコンであいさつメッセージを設定するには

パソコンの場合は、Official Account Managerの「ホーム」画面左にある「トークルーム管理」の「あいさつメッセージ」をクリックした画面で設定します。

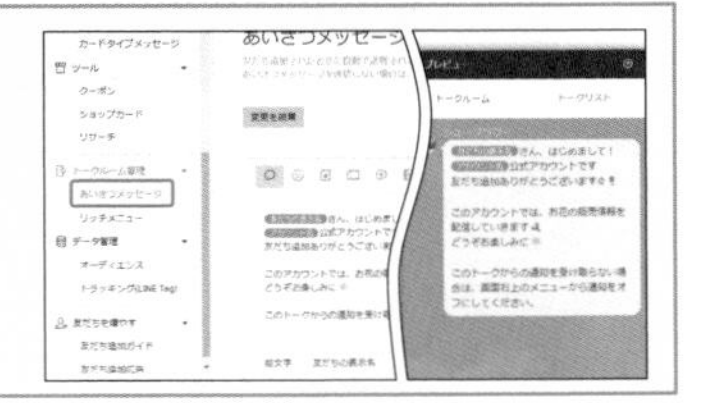

06-09

クーポンを作成する

商品を買ってもらえるように工夫して作成しよう

友だち追加してもらっているユーザーにクーポンを配布しましょう。「10%割引クーポン」や「ドリンク1杯無料」などのクーポンがあれば、「買ってみよう」「お店に行ってみよう」という気持ちになります。

クーポンを作成する

1 「ホーム」画面の「クーポン」をタップ。メッセージが表示されたら「作成」をタップ。

2 クーポンの名前を入力し、クーポンが使える期間を入力。

Note

クーポンとは

オリジナルのクーポンを作成し、メッセージでの配信やVOOMへの投稿ができます。友だちの一部に配布するクーポンや抽選式のクーポンにすることも可能です。また、SECTION06-08のあいさつメッセージやSECTION07-04のリサーチの謝礼として配布することもできます。

3 「写真をアップロード」をタップしてクーポンに使う画像をアップロードする。

4 クーポンの説明や注意事項について入力。

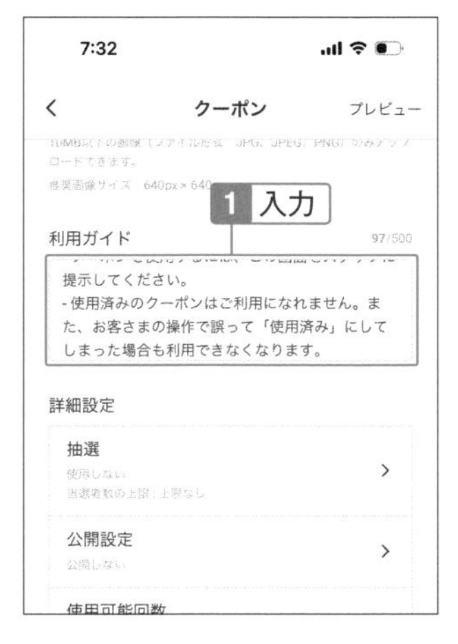

Check

クーポン使用する画像と説明

クーポンで使用する画像は、JPG、JPEG、PNG形式（1MG以下、640px×640px推奨）で用意します。利用者がクーポンの使い方を間違えないようにするために、「クーポンの利用は1回限りです」「他の割引券との併用はできません「〇円以上（税抜）の場合のみご利用いただけます」「友だち追加している店舗のみ有効です」などを記載しておきましょう。

5 抽選式にする場合は「抽選」をタップ。

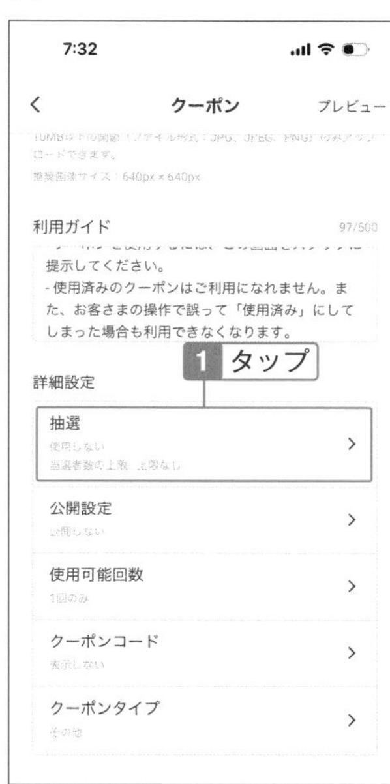

6 「抽選」をオンにし、当選確率を設定する。当選者数の上限を設定する場合はオンにして入力する。設定が済んだら「OK」をタップ。

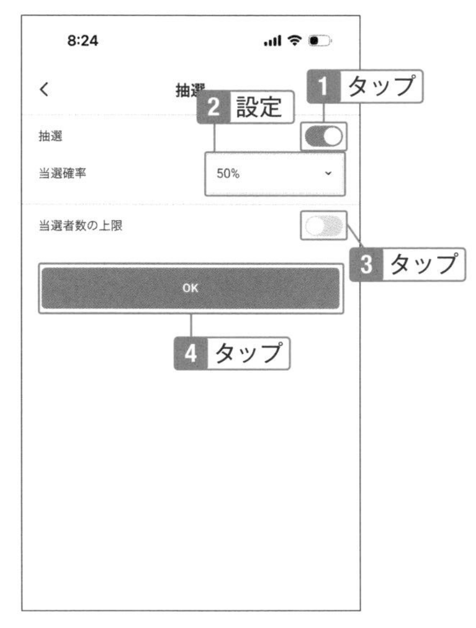

7 スクロールして「LINEサービスへの掲載」をタップ。

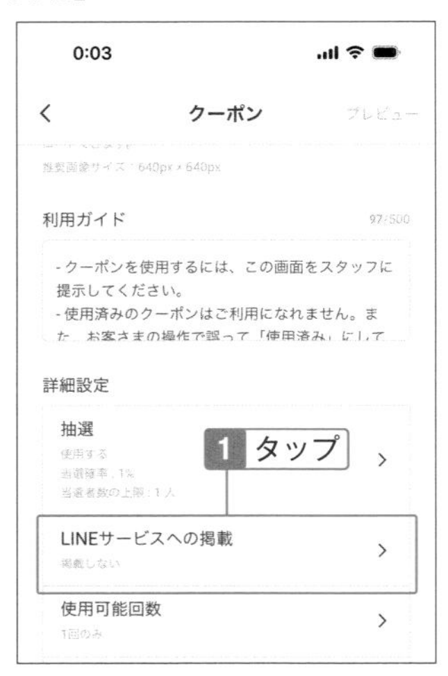

⚠ Check

LINEサービスへの掲載

「掲載しない」は友だち追加しているユーザーのみに配信します。「掲載する」にすると、LINE関連サービス（LINE PLACEやLINEで予約、LINEクーポン）に表示できます。ただし、未認証アカウントの場合は表示されません。また、抽選クーポンは、「掲載する」に設定してもLINE関連サービスに公開されません。

8 掲載の有無を選択し、「OK」をタップ。

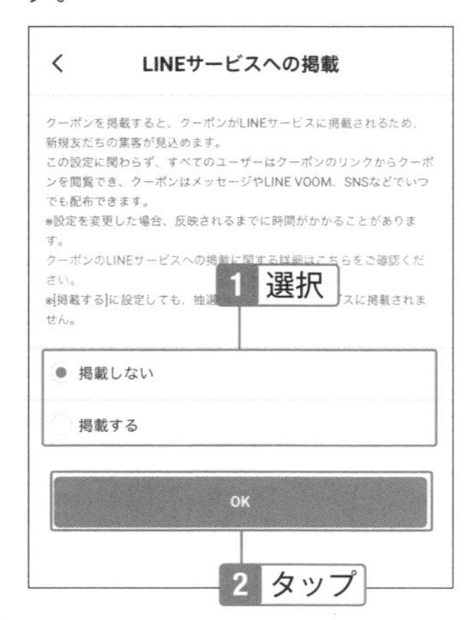

9 「使用可能回数」が「1回のみ」になっていることを確認する。何回でも使える割引クーポンにする場合はタップして「上限なし」にする。

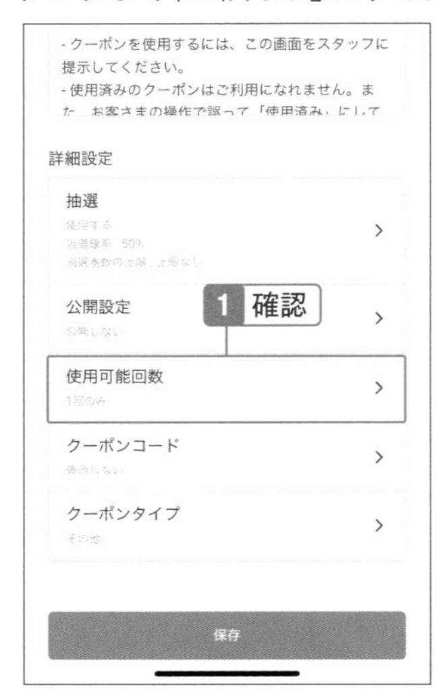

10 クーポンのタイプをタップ。

11 「V」をタップして選択し、クーポンの種類を「割引」「無料」「プレゼント」「キャッシュバック」「その他」から選択する。その後「OK」をタップ。

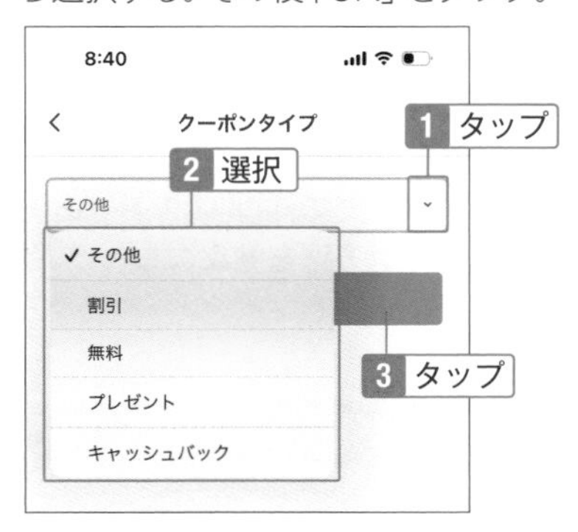

12 プレビューをタップして確認し、「保存」をタップ。

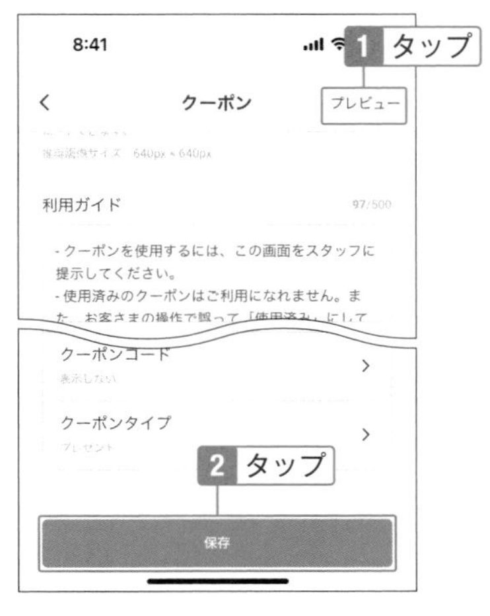

13 「リストに戻る」をタップ。「メッセージとして配信」をタップしてすぐに配信することも可能。その後、左上の「<」をタップして「ホーム」画面に戻る。

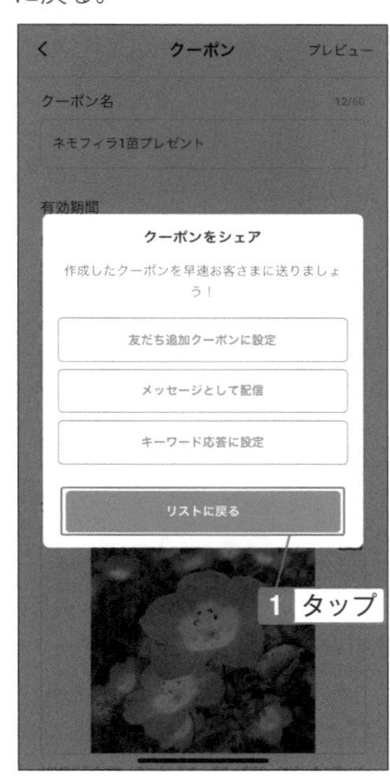

Hint

クーポンをプロフィール画面に追加するには

作成したクーポンは、SECTION 06-06のプロフィール画面に表示させることも可能です。

Hint

パソコンでクーポンを作成するには

パソコンの場合は、Official Account Managerの「ホーム」画面左にある「ツール」の「クーポン」をクリックし、「クーポンを作成」をクリックして設定します。

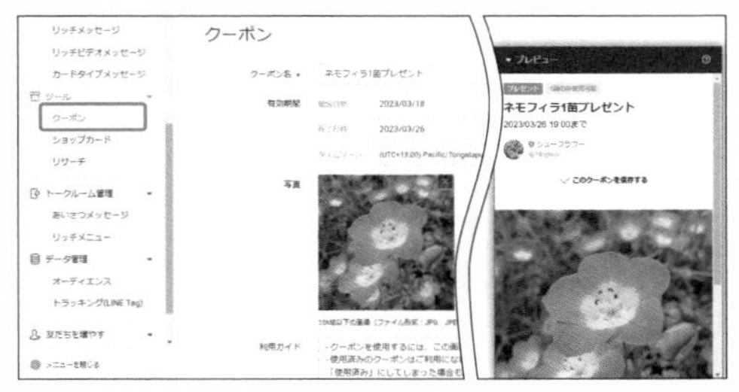

06 集客やファン作りに役立つ公式アカウントをはじめよう

メッセージを配信する

メッセージの基本的な配信方法を覚えよう

友だち追加してもらっているユーザーにメッセージを一斉配信する方法を説明します。Chapter07では、リッチメッセージやカードメッセージなどのインパクトのあるメッセージの作成方法を紹介しますが、まずはここで基本の配信方法を覚えましょう。

友だちにメッセージを配信する

1 「ホーム」の「メッセージを配信する」をタップ。

Check 配信できるメッセージの内容

文章はもちろん、スタンプ、写真、動画、クーポン、リッチメッセージ、リッチビデオメッセージ、ボイスメッセージ、リサーチ、カードタイプメッセージを配信できます。間違えて配信した場合は、個人のトークとは異なり、取り消すことができず、ユーザーの画面に残ります。誤配信した場合は、訂正のメッセージを送ることになるので慎重に配信するようにしましょう。

Check 「メッセージ配信」アイコンから配信する

手順1で「メッセージ配信」アイコンをタップし、「メッセージを作成」をタップしても配信できます。初回は「テンプレートを使用」をタップして作成することも可能です。

2 「追加」をタップ。

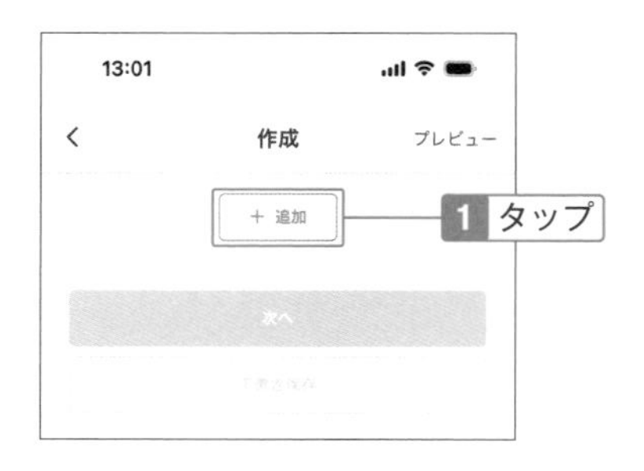

3 ここでは文章の吹き出しにするので「テキスト」をタップ。

Check

文章の冒頭やタイトルに注意

スマホの画面に表示されたときに、文章の冒頭（リッチメッセージはタイトル）が表示されるので、興味を持ってもらえるようなメッセージを心がけましょう。たとえば、ラーメン店なら「極うまラーメン登場！！」、「伝説の黄金ラーメン復活！」といったようなものです。

4 文章を入力し、「次へ」をタップ。

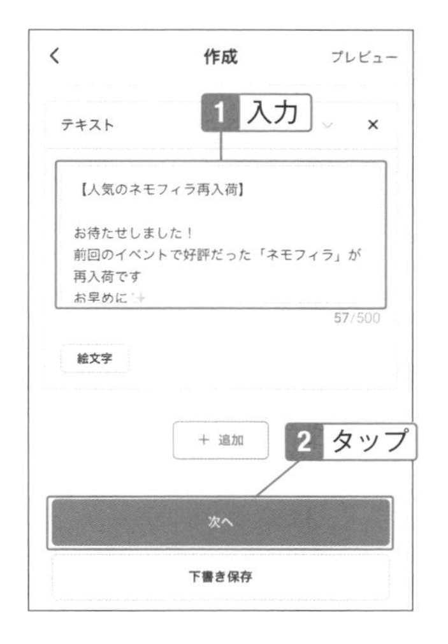

5 「追加」をタップ。

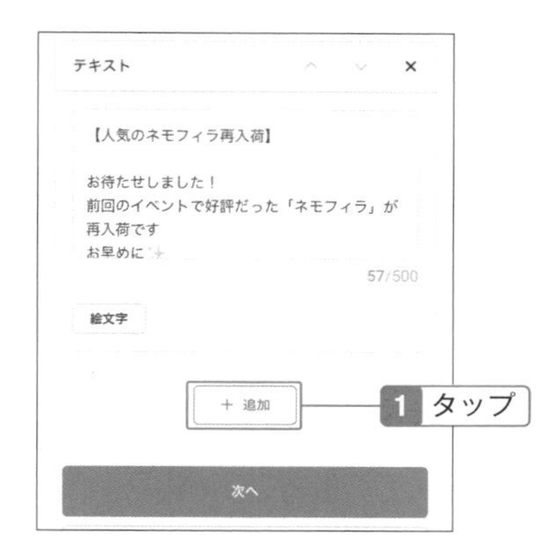

6 ここでは「クーポン」をタップ。

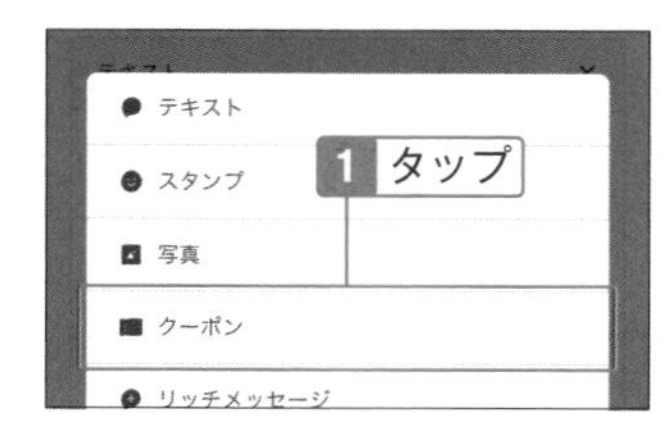

7 「クーポンを選択」をタップし、SECTION06-09で作成したクーポンの「選択」をタップ。

Note

メッセージ通数とは

メッセージ通数とは、「メッセージを送った回数」×「送った友だちの数」です。プランによって無料で配信できるメッセージ通数が異なります。配信済みメッセージ数の詳細は、ホーム画面の「利用状況」をタップした画面で確認できます（毎日午前中に更新）。なお、チャットや自動応答メッセージ、あいさつメッセージは無制限で使えます。

8 「次へ」をタップ。

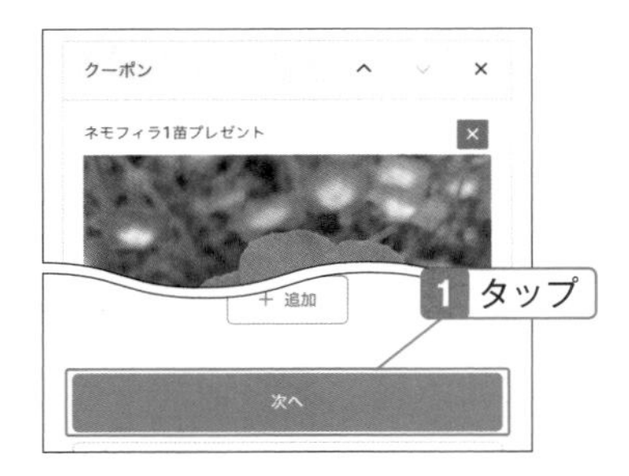

Check

吹き出しの追加

1回の配信で最大3つまでの吹き出しを追加できます。間違えて追加した場合は手順8の画面にある「×」をタップすると削除できます。また、順序を入れ替える場合は「^」または「v」をタップします。

9 「すべての友だち」を選択。プレビューをタップして確認できる。

Check

配信の指定

予約配信をする場合は手順9で「配信予約」をタップして日時を指定し、VOOMにも投稿する場合は「LINE VOOMに投稿」をオンにします。予算の都合でメッセージ数を抑えたい場合は、「配信メッセージ数」をオンにして数字を入力しましょう。なお、ターゲットリーチ（友だち追加数からブロックユーザーや年齢・性別などの属性が不明なユーザーを差し引いた数）が100人以上の場合は「属性で絞り込み」を選択して対象を絞り込むことができます。

10 「配信」をタップするとその場で配信できる。「下書き保存」や「テスト配信」も可能。

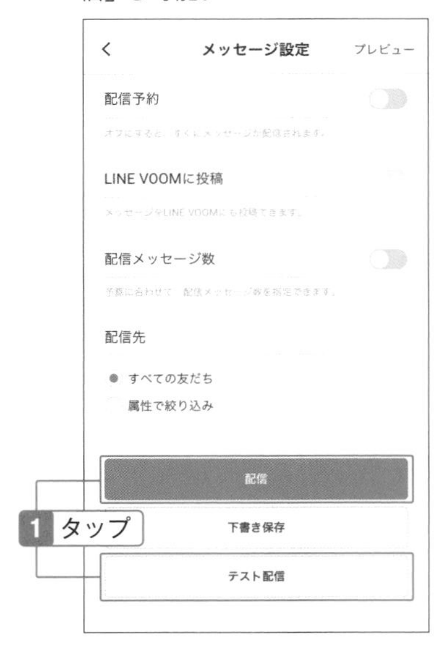

Check

配信するときの注意

手順10で「テスト配信」をタップすると配信を試すことができます。テストなのでメッセージ数にはカウントされません。ただし、管理者または運用担当者のアカウントが必要です（SECTION07-14参照）。また、寝ている時間にLINEの着信音が鳴ると迷惑に感じる人もいるので深夜や早朝に配信することは避けましょう。配信頻度があまりにも多い場合もブロックされやすいので、週に1回くらいが無難です。

下書きしたメッセージを編集する

1 「ホーム」画面の「メッセージ配信」をタップ。

2 「V」をタップし、「下書き」をタップ。

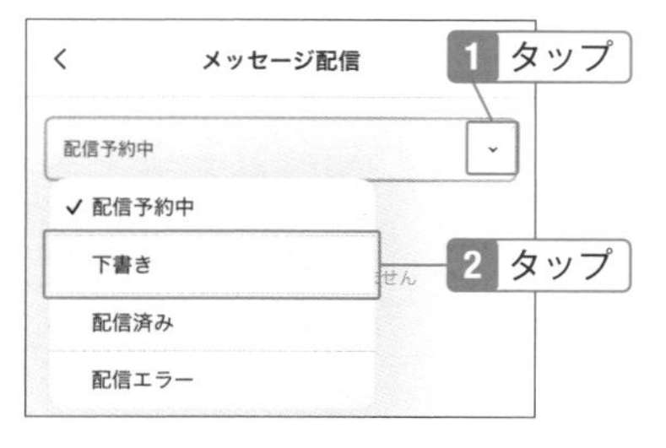

3 下書き保存したメッセージがあるのでタップ。

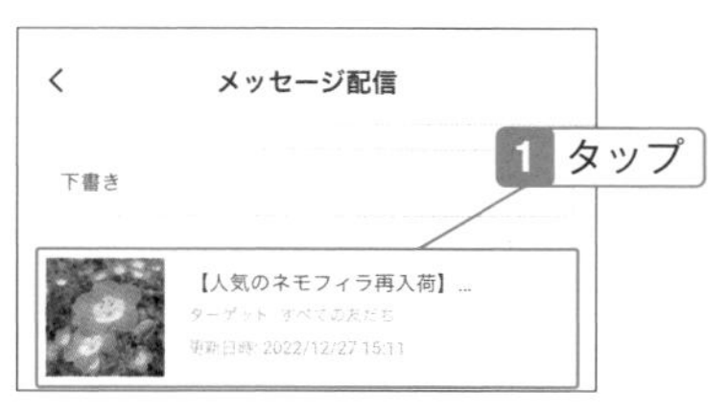

4 スクロールし、「編集」をタップして編集できる。

Check

配信済みメッセージの確認

手順2で「配信済み」を選択すると、過去に配信したメッセージが表示され、コピーして配信することができます。

Hint

パソコンでメッセージを配信する

パソコンの場合は、Official Account Managerの「ホーム」画面左にある「メッセージ配信」の「メッセージを作成」をクリックした画面で作成します。

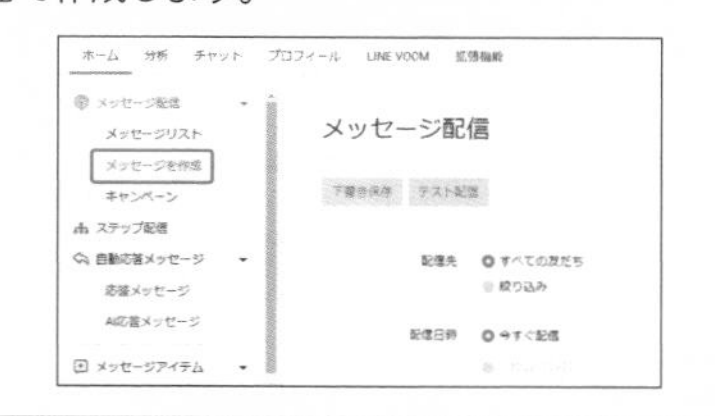

Note

A/Bテストとは

Web版では、メッセージ作成画面に「A/Bテスト」という選択肢があり、チェックを付けると特定の割合でテスト配信できます。テスト配信後に分析結果を確認し、最もパフォーマンスが良かったメッセージを残りのユーザーに配信することも可能です（テスト開始から3日以内）。なお、A/Bテストは、ターゲットリーチが5,000人以上でないと使えません。

リッチメニューでトーク画面に固定メッセージを表示する

注目させたい情報をバナーのように表示できる

友だちのトークルームの下部に、クーポンやショップカードなどを固定表示させることができます。トークルームを開くたびに表示されるので、タップしてもらえる可能性が高く、効果を期待できます。リンクを設定してECサイトや予約サイトなどへ誘導することも可能です。

リッチメニューを作成する

1 「ホーム」画面の「リッチメニュー」をタップし、次の画面で「作成」をタップ。

Note

リッチメニューとは

トークルームの下部にバナー広告のように固定表示させる機能です。クーポンやリンク先、ショップカードなど、最大6つまで設定することが可能です。

2 「テンプレートを選択」をタップ。

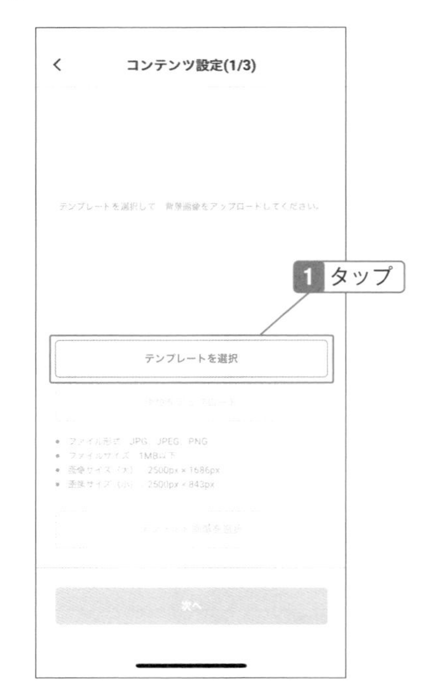

Hint

テンプレートの選択

リッチメニュー用のテンプレートが用意されています。小と大があり、バランスよく載せるには「小」、多くの情報量を載せるには「大」を選択します。

3 ここでは「小」の3つの画像を載せるタイプを選択し、「選択」をタップ。

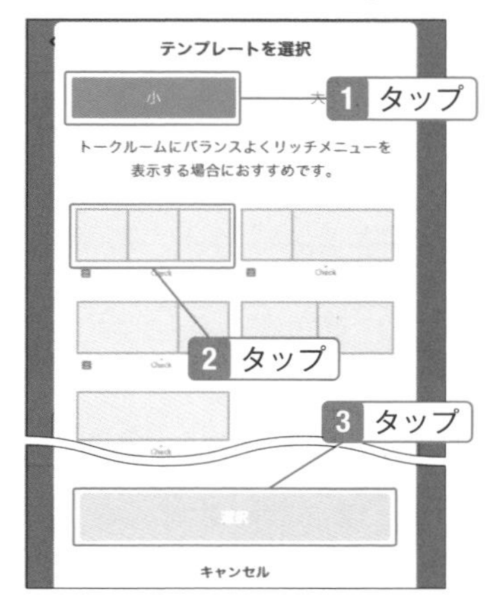

4 「画像をアップロード」をタップして画像を選択する。

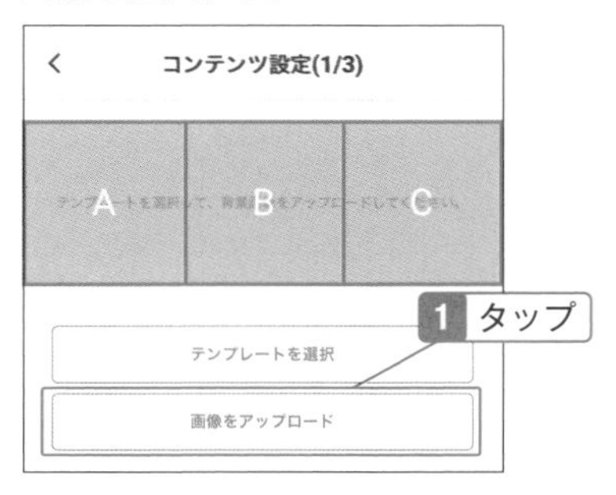

⚠ Check

リッチメニューの画像

画像のファイルサイズは1MB以下（推奨）のJPG、PNG形式にします。画像サイズは、テンプレートによって異なり、大は2500px×1686px、1200px×810px、800px×540px、小は2500px×843px、1200px×405px、800px×270pxで作成します。

⚠ Check

アクション

アクションでリンクやショップカード、クーポンを追加できます。テンプレートによってアクションの数が異なります。ここでは3画像のテンプレートを選択するので、A、B、Cの3つのアクションを設定します。

5 ピンチインして枠に収め、「完了」をタップ。

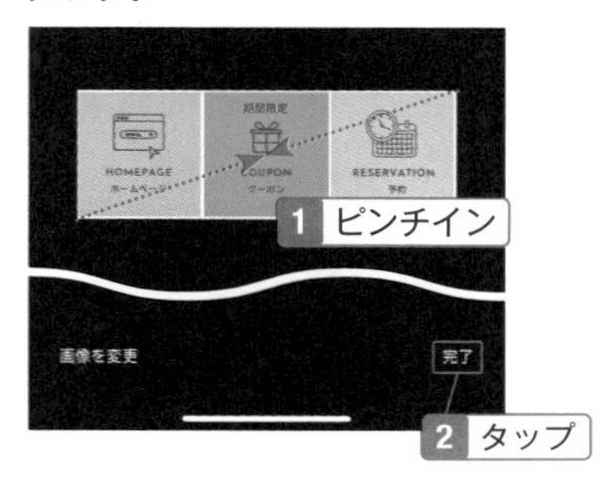

6 「次へ」をタップ。

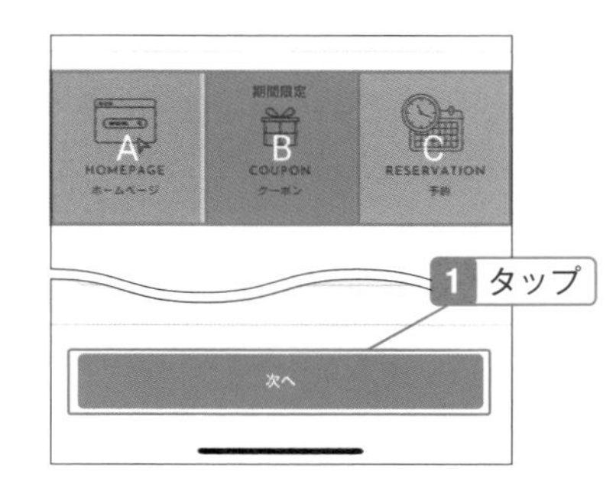

7 「V」をタップし、アクションを選択。

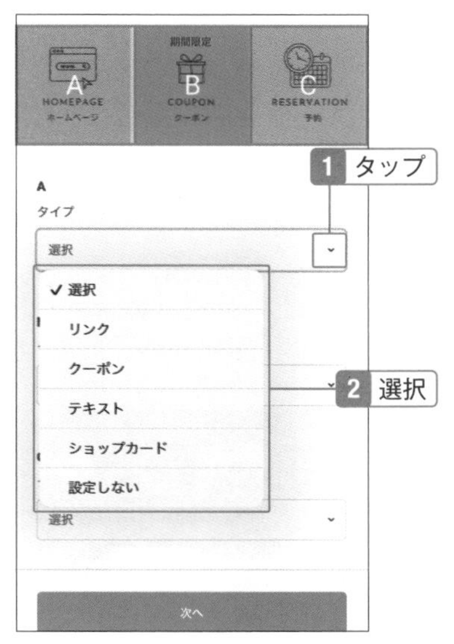

8 リンクの場合はURLとラベルを入力する。同様にBとCにも設定し、「次へ」をタップ。

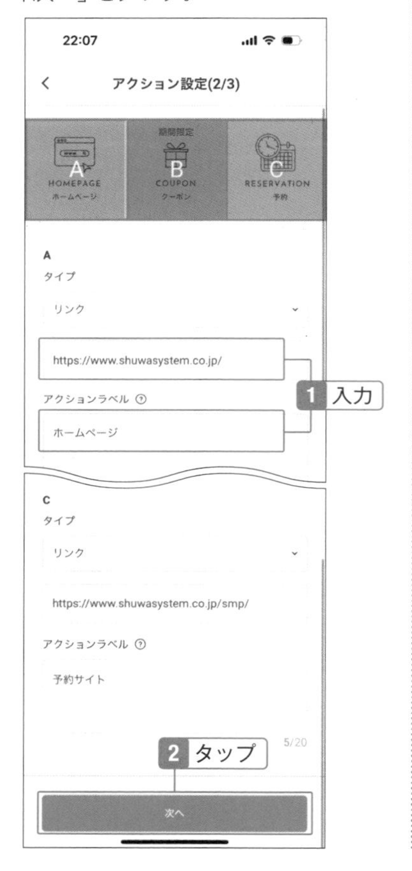

9 タイトルを入力。リッチメニューを表示させる期間を設定するときは入力。他にもリッチメニューを作成している場合は期間が重複しないようにする。下部の「保存」をタップ。

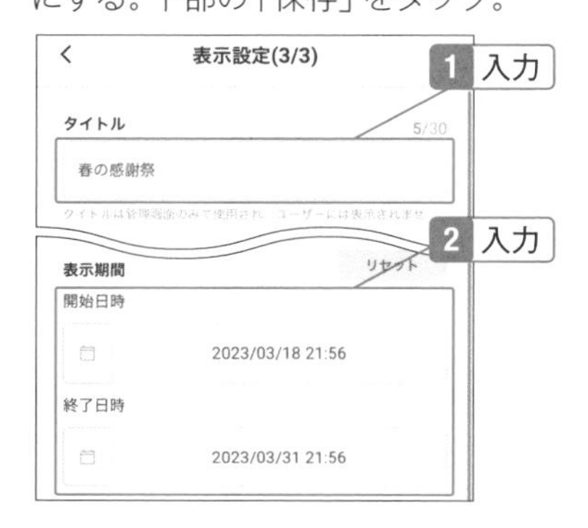

Check

「メニューバーのテキスト」と「メニューのデフォルト表示」

「メニューバーのテキスト」は、トーク画面下部のメニューバーに表示する文字のことです。「メニュー」以外の文字にする場合は「その他のテキスト」をタップして入力してください。「メニューのデフォルト表示」はトークルームを開いたときにリッチメニューを表示させるか否かのことです。

リッチメニューの画像を作成する

1 スマホに「Canva」アプリをインストールして開き、GoogleアカウントまたはFacebookアカウントなどでログインする。

Note

Canvaとは

Canvaは、無料で使えるグラフィックデザインツールです。SNS用の画像やロゴ、ポスター、プレゼンテーションなど、役立つテンプレートがたくさん用意されています。LINEのリッチメニューやクーポンのテンプレートもあるので、一から作成するのが難しい人は利用するとよいでしょう。Web版もありますが、本書ではスマホの「Canva」アプリを使用します。iPhoneはApp Store、AndroidはPlayストアで検索してインストールできます。

2 上部の検索ボックスに「LINE　リッチメニュー」と入力し、「テンプレート」タブで使いたいテンプレートをタップ。ここでは「ピンク 緑 黄色 サロン　LINE リッチメニュー」のテンプレートを選択。

Hint

Canvaのテンプレート

「有料素材を含む」と表示されているテンプレートは有料の素材が含まれています。そのまま使用すると「Canva」のロゴが入るので、無料素材を使うか有料（Canva Pro）で使用してください。

3 緑の背景色を変えるので、背景部分をタップして四角形が囲まれた状態にし、「カラー」をタップ。

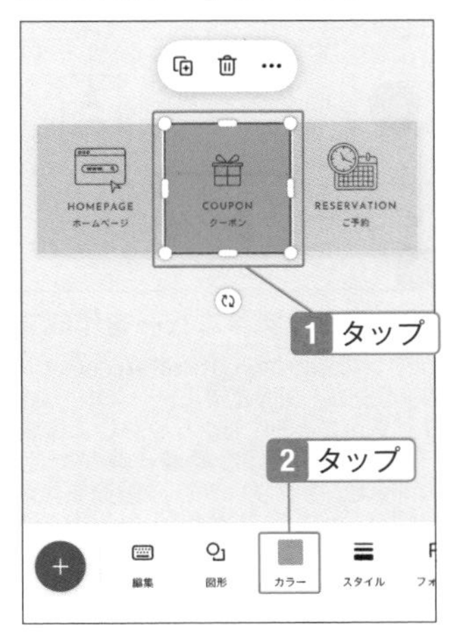

4 別の色をタップ。

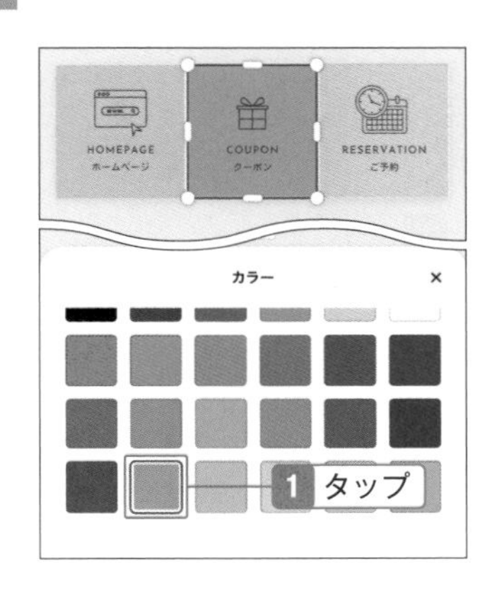

Check

写真を変更するには

テンプレートによっては写真が使われています。別の写真に替える場合は、写真の部分をタップし、下部の「置き換え」をタップして既存の写真を指定すると入れ替えることができます。新たに写真を追加したい場合は、左下の「+」から画像を追加します。

5 文字の上を2回タップして修正し、「完了」をタップ（Androidの場合は何もない部分をタップ）。

6 「＋」をタップ。

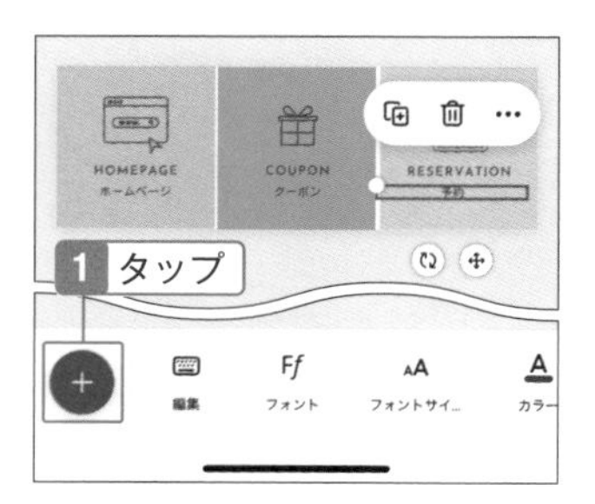

Check

文字や画像を削除するには

不要な文字や画像をタップして「ゴミ箱」をタップすると削除できます。

7 下部のバーを横にスワイプして「テキスト」をタップし、「見出しを追加」をタップ。

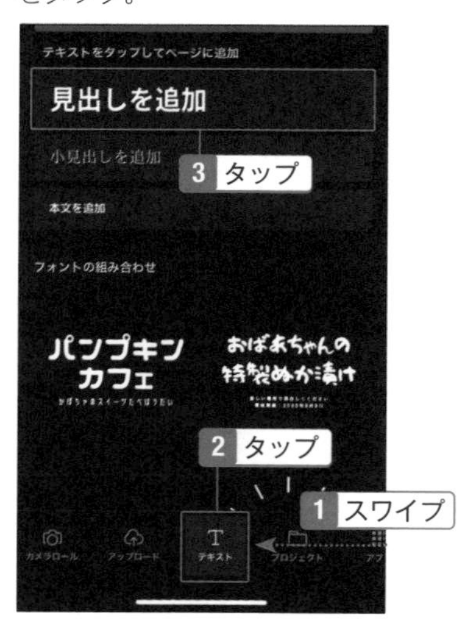

Hint

テンプレートを使わずに一から作成するには

「ホーム」画面下部の「＋」をタップし、「カスタムサイズ」をタップして一から作成することも可能です。

8 タップして文字を入力。文字を選択した状態で下部の「フォントサイズ」ボタンをタップし、スライダをドラッグして文字サイズを調整できる。ドラッグで移動も可能。

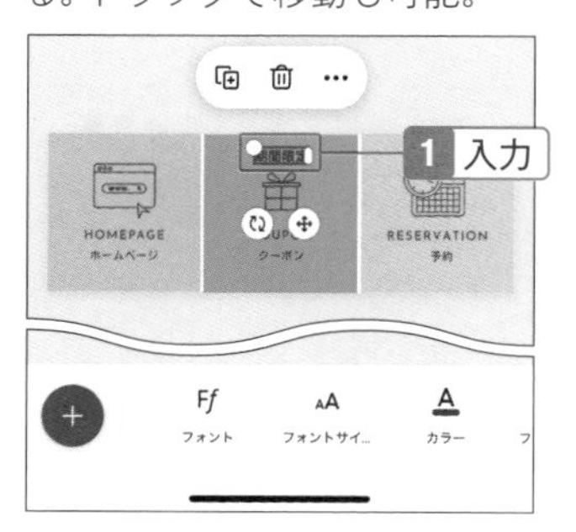

9 「カラー」をタップして色を変更できる。できたら右上の「↓」をタップし、「画像を保存」をタップ。

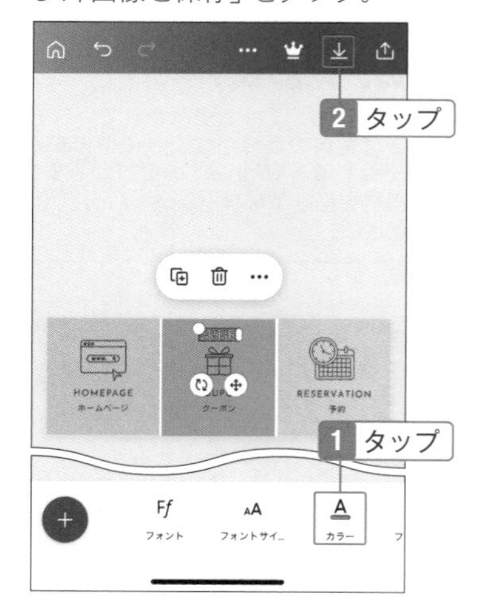

Hint

パソコンでリッチメニューを作成する

パソコンの場合は、Official Account Managerの「ホーム」画面左で「トークルーム管理」の「リッチメニュー」をクリックして作成します。パソコンの場合は、画像作成ができ、「画像」の「設定」をクリックし、「画像を作成」をクリックした画面で操作できます。SECTION07-01のリッチメッセージで解説する方法と同様の操作なので参考にしてください。

1対1のチャットで対応する

ユーザーのトークルームで、直接やり取りができる

お客様と直接メッセージのやり取りができるのがチャットです。応答可能時間を設定できるので、営業時間外は非対応にできますし、AIや自動応答に対応してもらうこともできます。よくやり取りする内容は定型文として登録しておくと便利です。

チャットを設定する

1 「ホーム」画面の「設定」をタップ。

2 「応答」をタップ。

3 「チャット」をオンにする。その後「<」を2回タップして戻る。

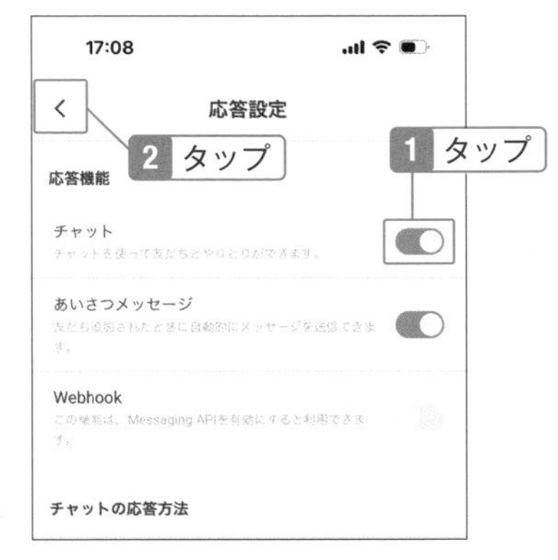

4 画面下部の「チャット」をタップし、⚙をタップ。

5 「チャット設定」画面が表示されたら「応答時間」をタップ。

Note

チャットとは

　公式アカウントでは、友だち追加してくれたユーザーとのトークルームでの会話を「チャット」と呼んでいます。ただし、メッセージを送ってきた友だちが対象です。一度もメッセージを送ってきていない友だちに話しかけることはできません。

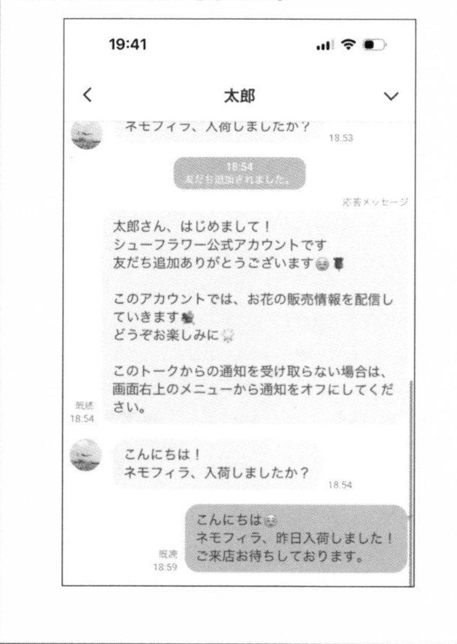

Hint

定型文を使うには

　手順5の画面で、「定型文」をタップして、よく使う文章を登録しておくことが可能です。

6 「祝日の応答時間を設定」にチェックを入れ、曜日をタップ。

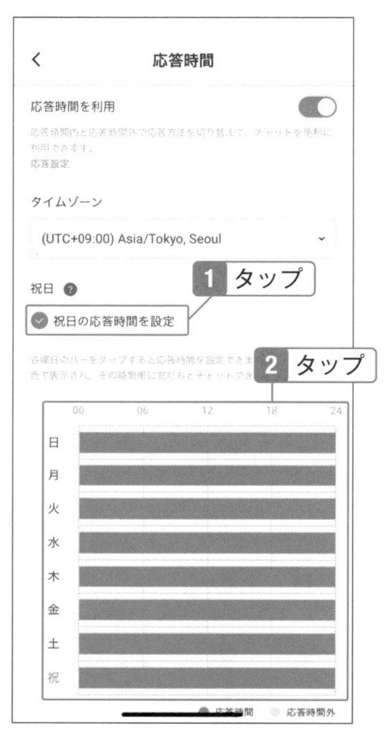

7 チャットに対応できる時間を設定する。終日オフにするには、右側の「ゴミ箱」をタップ。設定したら「保存」をタップ。

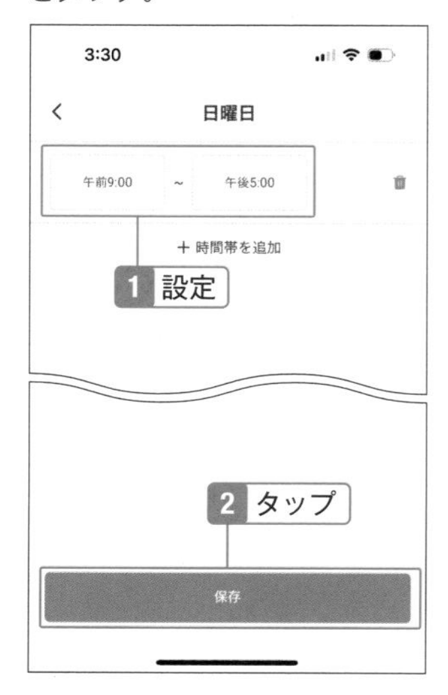

8 すべての曜日を設定したら「<」を2回タップして戻る。

Check

ステータスバーに担当者や応答時間を表示する

トークルームの上部にステータスバーを表示させ、チャットの担当者や応答するまでの時間を表示させると親切です。手順5で「ステータスバー」をタップし、「ステータスバーを表示」をタップしてオンにして、「チャット(手動)利用時」と「自動応答メッセージ利用時」を設定します。

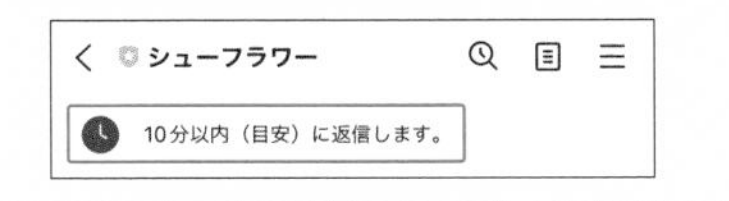

チャットでメッセージを送信する

1 メッセージが届くと、下部の「チャット」に数字が表示されるのでタップ。チャット一覧からやり取りするユーザーをタップ。

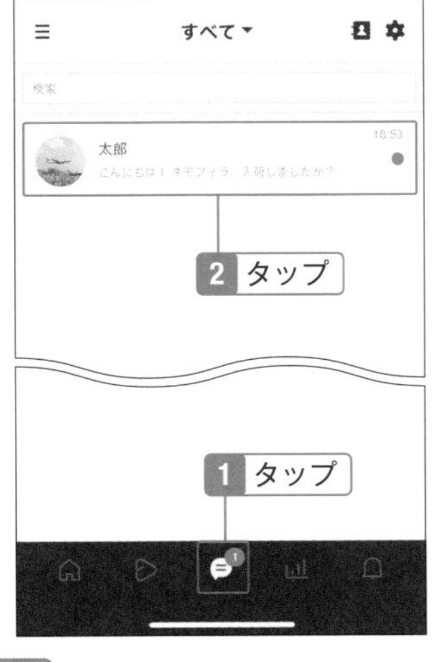

2 文字を入力して▶をタップ。

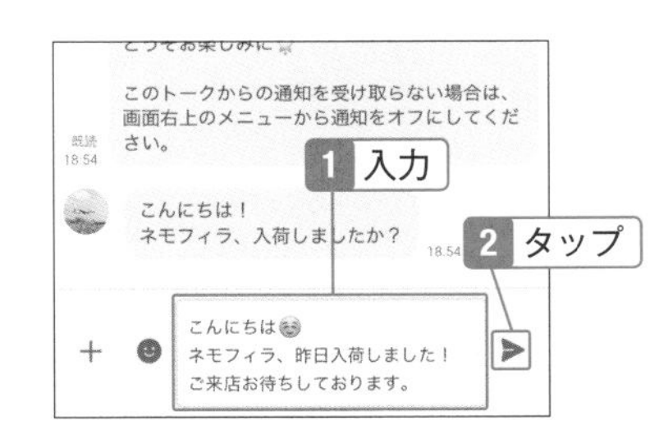

Check

問い合わせが増えて対応できなくなるのが心配

友だちが増えてきたら問い合わせが増えて、対応できなくなるのでは？と思う人も多いようですが、対応しきれないほどのメッセージ数になることはまずないと思って大丈夫です。もし、多忙で対応しきれなくなった場合は自動応答に切り替えればよいでしょう。

Hint

パソコンでチャットを使うには

Official Account Managerの「ホーム」画面上部にある「チャット」をクリックするとチャットの画面が表示されます。応答時間や定型文の設定はチャット画面の左端にある⚙をクリックします。

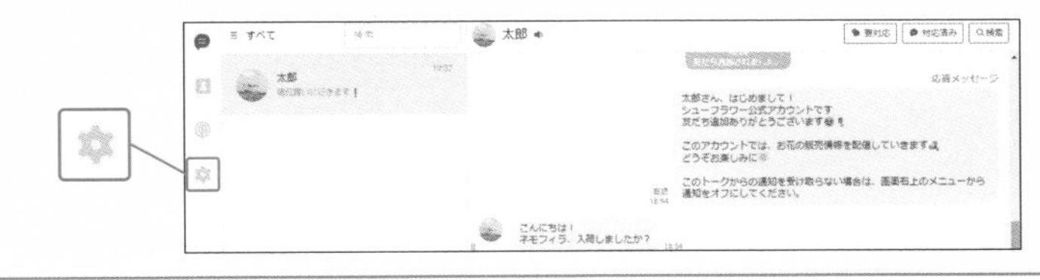

受信したメッセージに自動で返信する

応答メッセージを使えば休業日や繁忙期に自動で返信できる

友だち追加している人からのメッセージはいつ届くかわかりません。営業時間外や多忙時は自動応答にすることができます。個別に返信できない場合はその旨を記載してもよいですし、特定の単語が送られてきたときのメッセージを用意することも可能です。

応答メッセージを設定する

1 「ホーム」画面の「設定」をタップし、「応答」をタップ。

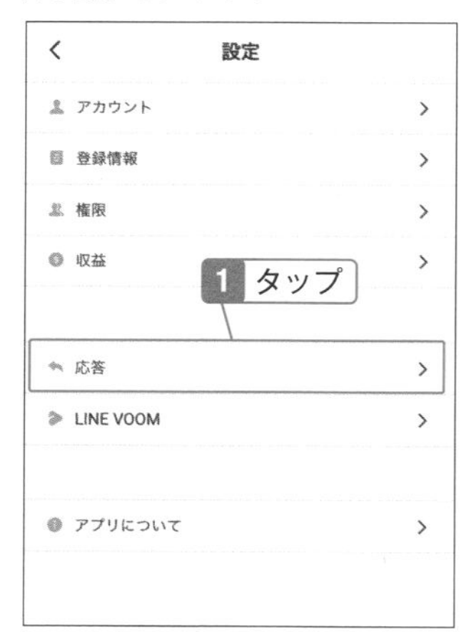

2 「チャット」と「応答時間」をオンにし、「応答時間外」を「応答メッセージ」にする。その後左上の「＜」をタップして戻る。

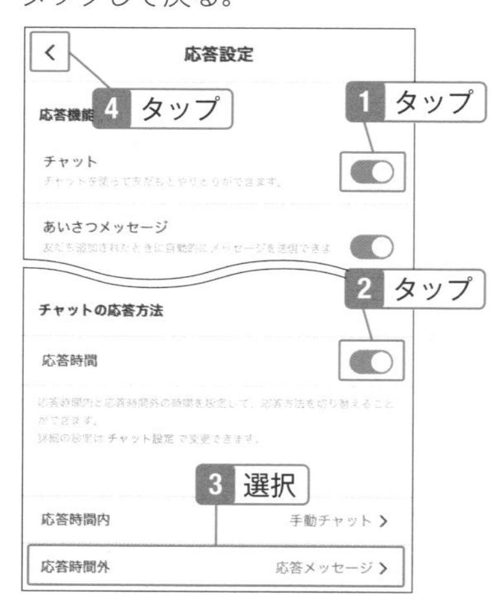

Note

応答メッセージとは

応答メッセージは、友だち追加しているユーザーからメッセージが届いたときに、自動で返信できる機能です。たとえば、友だちが「おすすめの花」と入力すると、「薔薇の花はいかがでしょう」と自動で送信できます。一緒にクーポンを設定しておけば、お店に買いに来る人がいるかもしれません。

Check

応答時間外を確認する

SECTION06-12手順6の画面で、応答メッセージを利用する時間帯を確認してください。ここでは応答時間外（グレー）の時間に自動で返信できるように設定します。応答時間内に試しても返信されないので気を付けてください。

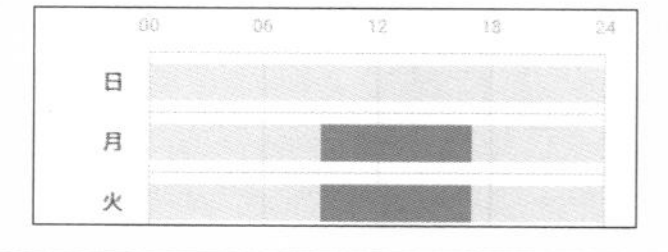

デフォルトの応答メッセージを確認する

1 「ホーム」画面の「応答メッセージ」をタップ。

2 「Default」をタップ。

3 「内容」をタップ。

4 デフォルトのメッセージを確認する。必要に応じて修正し、「保存」をタップ。

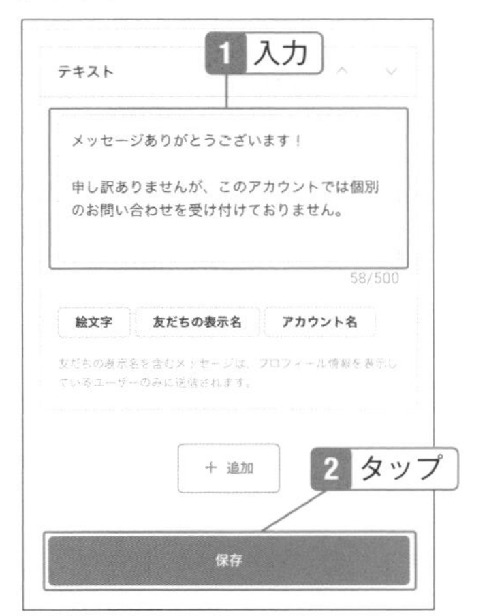

Check

デフォルトのメッセージ

この後入力するキーワード以外の単語が送られてきたときにはデフォルトのメッセージが返信されます。あらかじめ用意されているサンプル文章のままでもかまいませんが、必要であれば修正してください。また、デフォルトを使用しない場合は、手順3で「ステータス」をオフにします。

応答メッセージを作成する

1 「応答メッセージを作成」をタップ。

2 「追加」をタップ。

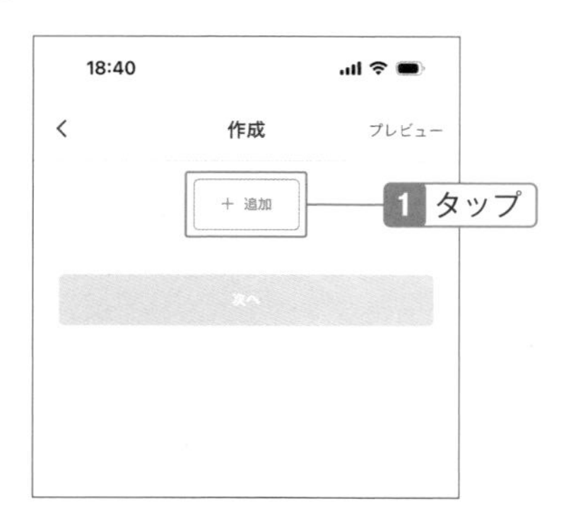

3 コンテンツを選択。ここでは「テキスト」を選択。

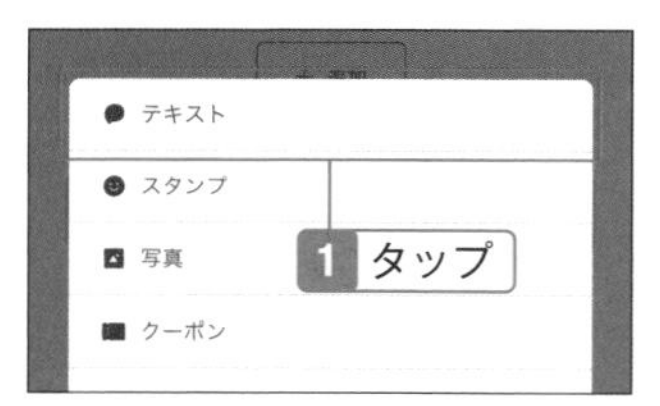

4 返信文を入力し、「次へ」をタップ。

5 タイトルを入力。続いて「キーワード」をオンにし、「>」をタップ。

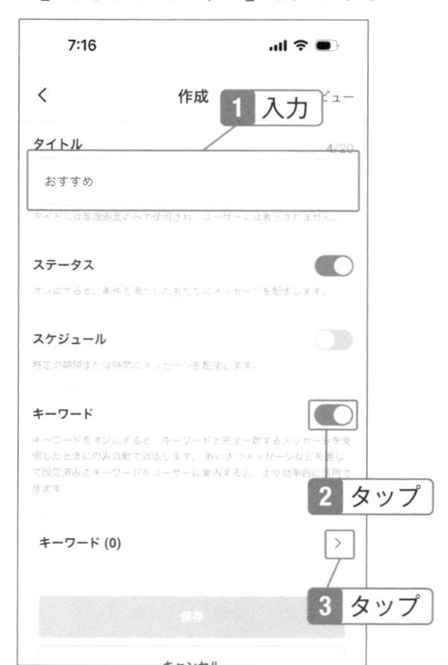

6 「作成」をタップ。

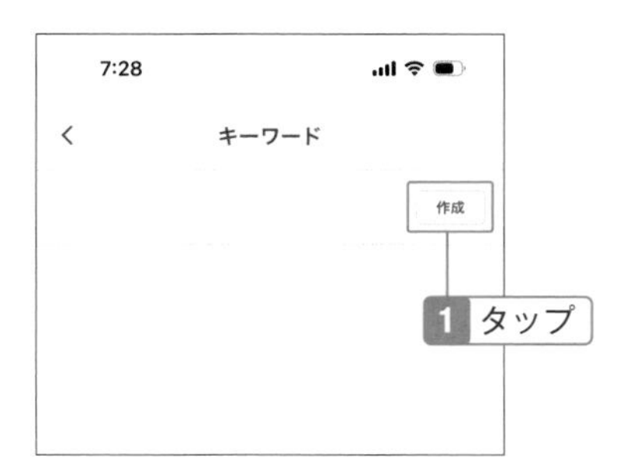

7 キーワードを入力して「適用」をタップ。続いて「作成」をタップして他のキーワードも入力し、左上の「<」で戻る。

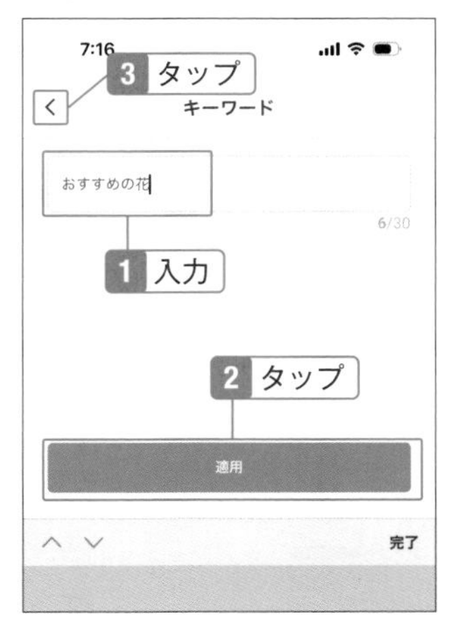

Check

キーワードの設定

自動応答は、「キーワード」に入力した単語に完全一致した場合に、前のページで入力した文章を返信します。同じ単語でも、漢字、ひらがな、カタカナ、英字など、入力される可能性がある単語を設定しておきましょう。文章も可能ですが、最大30文字までです。

8 「保存」をタップ。メッセージが表示されたら「保存」をタップ。

Hint

パソコンで応答メッセージを設定するには

パソコンの場合は、Official Account Managerの「ホーム」画面左にある「自動応答メッセージ」の「応答メッセージ」をクリックして作成します。また、応答設定は、画面右上の「設定」をクリックし、左側の「応答設定」をクリックしてできます。

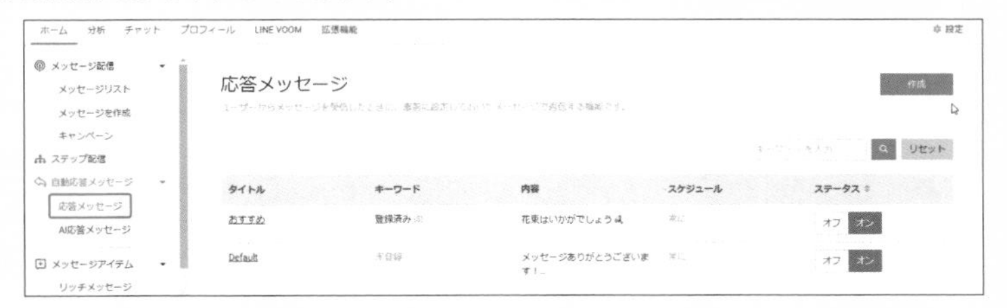

06-14 受信したメッセージにAIで返信する

営業時間や予算を聞かれたときはAIに対応してもらう

前のSECTIONではキーワードを設定して自動返信しますが、AI（人工知能）が判別して返信するのがAI応答メッセージです。ここでは、休業日や夜間の応答時間外はAIが応答するように設定します。返信文は自由に変えられるので、一通り確認しておきましょう。

AI応答メッセージを使えるようにする

1 「ホーム」画面で「設定」をタップし、「応答」をタップ。

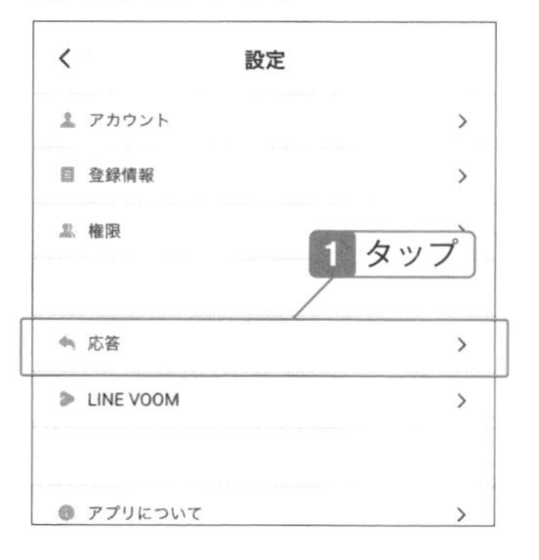

2 「応答時間外」（SECTION06-12で設定済み）を「AI応答メッセージ」にする。その後「＜」をタップして「ホーム」画面に戻る。

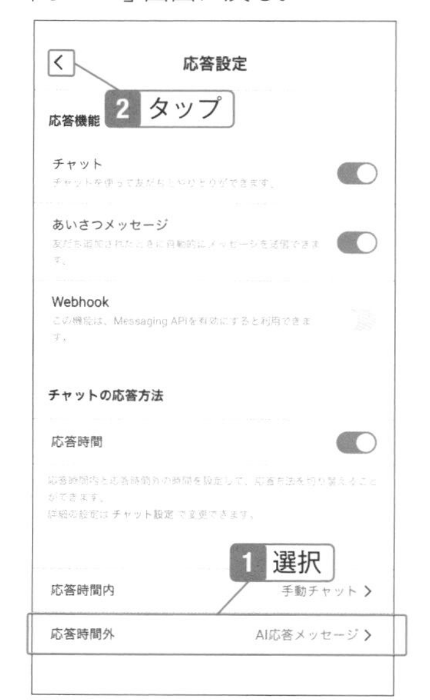

Hint

パソコンでAI応答メッセージを設定するには

パソコンの場合は、Official Account Managerの「ホーム」画面左にある「自動応答メッセージ」の「AI応答メッセージ」をクリックし、業種カテゴリを選択して「保存」をクリックします。スマホと同様に各質問を設定します。

Note

AI応答メッセージとは

AI応答メッセージは、前のSECTIONのようにキーワードを細かく設定しなくても、AIが内容を判別して返信する機能です。手順2で「応答メッセージ＋AI応答メッセージ」を選択することも可能ですが、その場合は応答メッセージに設定するキーワードが重複しないように気を付ける必要があります。また、「応答時間内」を「手動チャット＋AI応答メッセージ」に設定して、簡単な質問はAIが返信し、複雑な質問のみ手動で対応することも可能です。

AI応答メッセージを設定する

1 「ホーム」画面の「AI応答メッセージ」をタップ。はじめて利用するときは「さっそく設定する」をタップ。

2 業種カテゴリーをタップして設定する。当てはまらない場合は「その他」を選択する。

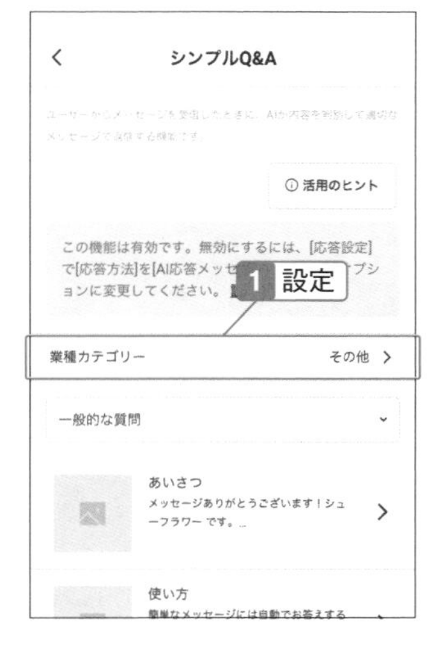

3 返信文をタップ。

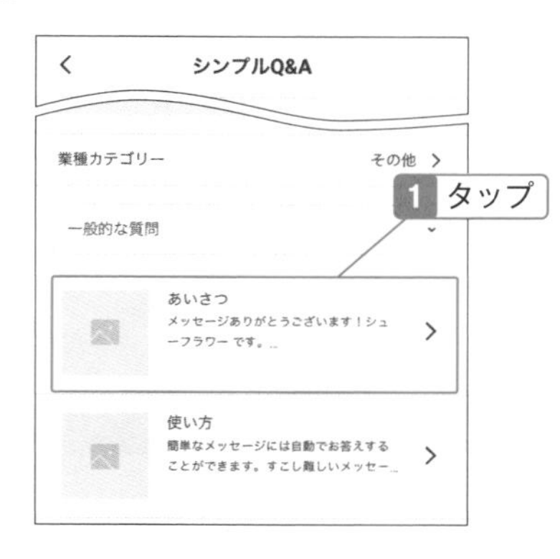

> **Check**
>
> **AIの返信文**
>
> 「一般的な質問」の「V」をタップすると、「基本情報」や「予約情報」などのさまざまな返信文が用意されています。使用するときは「ステータス」を「オン」にしてください。たとえば「基本情報」にある「駐車場」はステータスをオンにし、「吹き出しを追加」をタップして「テキスト」をタップし、返信文を入力します。

4 修正が必要であれば入力。その後「プレビュー」をタップして確認し「保存」をタップ。同様に他のメッセージも確認する。

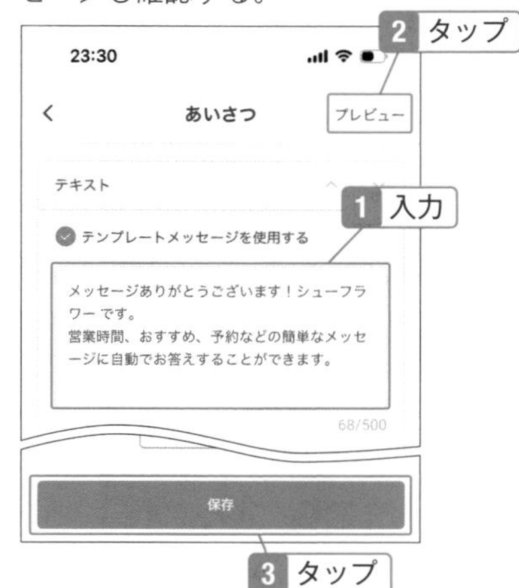

チャットを管理する

問い合わせに対応済みか否かがわかるようにする

友だちからのメッセージが増えた場合を想定して、チャットの管理方法を覚えましょう。問い合わせに対応したら「対応済み」にし、後で対応する場合は「要対応」にします。また、タグやノートも活用しましょう。

メッセージを対応済みにする

1 下部の「チャット」をタップしてチャット一覧を表示し、対応するメッセージをタップ。

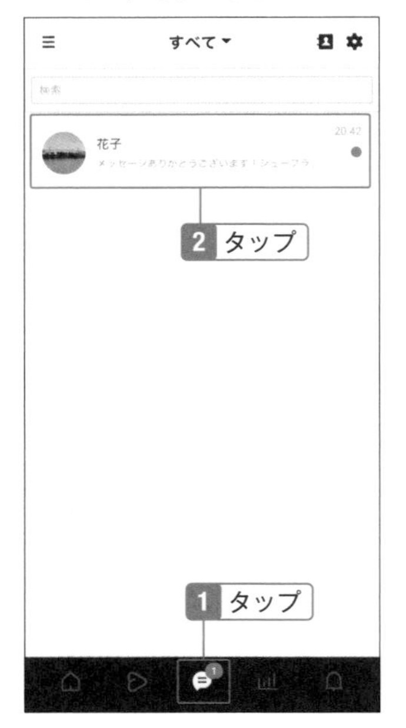

2 「v」をタップし、「対応済み」をタップ。

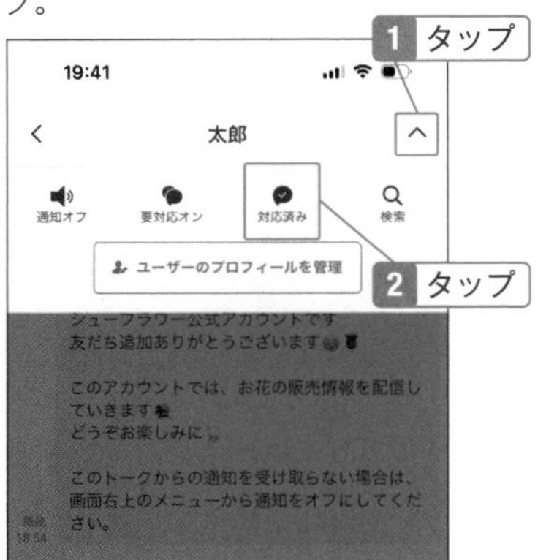

3 「受信に戻す」に変わる。その後「<」をタップ。

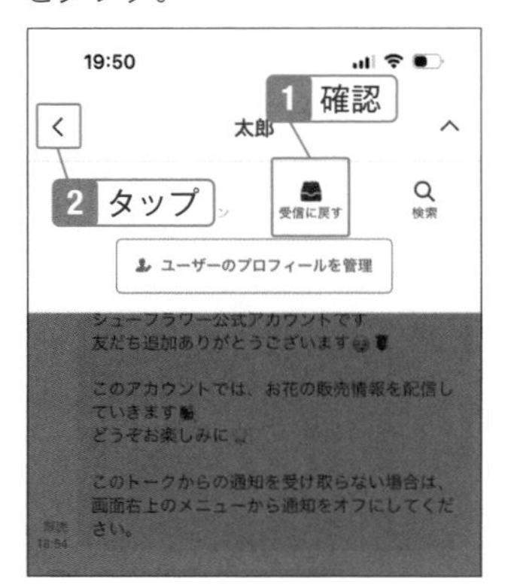

Check

対応済みと要対応

　メッセージの対応が済んだら「対応済み」にしましょう。また、時間がなくてすぐに対応できない場合や調べてから対応する場合は「要対応」を選択します。

4 「対応済み」と表示される。

ユーザーにメモを付ける

1 チャット画面でユーザーのアイコンをタップ。

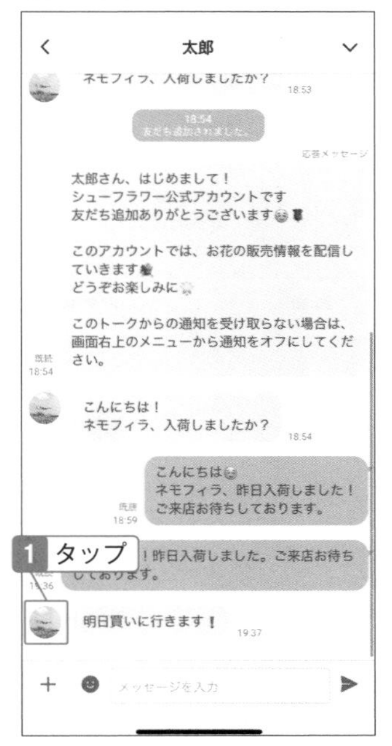

Hint

パソコンでチャットを管理するには

パソコンの場合は、Official Account Managerの画面上部で「チャット」をクリックした画面で管理することができます。

2 「ノート」をタップ。

Note

ノートとは

ノートは、ユーザーについてのメモ書きです。パソコンで見たときに、チャット画面の右側に表示されるので、ノートを見れば送信者がどんな人であったかを思い出すことができ、複数人でチャットを管理するときにも連携がスムーズになるので役立ちます。なお、ユーザーにはノートの内容を知られることはないので安心してください。

3 「＋」をタップ。

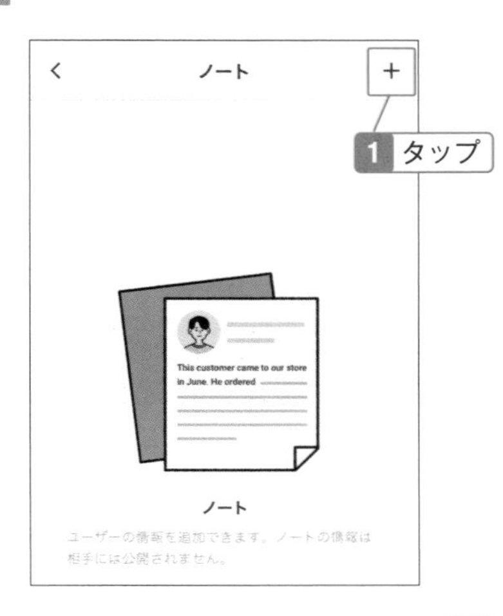

4 メモを入力し、「保存」をタップ。その後「<」をタップしてチャット一覧に戻る。

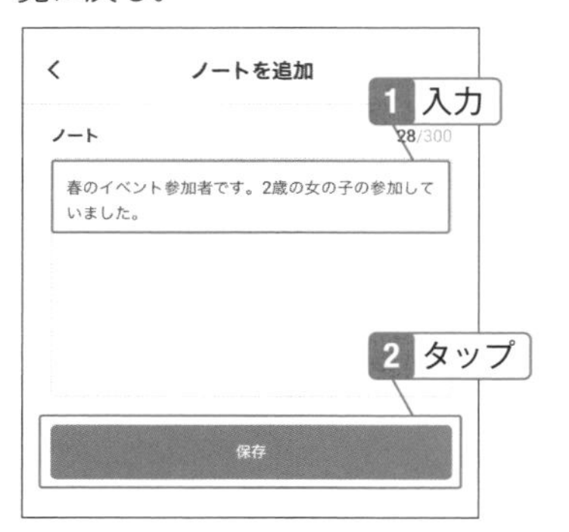

タグを作成する

1 画面下部の「チャット」をタップし、✲をタップ。

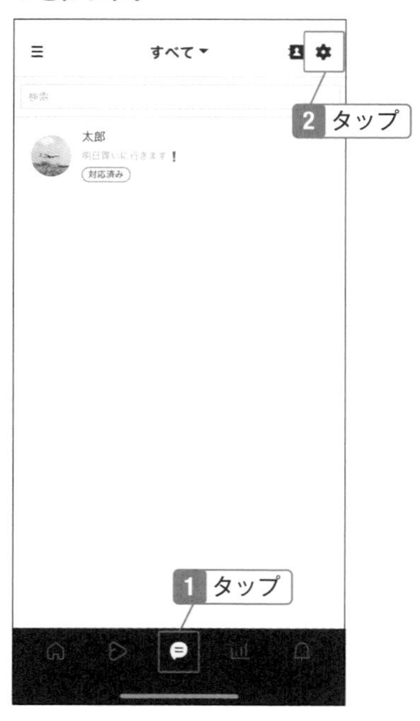

2 「タグ」をタップ。

Hint

ユーザーをピン留めする

大事なユーザーは、リスト上部に固定表示させることが可能です。手順1の画面でユーザーを長押しし、「ピン留め」をタップします。

3 「+」をタップ。

4 キーワードを入力し、「保存」をタップ。その後「<」をタップして戻る。

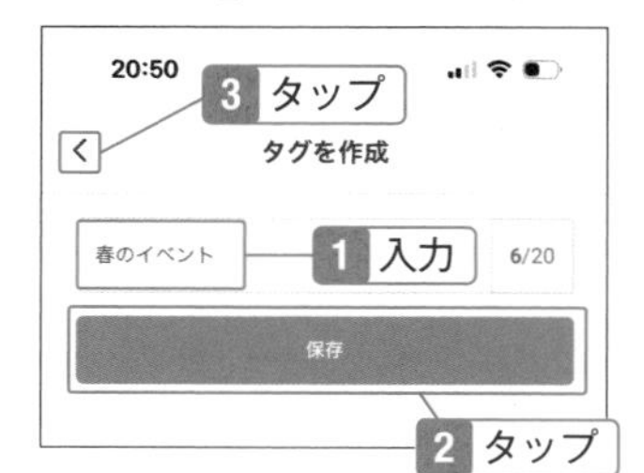

ユーザーにタグを設定する

1 チャット画面でユーザーのアイコンをタップ。

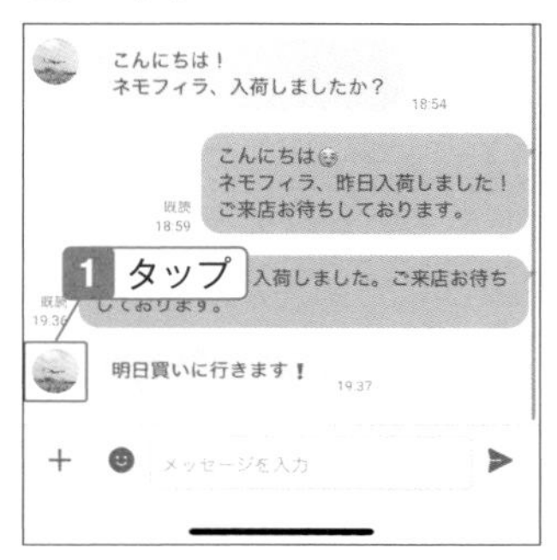

2 ユーザーのアイコンをタップしてプロフィール画面を表示し、「タグ」をタップ。

Check

ユーザー名を変更するには

同じ名前のユーザーが複数いる場合は、名前を変更することが可能です。手順2の画面のアイコンの下にある✎をタップして変更します。パソコンの場合は、チャット画面の右側で変更可能です。

3 作成したタグをタップ。

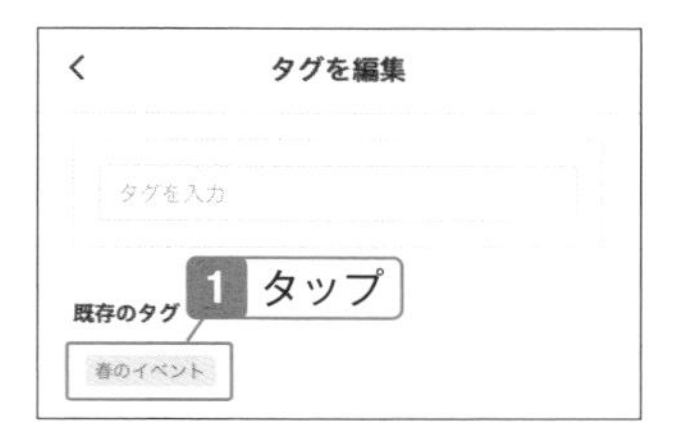

4 「保存」をタップ。

Hint

タグで検索する

チャット一覧の上部の検索ボックスにタグを入力して抽出できます。

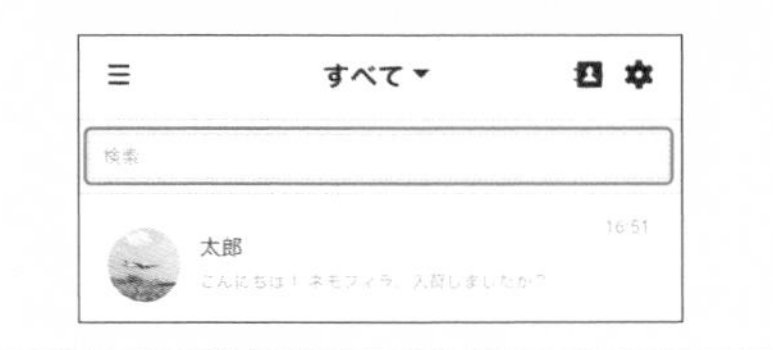

06-16

友だち追加のQRコードやボタンを作成する

友だちを増やすためには宣伝は不可欠

公式アカウントを作成しただけでは、友だち追加してもらえません。店頭にポスターを貼って友だち登録を促しましょう。SNSやブログを利用しているのなら、QRコードまたは友だち追加ボタンを設置して宣伝してください。

ポスターやQRコードを作成する

1 「ホーム」画面の「友だちを増やす」をタップ。

2 友だちを増やすためのツールが表示される。

Check

友だちを増やす方法

お店に来てくれた人に友だち登録してもらうためにポスターをレジ付近に貼って、登録を促しましょう。SNSやブログにもQRコードや友だち追加ボタンを設置して友だちを増やしてください。認証済アカウントの場合は有料の案内ガイドもあります。

●ポスターを作成

▲QRコード付きのポスターを作成して印刷できる。

●友だち追加QRコードを作成

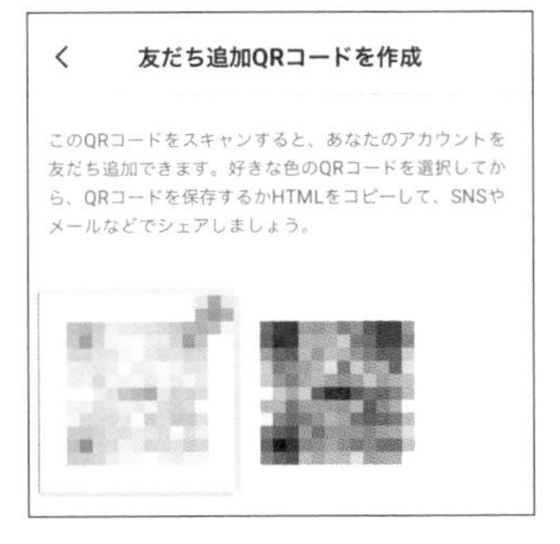

▲QRコードを作成し、SNSへの投稿や、メールでの送信で宣伝できる。

●クーポンQRコードを作成

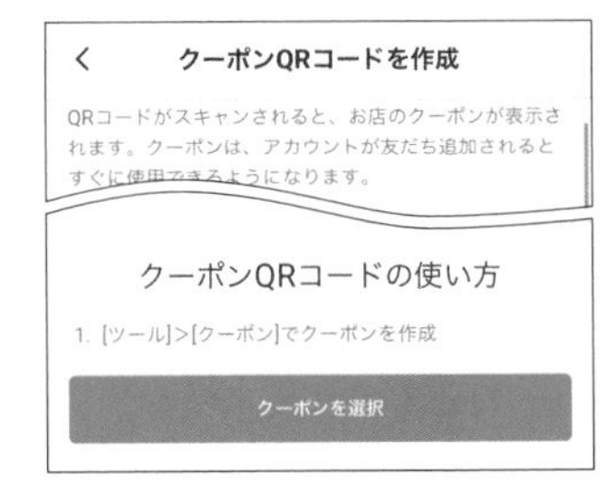

▲クーポン用のQRコードを作成できる。

●URLを作成

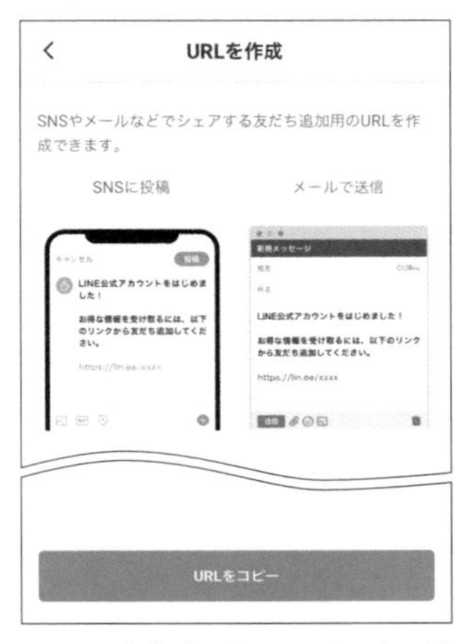

▲URLを作成できる。テキストで送信したいときに使う。

●ボタンを作成

▲Webサイトやブログに設置する「友だち追加」ボタンを作成できる。

Hint

パソコンで友だち追加のQRコードやボタンを作成するには

パソコンの場合は、Official Account Managerの「ホーム」画面左側で「友だちを増やす」の「友だち追加ガイド」をクリックした画面で操作します。認証済アカウントであれば、有料の案内ガイドを購入することも可能です。

06-17 ショップカードを作成する

紙のスタンプカードより断然便利

SECTION05-10で、ユーザーがショップカードを使う方法を説明しましたが、ここでは企業や店舗側のショップカードの作成について説明します。スマホでも簡単に作れるので、紙のスタンプカードからLINEのショップカードに切り替えてはいかがでしょう。

ショップカードを作成する

1 「ホーム」の「ショップカード」をタップ。はじめて利用するときは説明画面が表示されるので「ショップカードを作成」をタップ。

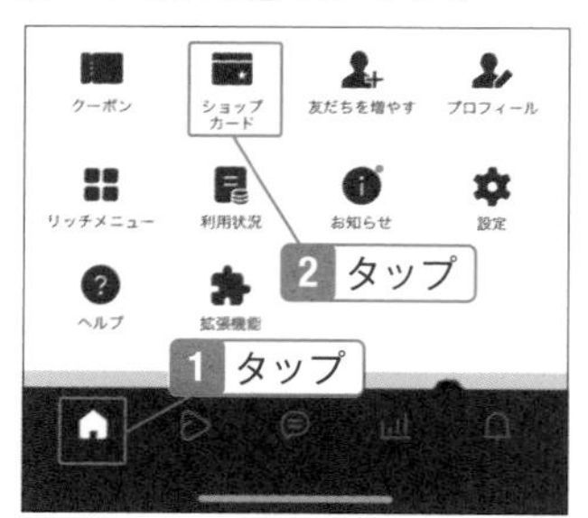

Note
ショップカードとは

店舗で購入した際にスタンプを押してもらう紙のスタンプカードをLINE上で可能にしたのがショップカードです。ショップカードの設定は1つのみです。すでに作成している場合は、手順1の後、「ショップカードを設定」をタップして修正してください。

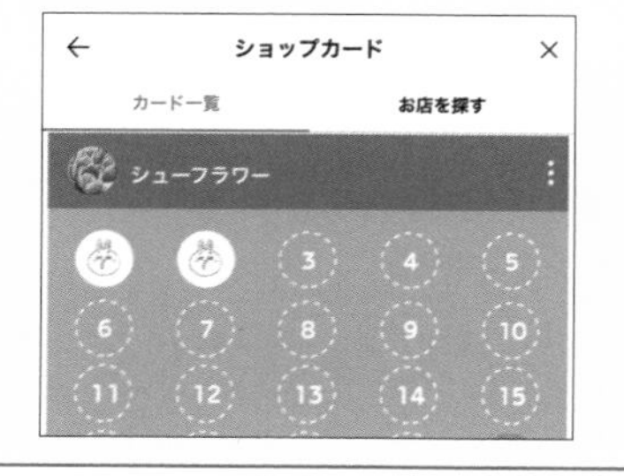

2 デザインを選択し、「ゴールまでのポイント数」をタップ。

Check
ゴールしたときの特典

「ゴールまでのポイント数」に、何ポイントでゴールかを設定し、「ゴール特典」でゴールしたときの特典チケットを設定します。

3 何ポイント集めればゴールかを設定し、「OK」をタップ。ここでは20ポイントに設定。

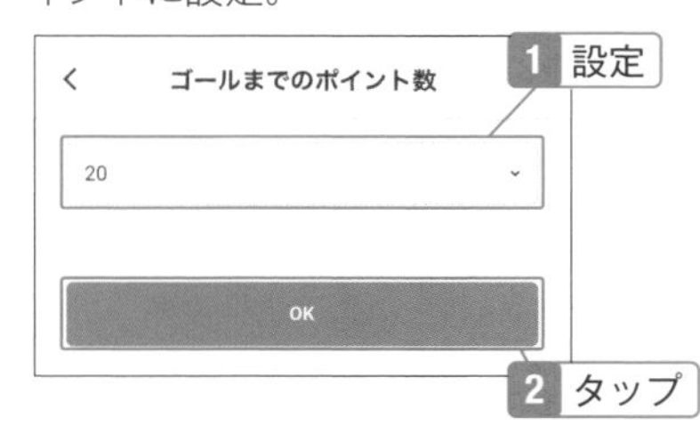

4 ゴールした時の特典を作成するので「ゴール特典」をタップ。

5 「特典チケットを作成」をタップ。

6 チケット名や有効期限を設定し、下部の「プレビュー」をタップ。

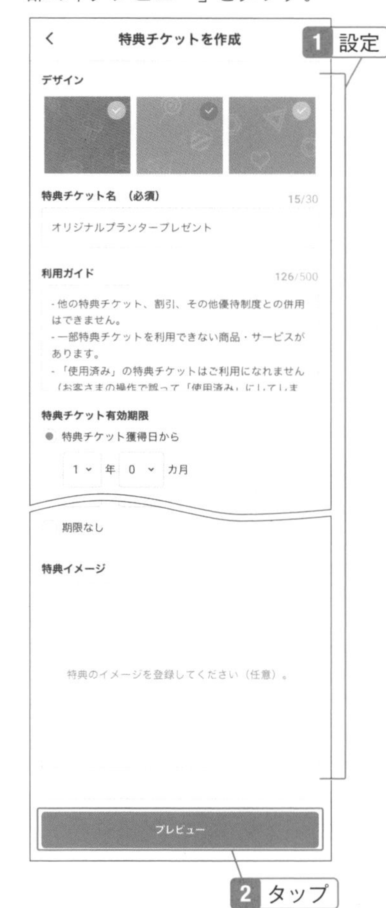

Note

ポイント特典とは

「ゴール特典」の下にある「ポイント特典を設定」をタップすると、ゴールまでの間に別の特典を付けられます。たとえば、5ポイント溜まったら「50円お買物券プレゼント」のようにするには、「ポイント特典を設定」をタップしてカード上の「5」をタップし、「特典チケットを選択」を選択して特典を作成します。さらに10ポイントで別の特典を付ける場合は、再度「ポイント特典を設定」をタップして設定します。

7 「保存」をタップ。メッセージが表示されたら「保存」をタップ。

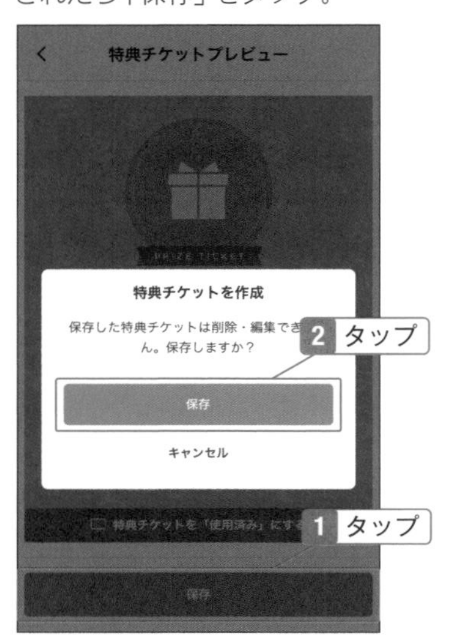

⚠ Check

特典チケットの作成

　手順6のチケット名には、「コーヒー1杯無料」や「500円クーポン」など特典名を入力します。「利用ガイド」には、チケットを使用する際の注意事項などを入力してください。「特典イメージ」には、コーヒー1杯ならコーヒーの写真など景品の写真を入れます。

8 タップしてチェックを付け、「OK」をタップ。

9 スクロールして、カードの有効期限と有効期限の通知（配信通数にカウントされない）をいつにするかを設定。

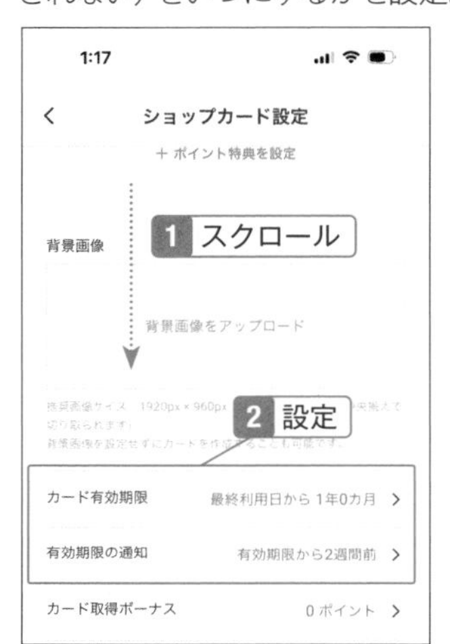

10 「カード取得ボーナス」と「ポイント取得制限」を設定。

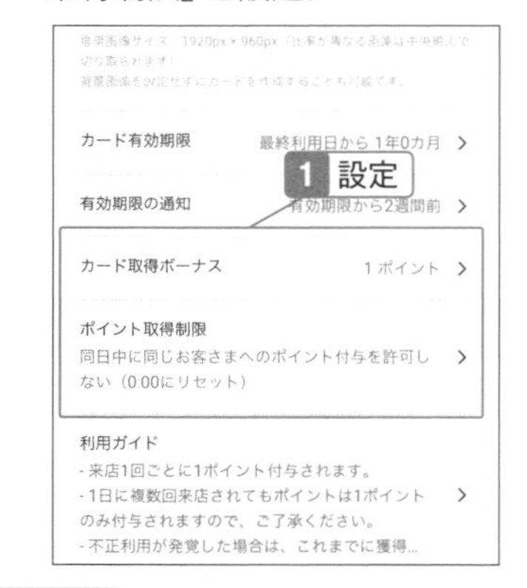

⚠ Check

「カード取得ボーナス」と「ポイント取得制限」

「カード取得ボーナス」は、カードを取得したときに付与するポイントです。最初にポイントを付与することで「これからもポイントを貯めよう」という気持ちになります。1日1回の付与にする場合は、「ポイント取得制限」で「同日中に同じお客さまへの～」を選択し、指定した時間内の付与は「指定した時間内に同じお客さまへの～」を選択して時間を設定します。

11 「利用ガイド」をタップして利用について入力し、「保存してカードを公開」をタップ。メッセージが表示されたら「カードを公開」をタップ。

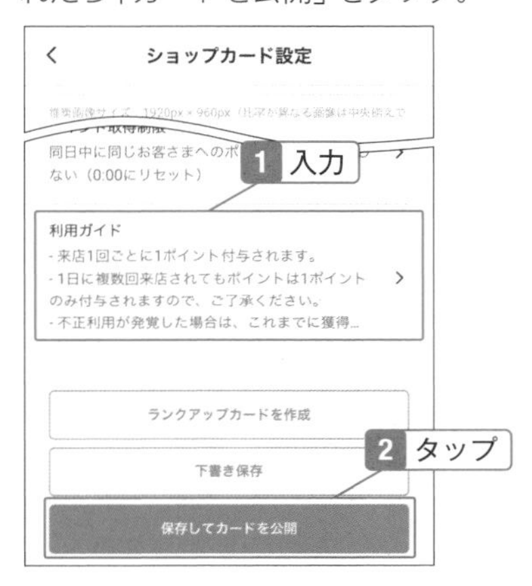

Check

2枚目のショップカードを作成するには

手順11の画面で、「ランクアップカードを作成」をタップすると、1枚目をクリア後の2枚目のショップカードを作成できます。30枚まで作成でき、1枚目とは色違いのカードを作成したり、ゴールの特典を1枚目とは別のものにするなど、カードごとに異なる特典を設定できます。

12 「あとで」をタップ。その後、左上の「<」をタップして戻る。

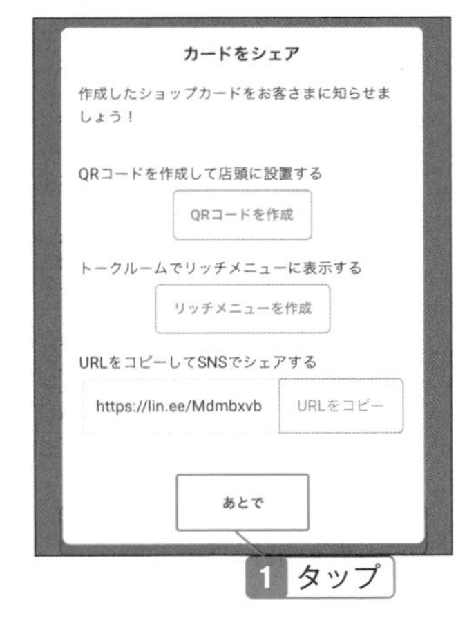

ポイント付与用のQRコードを印刷する

1 「ホーム」画面で「ショップカード」をタップし、「QRコードを印刷」をタップ。

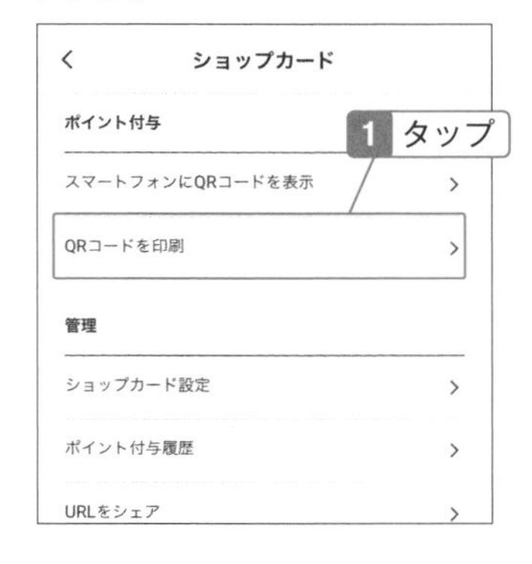

Note

印刷用QRコードとは

ショップカードを作成したら、お客様にポイントを読み取ってもらうためのQRコードを作成します。そしてダウンロードして印刷し、お客様に読み取ってもらいましょう。なお、スマホに表示させて読み取ってもらう場合は「スマートフォンにQRコードを表示」をタップしてください。

Check

ポイント付与履歴を見るには

手順1の画面で「ポイント付与履歴」をタップすると、お客様にポイントを付与した履歴を見ることができます。

2 「印刷用QRコードを作成」をタップ。

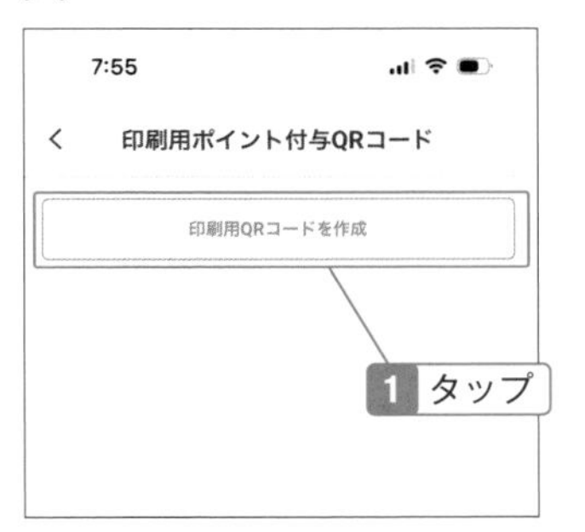

3 QRコード名を入力。続いて付与ポイント数を設定し、「保存してファイルを表示」をタップ。

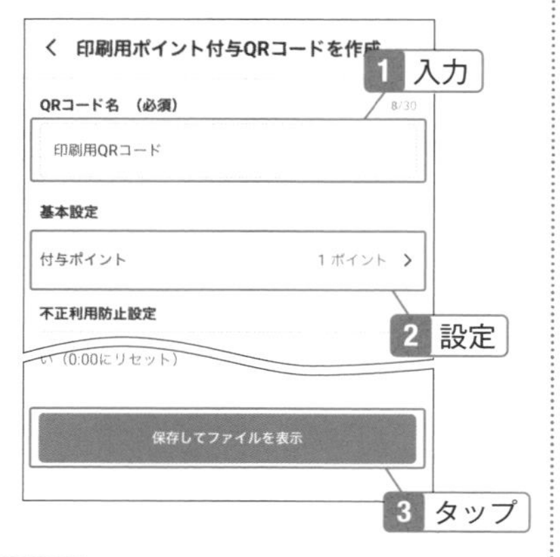

4 メールアドレスを入力して送信するか「端末に保存する」をタップする。

Check

ショップカードを編集・停止するには

　ショップカードに修正箇所があった場合は、「ホーム」画面の「ショップカード」の「ショップカード設定」をタップした画面でカードを選択し、修正して「カードを更新」をタップします。停止する場合は「カードの公開を停止」をタップします。ただし、突然の停止は迷惑がかかることもあるので気を付けましょう。また、停止すると、公開停止日の翌日まで新規のショップカードを作れないので注意してください。

Check

「読み取り期限」と「位置情報による制限」

　手順3の「読み取り期限」は、ポイントを付与する日にちを指定でき、期間限定ポイントにする場合に使えます。「位置情報による制限」は、位置情報を使って300m以上離れた場所で読み取れないようにします。

Hint

パソコンでショップカードを作成するには

　パソコンの場合は、Official Account Managerの「ホーム」画面左にある「ツール」の「ショップカード」をクリックして作成します。

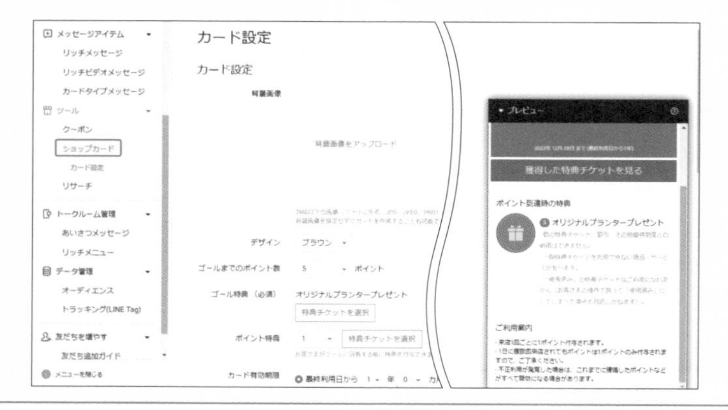

Chapter

07

公式アカウントで配信しよう

Chapter06では、公式アカウントのスマホでもできる機能を紹介しましたが、このChapterでは、パソコン（Web版）をメインに解説します。リンク付きの画像メッセージや動画メッセージは、文章だけのメッセージよりもインパクトがあるので効果を期待できます。せっかく友だち登録してもらったので見てもらえるように工夫しましょう。なお、実際に配信する前に、試験的に送ってミスがないかをチェックしてください。

07-01 リッチメッセージで画像や文字を一体化して配信する

インパクトがあり、文字だけのメッセージより効果大

SECTION06-10でメッセージの配信方法を解説しましたが、リッチメッセージを使うと、画像にリンクやクーポンを設定したメッセージを配信できます。リンクやクーポンを設定すれば、文字だけのメッセージより効果があるので活用してください。

リッチメッセージを作成する

1 Official Account managerの「ホーム」画面で「リッチメッセージ」をクリックし、「リッチメッセージを作成」をクリック（次回以降は「作成」をクリック）。

Note

リッチメッセージとは

リッチメッセージとは、画像やテキストを1つにまとめたメッセージです。リンクやクーポンを設定でき、視覚的にもインパクトがあるので、文字だけのメッセージより高い効果が得られます。

ファミリーマートのリッチメッセージ▶

2 リッチメッセージのタイトルを入力。通知やトークリストに表示されるので注意。

リッチメッセージ
画像を使って視覚的にアピールできるメッセージです。
1 入力
タイトル
大感謝セール
プッシュ通知とチャットリストに表示されます。

3 「テンプレートを選択」をクリック。

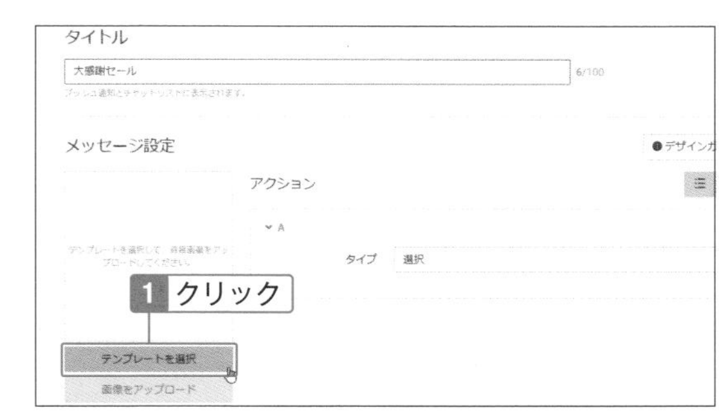

4 ここでは2画像が入るテンプレートをクリックし、「選択」をクリック。

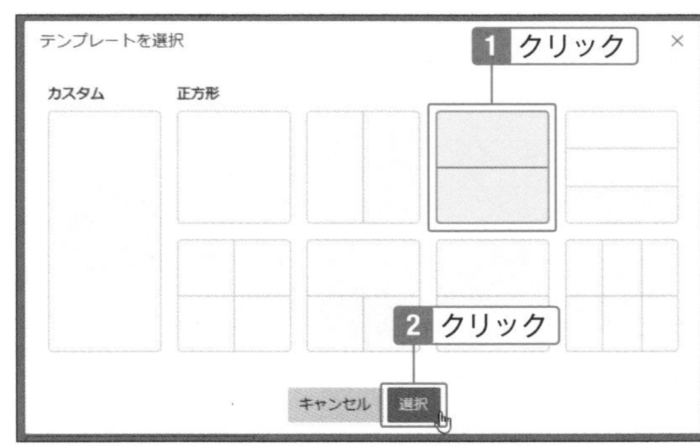

5 「画像を作成」をクリック。

> **Check**
>
> **画像の作成**
>
> Official Account managerには画像作成機能があり、別途アプリを使わなくてもオリジナル画像を作れるようになっています。SECTION06-11のリッチメニューも同様に作成できます。

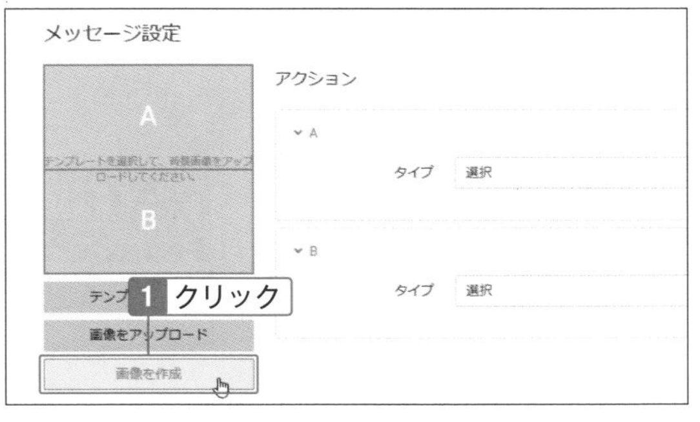

6 1つ目の枠をクリックし、「画像をアップロード」をクリックして写真を指定する。

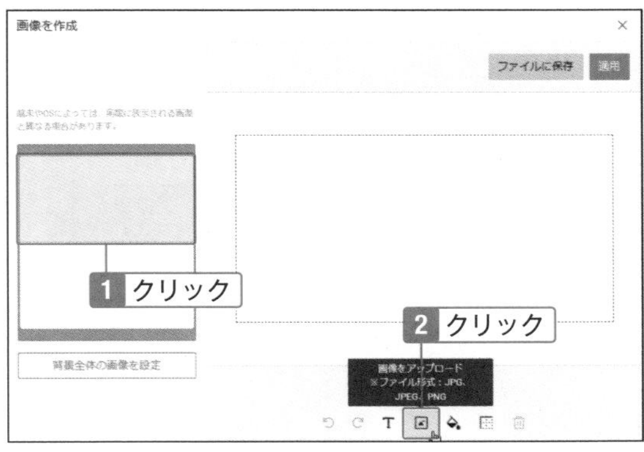

07 公式アカウントで配信しよう

7 写真のサイズが枠より小さい場合は四角のハンドルをドラッグして拡大する。

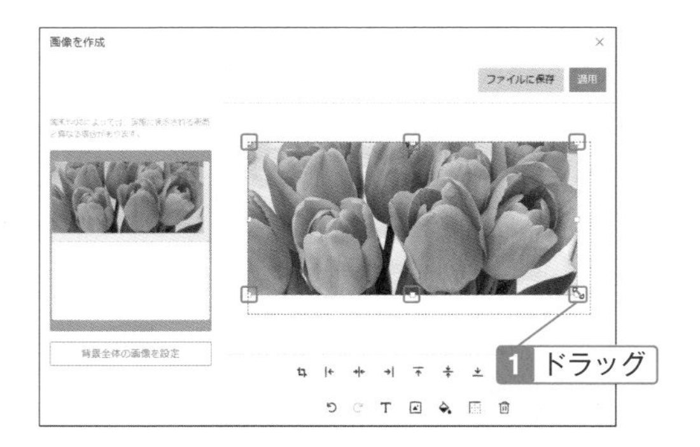

8 ドラッグで使用したい部分を枠に収めてから「切り取り」ボタンをクリック。

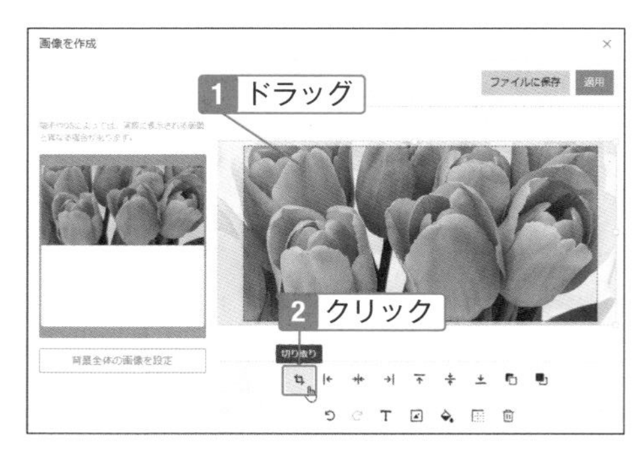

Hint

画像のサイズ

画像編集ソフトで作成した画像を使う場合は、指定されたサイズで作成し、「画像をアップロード」をクリックしてください。テンプレートのサイズは、LINE for Businessのマニュアルのページ（https://www.linebiz.com/jp/manual/OfficialAccountManager/rich-messages/）に載っています。

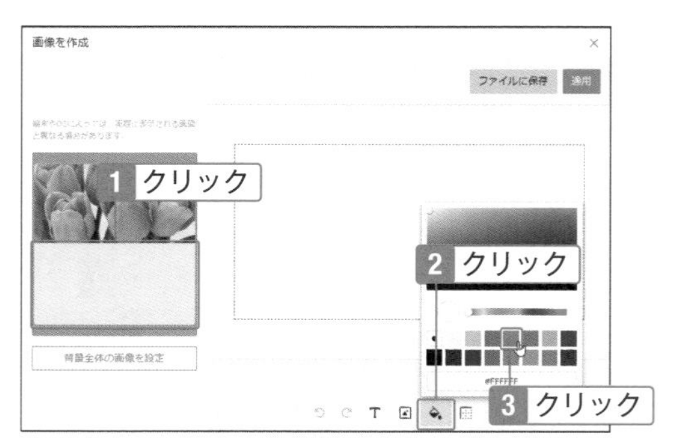

9 2つ目の枠をクリックし、「背景色を追加」をクリックして背景色をクリックする。

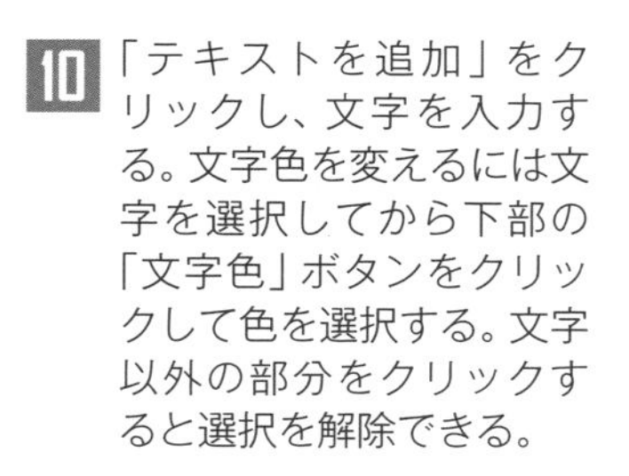

10 「テキストを追加」をクリックし、文字を入力する。文字色を変えるには文字を選択してから下部の「文字色」ボタンをクリックして色を選択する。文字以外の部分をクリックすると選択を解除できる。

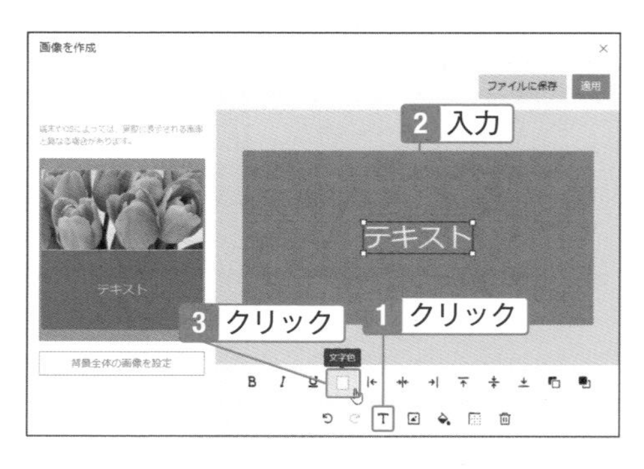

11 テキストボックスをクリックした状態で、文字の周囲にあるハンドルをドラッグすると文字サイズを調整可能。その後「適用」をクリック。

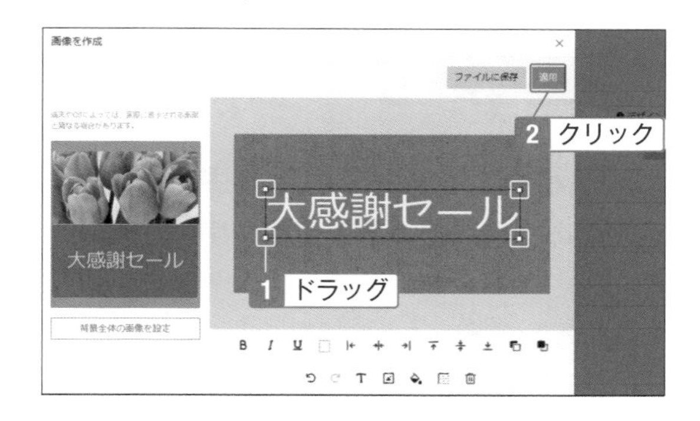

Check

文字や画像の位置を変更するには

文字や画像をクリックして選択した状態で、下部の「中央揃え（左右）」や「中央揃え（上下）」ボタンを使って位置を整えることができます。ここでは文字だけ追加しましたが、写真も追加してインパクトのある画像に仕上げてください。

12 Aのタイプの「ｖ」をクリックして、「リンク」または「クーポン」を選択。

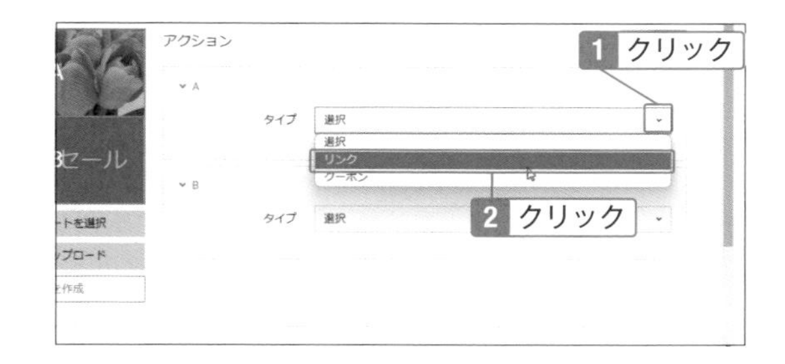

13 リンクの場合はURLを入力。クーポンの場合は作成したクーポン（SECTION06-09）を選択する。

14 音声読み上げ用に「アクションラベル」を入力し、同様にBも設定して「保存」ボタンをクリック。その後SECTION06-10の手順3で「リッチメッセージ」を選択して配信する。

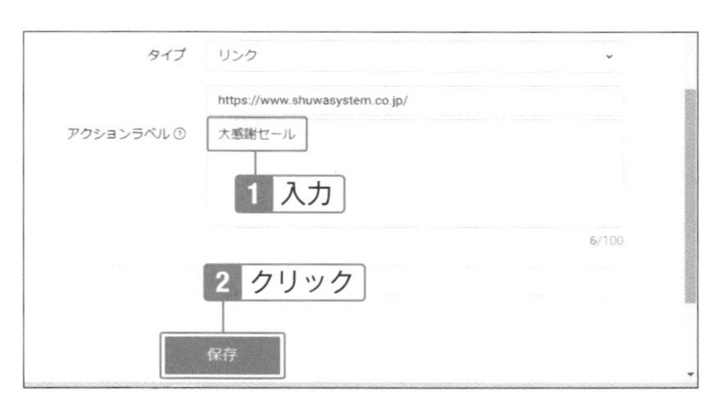

07 公式アカウントで配信しよう

リッチビデオメッセージで動画を配信する

動画なので臨場感のある情報を届けられる

店内の様子や商品情報など、その場の雰囲気を届けたいとき、動画を撮影してリッチビデオメッセージで送ってみましょう。動画視聴完了後にボタンを表示させて、設定した外部サイトに誘導することも可能です。

リッチビデオメッセージを作成する

1 Official Account managerの「ホーム」画面で「リッチビデオメッセージ」をクリックし、「メッセージを作成」をクリック（次回以降は「作成」をクリック）。

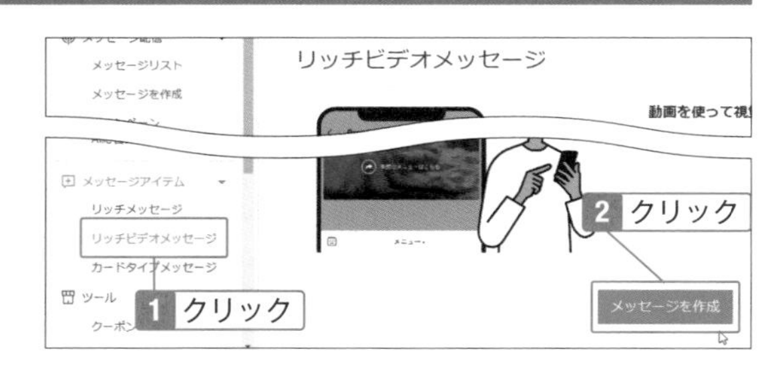

Note

リッチビデオメッセージとは

動画を配信するメッセージです。最大200MBまでの動画をアップロードできます。スマホを縦にして撮影しても、横にして撮影してもどちらでもかまいませんが、縦型動画の場合は、トーク画面に大きく表示され、効果的な動画になります。正方形の動画も正常に表示できます。

縦型動画を配信した場合▶

2 タイトルを入力し、「ここをクリックして、動画を～」をクリックして撮影した動画を指定する。

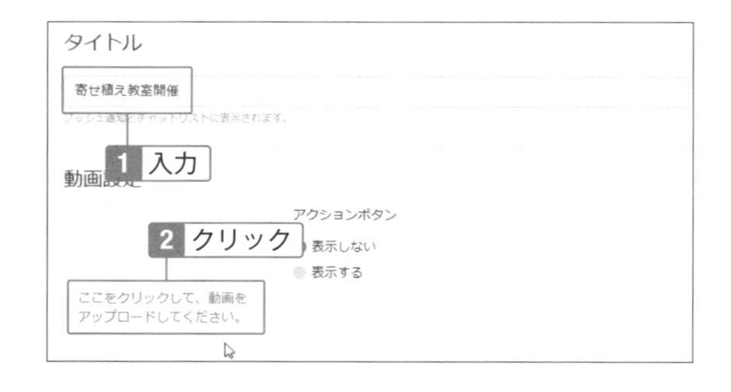

3 アクションボタンの「表示する」をクリック。

Hint

動画の撮影

最近ではスマホでも十分な動画を撮影できます。動画に文字を入れたり、場面をカットしたりする場合は、「Power Director」や「Adobe Premiere Pro」など動画編集ソフトが必要です。パソコンの動画編集ソフトが高くて購入できない場合は、スマホの動画編集アプリに「VITA」や「VLLO」のような無料で使えるものもあるので試してください。

Note

アクションボタンとは

動画の再生後に表示させるボタンを選択できます。販売予約の場合は「予約する」、イベントの参加申し込みの場合は「申し込む」を選択し、URLを入力して誘導できます。

4 リンク先のURLを入力し、ボタンに表示するテキストを選択。

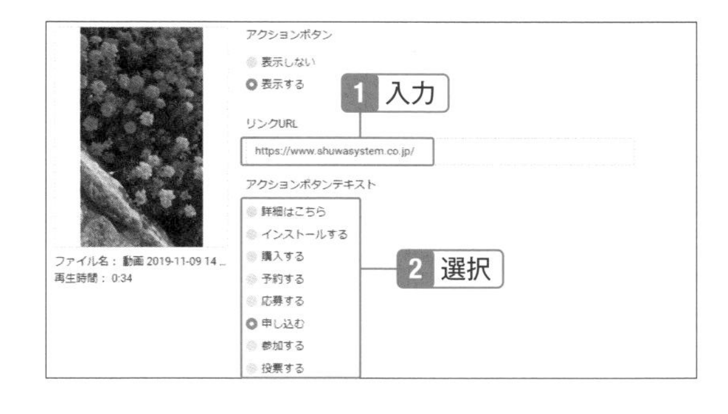

5 下部の「保存」をクリック。その後SECTION06-10の手順3で「リッチビデオメッセージ」を選択して配信する。

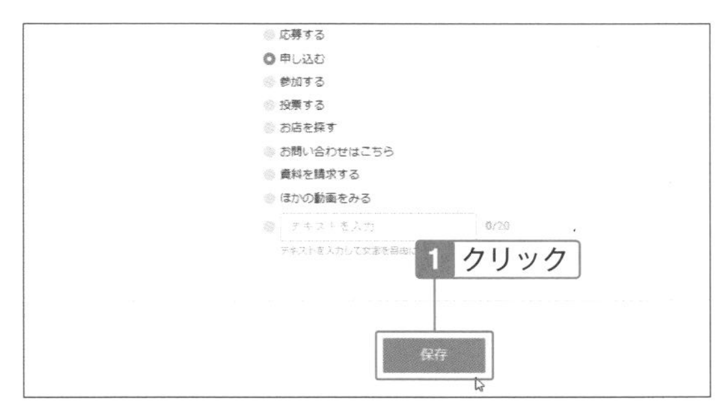

07-03 カードタイプメッセージでカード形式のメッセージを配信する

カード形式なら複数の商品や人物の紹介に便利

カードタイプメッセージを使うと、商品や人物などの複数枚の写真を横並びで載せることができます。ユーザーは、カードをめくるように横にスワイプして閲覧することが可能です。商品の紹介やサロン担当者の紹介などに役立ちます。

カードタイプメッセージを作成する

1 Official Account managerの「ホーム」画面で「メッセージアイテム」の「カードタイプメッセージ」をクリックし、「メッセージを作成」をクリック（次回以降は「作成」をクリック）。

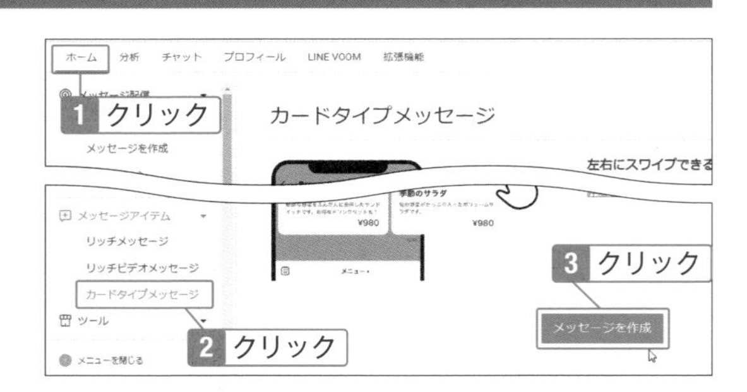

Note

カードタイプメッセージとは

カードタイプメッセージは、複数枚のカードを横にスワイプして表示できるメッセージです。商品の紹介に使える「プロダクト」、場所の紹介に使える「ロケーション」、人物の紹介に使える「パーソン」、画像の紹介に使える「イメージ」の4タイプあり、1つの吹き出しに最大9枚のカードを設定できます。

2 メッセージのタイトルを入力。通知に表示されることを考慮して入力する。続いて「カードタイプ」の「選択」をクリック。

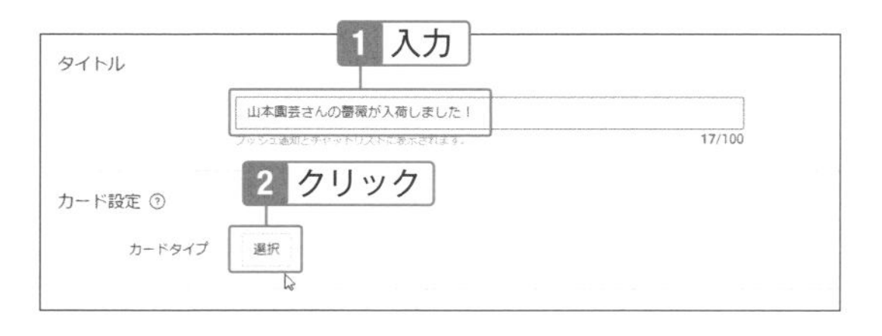

3 カードタイプを選択して、「選択」をクリック。ここでは「プロダクト」を選択する。

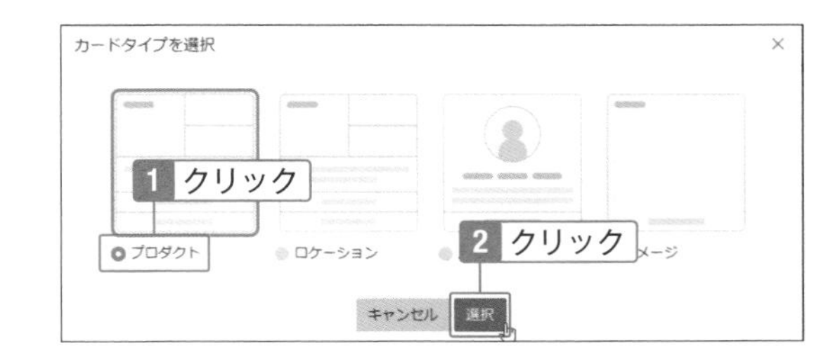

4 ラベル名（カードの左上に表示される）を入力し、ラベルの色を選択する。続いて「A」をクリックして写真を指定する。

5 カードの下に表示する「カードタイトル」「説明文」「価格」を入力。クーポンやショップカードを入れる場合は「アクション」にタイトルを入力してタイプを選択する。

6 「カードを追加」をクリックして2枚目以降も入力する。「もっと見る」タブも設定し、右上または下部の「保存」をクリック。

Note

「もっと見る」とは

手順6の「もっと見る」タブは、カードの最後にテキストまたは写真のカードを入れることができ、詳細な情報を入れたい時や他のアクションに誘導したい時に使います。不要な場合は、「もっと見る」タブをクリックして右端にある「×」をクリックして削除してください。

07-04

リサーチでアンケートを配信する

簡単にアンケート形式の調査ができ、ユーザーも楽しめる

リサーチを使うと、求められている商品やサービス、あるいは商品を使用した感想などを調査できます。入力した質問に対して、1つまたは複数選択してもらうことが可能です。回答してくれた人には、お礼に割引やプレゼントのクーポンをあげましょう。

リサーチを作成する

1 Official Account managerの「ホーム」画面で「ツール」をクリックし、「リサーチ」をクリック。その後「作成」をクリック。

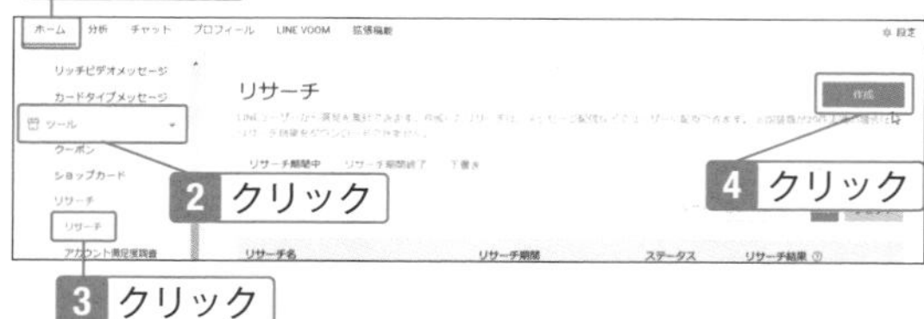

Note

リサーチとは

リサーチを使うと、LINEのトークルームでアンケートを取ったり、意見を聞いたりすることができ、商品開発や商品の仕入れに役立てることができます。謝礼としてクーポンを配布することも可能です。

2 リサーチ名を入力し、実施期間を設定。続いて「画像をアップロード」をクリックし、メッセージに表示させる画像を設定する。

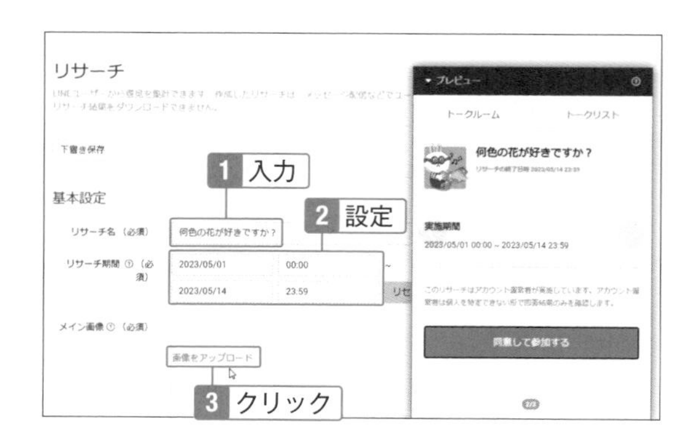

Check

メイン画像とは

トークルームに届いたメッセージに表示させる画像です。10MB以下のJPG、JPEG、PNG形式でアップロードします。推奨ファイルサイズは520x340pxまたは780x510pxです。

3 説明を入力し、公開範囲を設定。その後「アイコン」の「選択」をクリックして、アンケート画面に表示するアイコンを指定する。

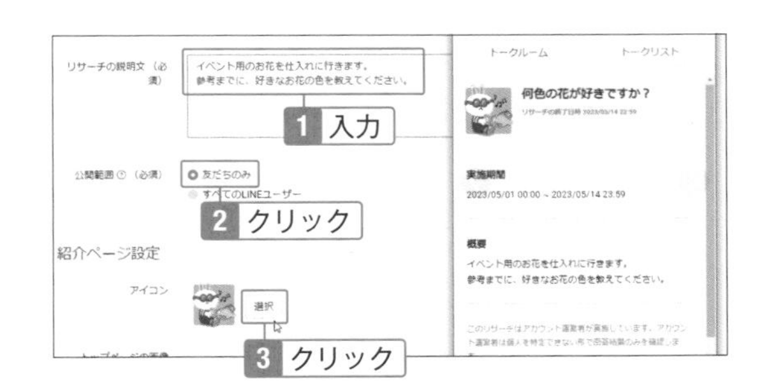

4 「トップページの画像」の「画像をアップロード」をクリックして、紹介ページに表示する画像を選択する。

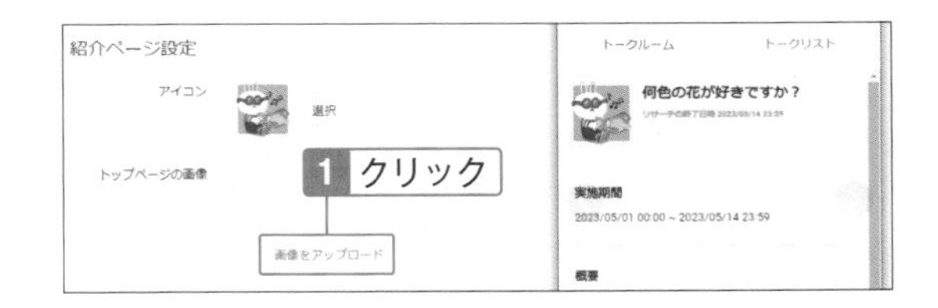

Note

紹介ページとは

紹介ページは、送られてきたメッセージをタップしたときに表示される画面です。説明と一緒に写真も入れる場合は、「トップページの画像」で画像を選択します。

5 問い合わせ先を入れる場合は「お問い合わせ先を表示する」にチェックを付けて入力。ユーザーの同意を求める場合は「同意を得る」にチェックを付ける。

サンクスページを設定する

1 「クーポンを選択」をクリックし、回答のお礼としてクーポンを指定する。

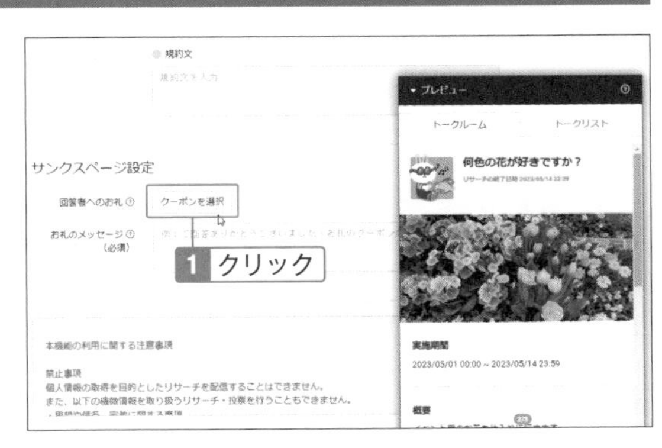

Note

サンクスページとは

アンケートに答えてもらったお礼のページです。お礼としてSECTION06-09で作成したクーポンを付けることができます。

2 お礼のメッセージを入力し、「次へ」をクリック。

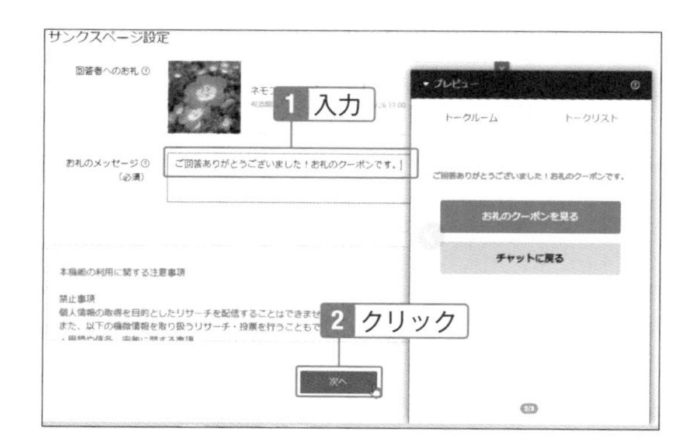

質問を作成する

1 「質問設定」の性別にチェックを付け、「選択肢」をクリックして「テンプレートを使用する」を選択する。「選択肢を作成する」を選択して手入力することも可能。

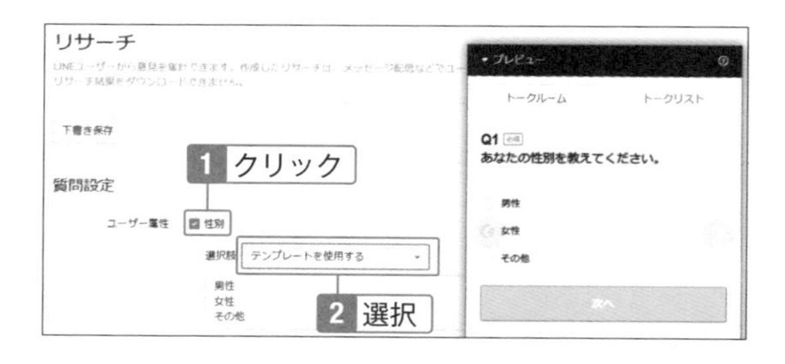

2 年齢、居住地も必要であればチェックを付けて設定する。

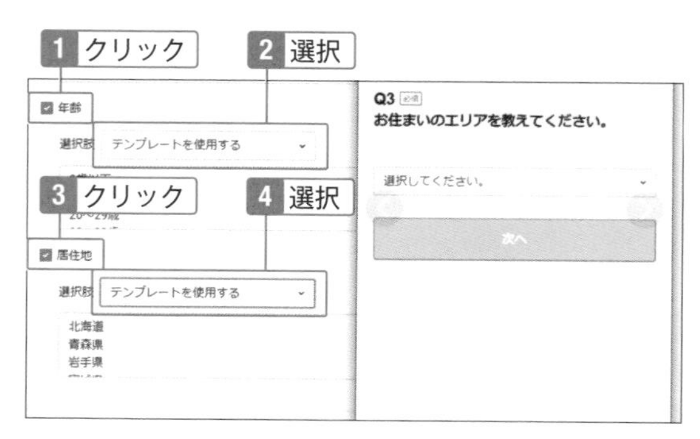

3 「自由形式」の「選択」をクリック。

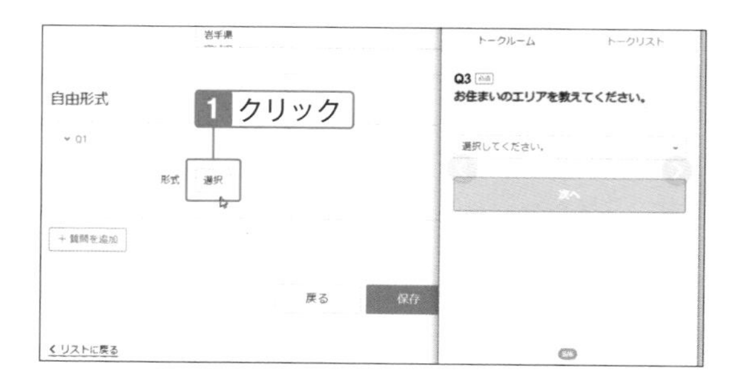

Check

リサーチ結果のダウンロード

リサーチの結果はExcel形式でダウンロードできます。ただし、回答数が20件未満の場合はダウンロードできません。

4 単一回答（1つのみ選択する回答）または複数回答（複数選択が可能な回答）を選択し、「選択」をクリック。

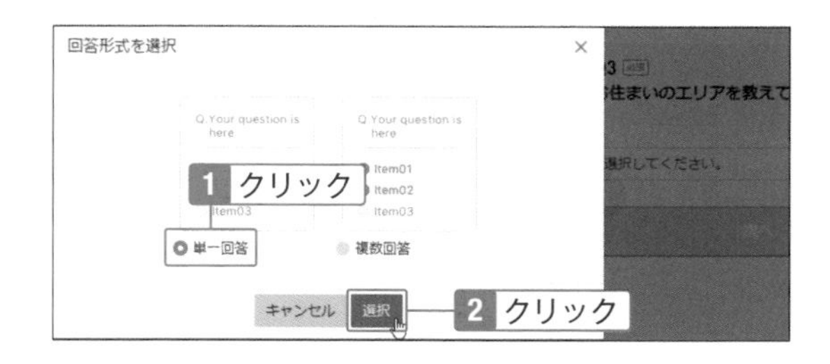

5 質問と選択肢を入力。必要であれば「画像をアップロード」をクリックして画像（推奨サイズ780px x 510px）をアップロードする。

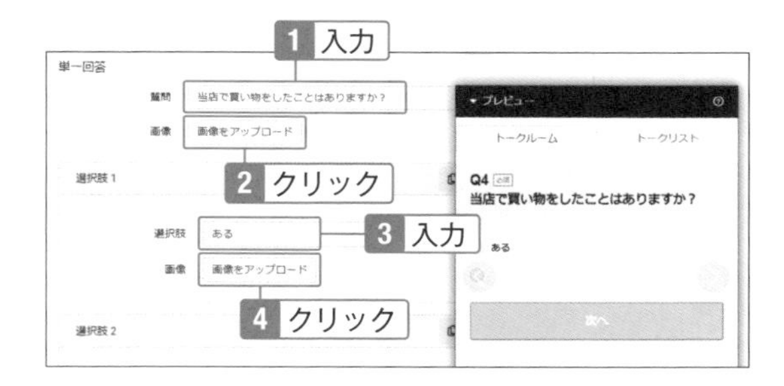

6 2つめの選択肢を入力。

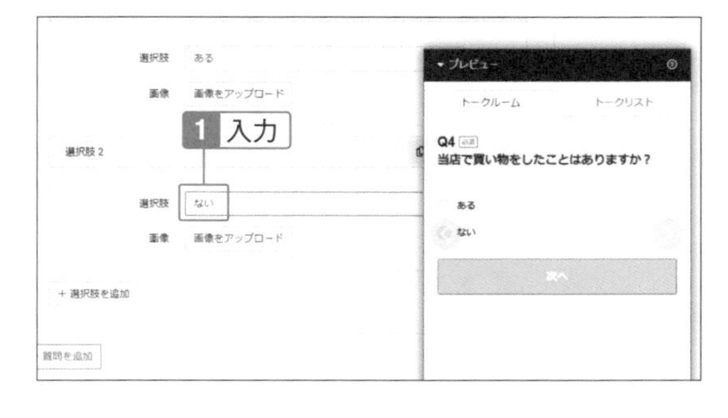

Hint
作成したリサーチの配信方法

通常のメッセージの他に、ステップ配信や応答メッセージ、あいさつメッセージ、カードタイプメッセージにもリサーチを追加できます。

7 他にも質問があれば、「質問を追加」をクリックして入力する。できたら「保存」をクリック。メッセージが表示されたら「保存」をクリックし、SECTION06-10の手順3で「リサーチ」を選択して配信する。

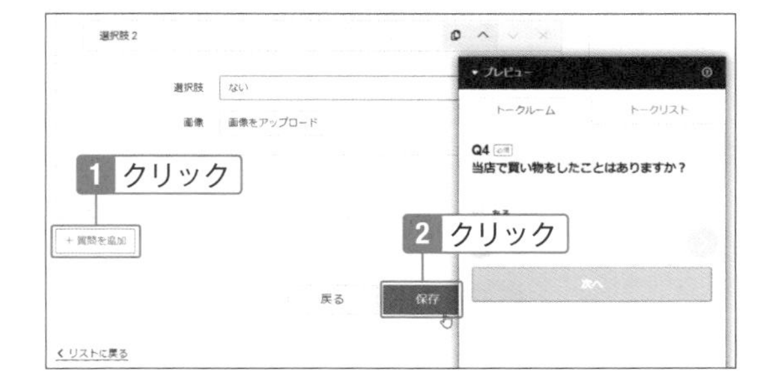

Hint
アカウント満足度調査

アカウントの満足度を答えてもらいたいときは、ホーム画面の「ツール」→「リサーチ」→「アカウント満足度調査」をクリックした画面から無料で調査できます。ただし、90日間で1回のみとなっています。

オーディエンスで特定のユーザーだけに配信する

対象を絞って効率的な配信ができる

オーディエンスを使うと、メッセージ数を最小限に抑えて成果を出せます。たとえば過去に配信したメッセージを開いたユーザーは、その商品に興味を持っている可能性が高いので、そのユーザーを対象にしてクーポン付きメッセージを配信すれば売上アップを期待できます。

オーディエンスを作成する

1 Official Account managerの「ホーム」画面で「データ管理」の「オーディエンス」をクリックし、「作成」をクリック。

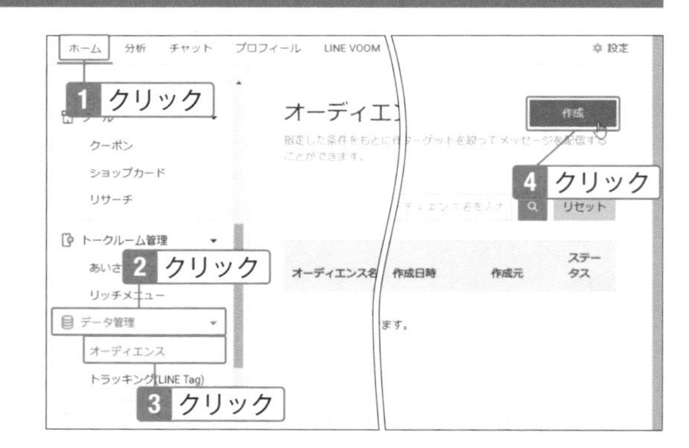

Note

オーディエンスとは

過去に配信したメッセージ内のリンクをクリックしたユーザーを対象にしたり、チャットで付けたタグが付いているユーザーを対象にしたりなど、特定の人をターゲットにして配信できるのがオーディエンスです。オーディエンスタイプによってはサイズ（該当する友だち数）が50人以上必要です。

2 「オーディエンスタイプ」の▼をクリックしターゲットを選択する。ここでは「チャットタグオーディエンス」を選択。

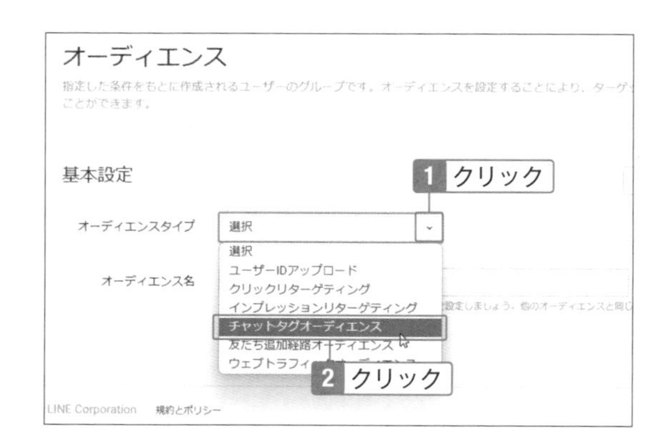

Check

オーディエンスタイプ

・ユーザーIDアップロード	：TXT、CSV形式のファイルでユーザーIDをアップロードして作成するオーディエンス
・クリックリターゲティング	：配信したメッセージ内のリンクをクリックしたユーザーを対象としたオーディエンス。オーディエンスのサイズが50以上必要。
・インプレッションリターゲティング	：配信したメッセージを開封したユーザーを対象としたオーディエンス。オーディエンスのサイズが50以上必要。
・チャットタグオーディエンス	：チャットのタグを対象にしたオーディエンス。1対1のチャットが対象。
・友だち追加経路オーディエンス	：特定の経路で友だち追加したユーザーを対象にしたオーディエンス。オーディエンスのサイズが50以上必要。
・ウェブトラフィックオーディエンス	：LINE Tagのトラッキング情報を基にしたオーディエンス。オーディエンスのサイズが50以上必要。

3 SECTION06-15で設定したタグが表示されているので「選択」をクリック。選択したら「保存」をクリック。

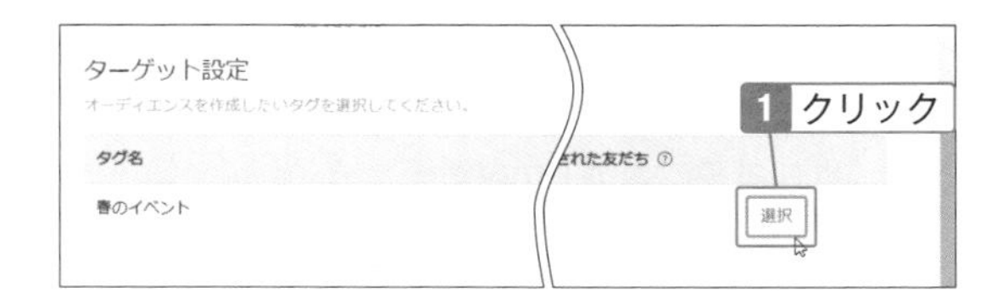

絞り込んで配信する

1 「ホーム」画面左の「メッセージ配信」→「メッセージを作成」をクリックし、「絞り込み」を選択。その後「オーディエンス」の✎をクリック。

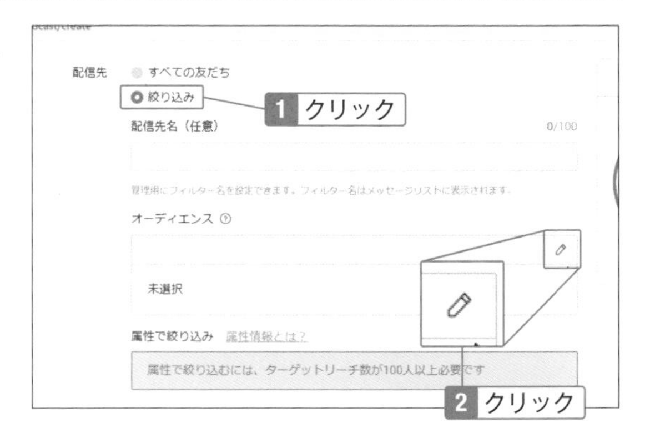

Note

絞り込みとは

　絞り込みでは、「オーディエンス」または「属性」（性別、年齢、OS、地域の情報）を設定して特定のユーザーに配信できます。オーディエンスは最大10まで追加可能です。また、「属性」で絞り込む場合は、ターゲットリーチ数が100人以上でないと設定できません。

2 作成したオーディエンスが表示されているので、「含める」または「除外する」を選択して「追加」をクリックし、配信。

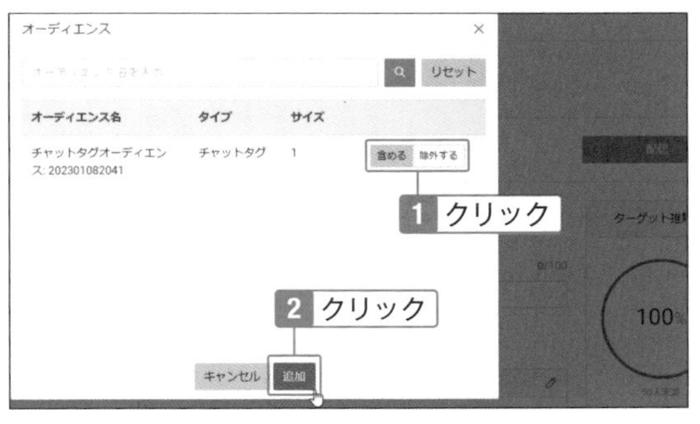

ステップ配信で条件設定して自動配信する

友だち追加から一定期間経過したユーザーに自動配信できる

ステップ配信を使うと、「友だち追加された1日後にクーポンを配布する」「その後さらに1週間後に30代の女性だけにリッチメッセージを配信する」のように、追加してからの日数やユーザーの属性情報にあわせて自動配信ができます。

ステップ配信を使う

1 Official Account managerの「ホーム」画面で「ステップ配信」をクリックし、「新規メッセージを作成」をクリック（次回以降は「作成」をクリック）。

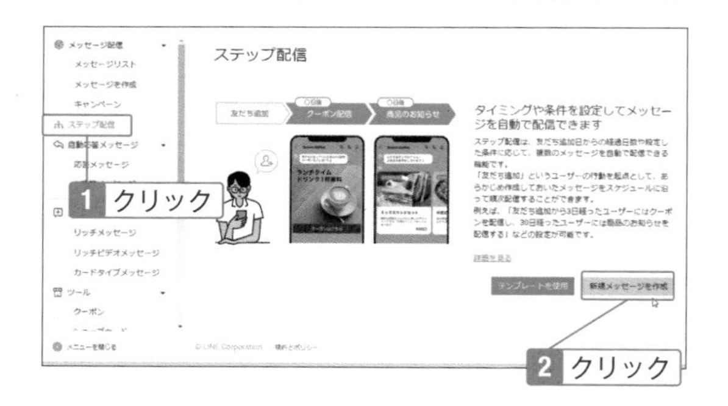

Note

ステップ配信とは

「ステップ配信」を使うと、友だち追加した日から経過した日数や追加経路に応じて自動配信できます。毎回手動で条件を設定する必要がなく、効率的に配信できるのでおすすめです。配信数の上限を設定したり、属性を絞って配信できるので、メッセージ通数を抑えたいときにも役立ちます。なお、手順1で「テンプレートを使用」を選択して目的に合わせて設定することも可能です。

2 タイトルを入力。「有効期間」と「配信数の上限」を設定する場合はチェックを付けて設定する。

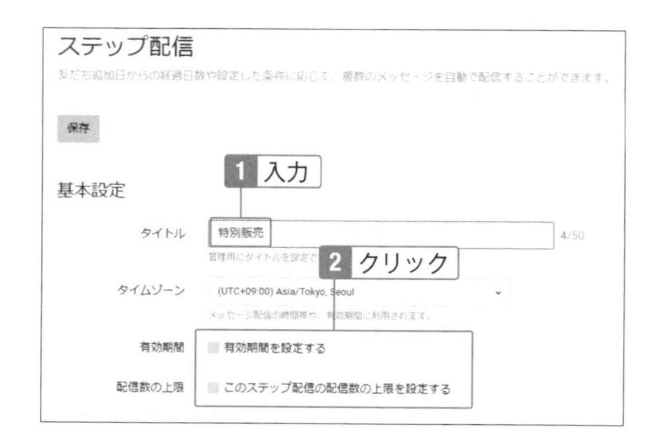

3 「友だち追加」をクリックし、右側でいつ以降に追加された友だちを対象にするかを指定する。友だち追加への経路を限定する場合は「特定の経路」選択してチェック。最後に「保存」をクリック。

Check

メッセージ配信通数を超過した場合

当月のメッセージ配信通数の上限を超過した場合には、ステップ配信が停止します。超過しそうなら有料プランに変更してください。

4 「ステップを追加」をクリックし、「メッセージを配信」をクリック。

Hint

条件を付けて配信する

手順4で「条件分岐を追加」をクリックし、「条件1」をクリックして条件（「属性」を「20～24歳」など）を設定すると、条件に該当する人または該当しない人に分けて配信することができます。

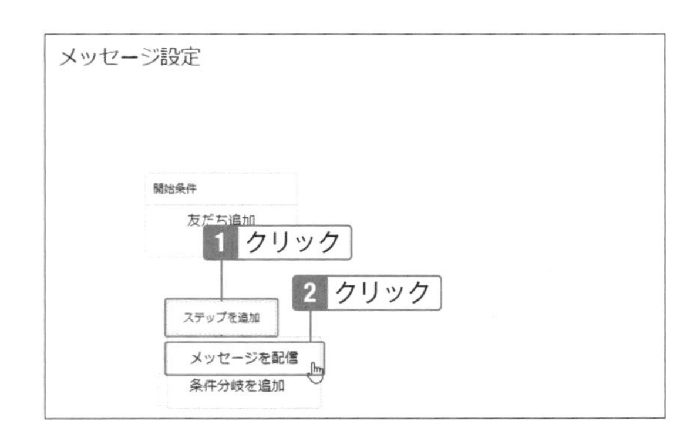

5 「メッセージ配信」をクリックし、配信時間帯を設定。続いてメッセージを作成して「保存」をクリックし、「利用開始」をクリックする。

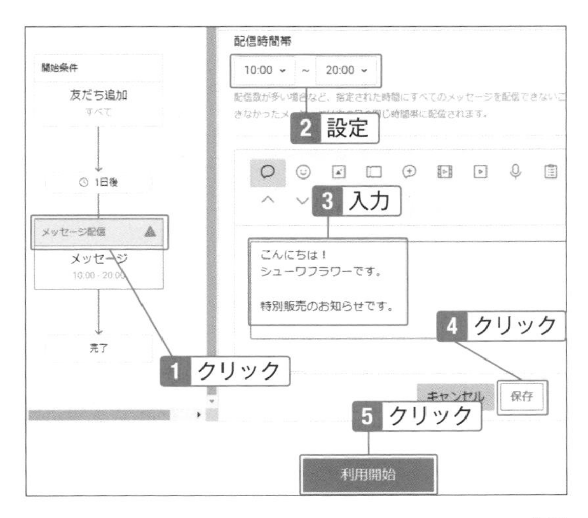

Hint

待ち時間

手順5の「1日後」をクリックすると友だち追加から何日後に配信するかを選択できます。1～30日を設定可能です。

07-07 LINEコールを使えるようにする

お客様が無料で音声通話またはビデオ通話を利用できる

チャットのように文字ではなく、音声で問い合わせたい時に役立つのがLINEコールです。お客様が、「予約していたのに間に合わないかもしれない」「商品について口頭で説明してほしい」というときに電話代を使わずに通話できるので設定しておきましょう。

LINEコールを設定する

1 Official Account managerの画面右上にある「設定」をクリックし、「応答設定」をクリックして「チャット」をオンにする。その後「チャット」タブをクリック。

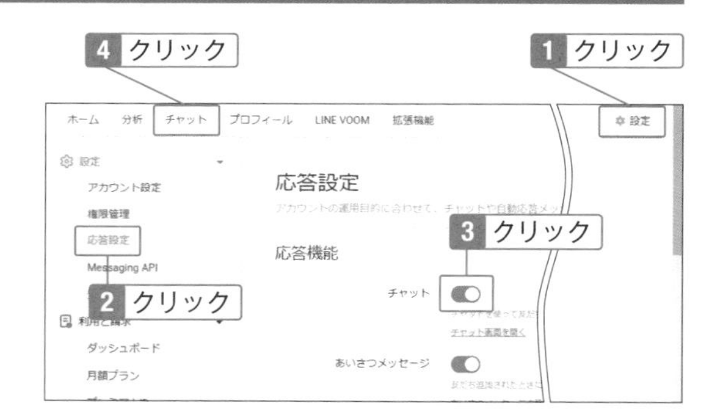

Note

LINEコールとは

LINEコールは、ユーザーから公式アカウントに無料で通話できる機能です。音声通話だけでなくビデオ通話も可能です。ただし、ユーザーからは発信できますが、企業や店舗からユーザーに発信することはできないようになっています。

2 チャット画面の左端にある「チャット設定」ボタンをクリック。

3 「電話」タブをクリックし、「LINEコール」の「利用する」をクリック。

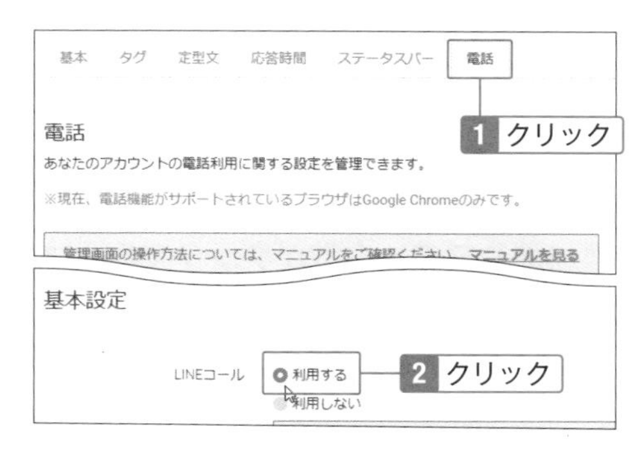

4 「通話タイプを選択」をクリック。

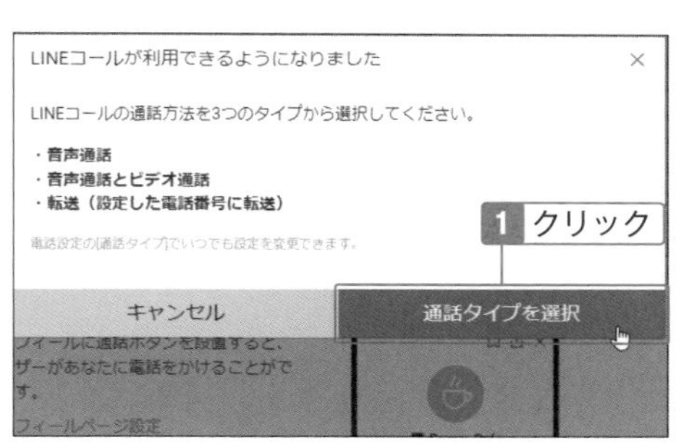

Check

マイクとカメラを許可する

音声通話では、マイクのアクセス許可を有効にする必要があります。ビデオ通話の場合は「カメラ」も許可してください。

5 通話タイプを「音声通話」「音声とビデオ通話」「転送」から選択。「転送」は有料プランのみ選択可。

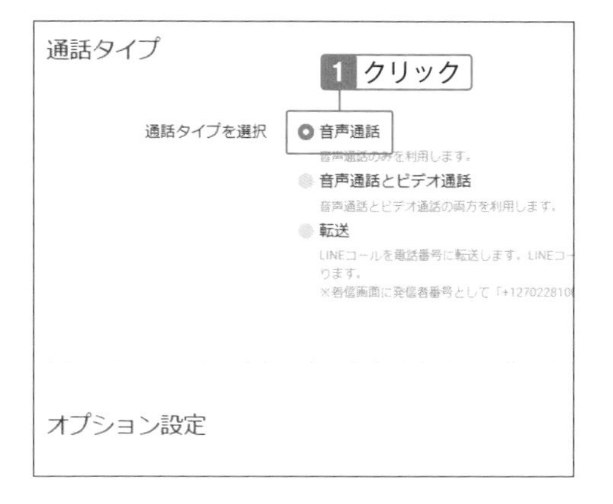

Hint

LINEコールのURLとQRコード

手順5の画面下部にはLINEコールへのURLとQRコードがあります。WebサイトやSNSに載せれば無料通話で問い合わせが可能になります。

Check

プロフィール画面にLINEコールを設定する

LINEコールを有効にしたら、プロフィール画面でLINEコールが使えるように設定しましょう（SECTION06-06参照）。ボタンは3つまでなので、他のボタンが表示されている場合は「×」をクリックして「通話」を追加してください。パソコンの場合は、Office Account Manager画面上部の「プロフィール」をクリックし、ボタンの「追加」をクリックして「通話」を選択します。続いて「次へ」をクリックして「LINEコール」を選択し、最後に「公開」ボタンをクリックします。

07-08 公式アカウントを分析する

友だち追加数やブロック数がグラフで表示される

ただメッセージを配信しているだけでは、お客様を増やすことは難しいです。そのため、データ分析が欠かせません。ユーザーが何に興味を持っているのか、どの層をターゲットにすればよいかを把握するようにしましょう。

メッセージやタイムラインを分析する

1 Official Account managerの「ホーム」画面で「分析」をクリックすると主要な統計情報が表示され、メッセージ数や友だち追加の数などを確認できる。また、右上の「30日間」をクリックして、1か月表示に切り替えることができる。

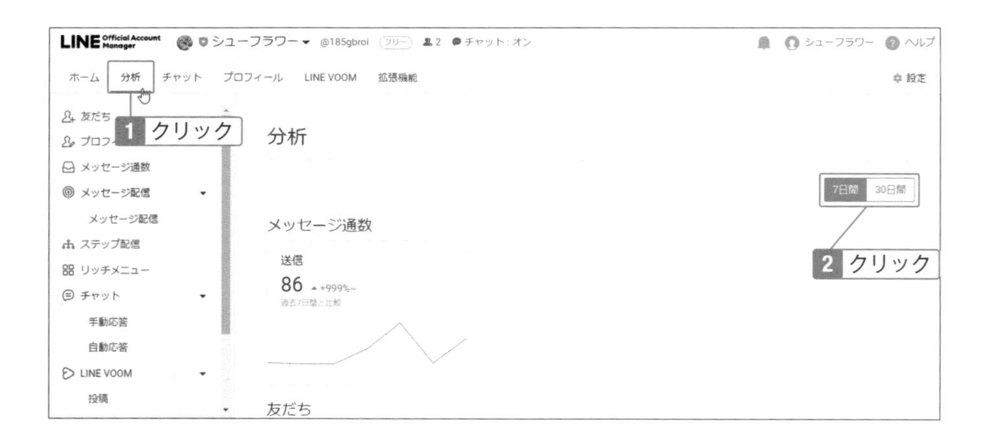

Note

トラッキング（LINE Tag）とは

「ホーム」画面左にある「データ管理」→「トラッキング（LINE Tag））では、Webサイトにコードを設置することで、登録してくれた人がとった行動（「購入」や「会員登録」など）を計測することができます。

2 左の一覧から「メッセージ通数」や「ステップ配信」などそれぞれの集計結果を見ることができる。

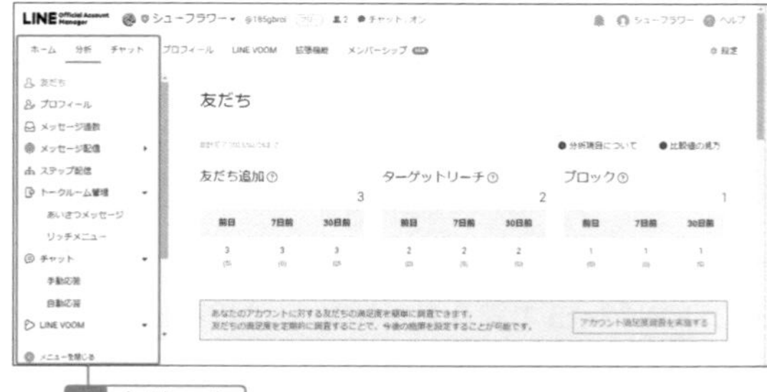

友だち：友だちの追加数、ターゲットリーチ、ブロックされた数、属性（20人以上のターゲットリーチが必要）、友だち追加経路を確認できる
プロフィール：ページビューやユニークユーザーを確認できる
メッセージ通数：配信したメッセージの統計が表示される
メッセージ配信：各メッセージの統計が表示される。統計を見たいメッセージをクリックすると概要としてグラフが表示され、さらに「詳細を表示」をクリックするとインプレッションやリンククリックなどが表示される
ステップ配信：ステップ配信を開始したユーザー数や完了したユーザー数などステップ配信の結果が表示される
トークルーム管理：あいさつメッセージの開封ユーザーやクリック率などを確認できる。また、リッチメニューのクリック数やクリック率を確認できる（クリックした人数が20未満の場合は表示されない）
チャット：手動応答と自動応答それぞれの送受信数を確認できる
LINE VOOM：VOOM Studioの画面が表示され、VOOMの分析ができる
ツール：クーポンの開封者数や使用者数などが表示される。また、ショップカードのカード発行数、付与ポイントの数、特典チケットの数などを確認できる

Hint

「LINE公式アカウント」アプリで分析するには

スマホの場合は、「LINE公式アカウント」アプリ下部にある📊をタップすると分析結果が表示されます。項目を切り替えるには上部のバーを横にスライドします。

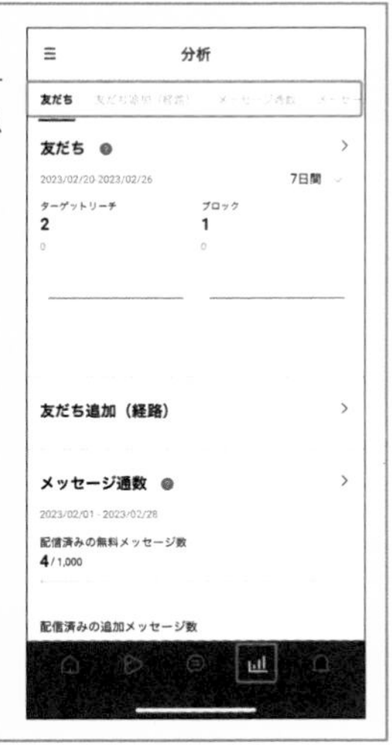

07 公式アカウントで配信しよう

07-09

公式アカウントでVOOMに投稿する

VOOMを活用して友だち登録していない人にもアピールしよう

SECTION02-15で紹介したVOOMの投稿は、公式アカウントでも使えます。VOOMは友だちとは別のユーザーが見るので、より多くの人に向けて発信でき、認知度を高めることができます。また、VOOMの投稿は無制限なので、メッセージ通数を抑えたいときにも役立ちます。

ショート動画を投稿する

1 Official Account managerの「ホーム」画面上部で「LINE VOOM」をクリック。はじめて利用する場合は「はじめる」をクリック。

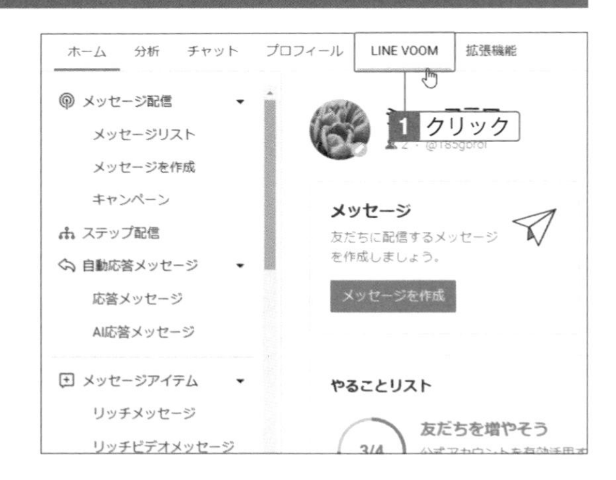

Check

VOOMに投稿できる内容

投稿できる動画はMP4、M4V、MOV、AVI、WMV、ファイルサイズ500MB以下、1分以内、縦横比1:1です。手順2の「写真・テキスト」タブをクリックすると写真、クーポン、リサーチの他、1分を超える動画も投稿できます。

2 「LINE VOOM Studio」の画面が表示されたら、「投稿を作成」をクリック。その後「動画」タブをクリックし、「+」をクリックして撮影済みの動画（1分以内）を選択。

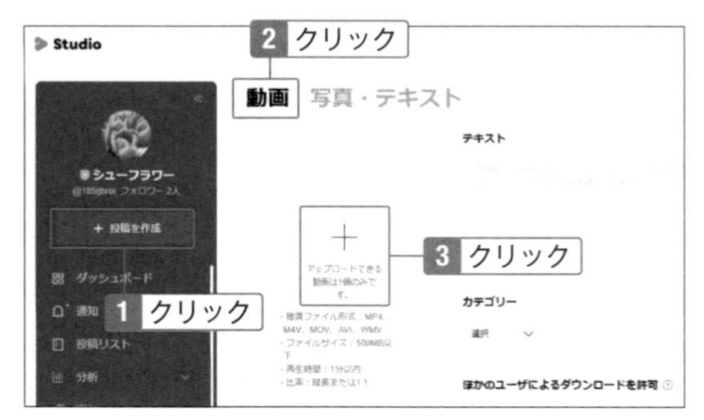

Check

フォロワー数を非表示にするには

フォロワーの数を載せたくない場合は、VOOM Studioの画面左端にある「設定」をクリックし、「フォロワー数を表示」を「表示しない」にして「保存」をクリックします。

3 動画の説明を入力し、「+」をクリックしてサムネイルとなる画像を指定する。

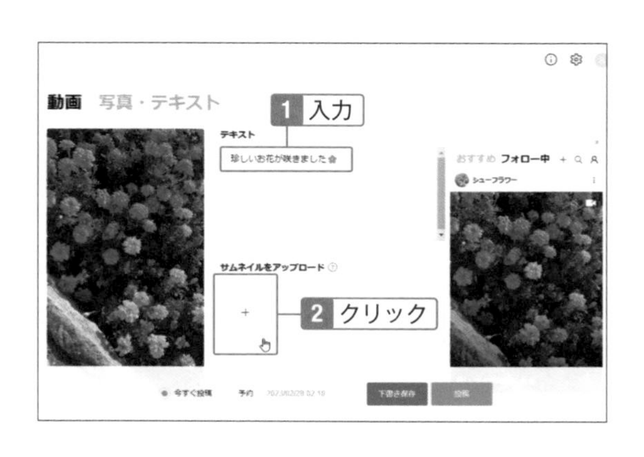

Note

サムネイルとは

動画の表紙となる画像です。JPG、JPEG、PNG、750px×993pxの画像のみアップロード可能です。Section06-11で紹介したCanvaで作成できます。Canvaアプリの「ホーム」画面で「+」をタップし、「カスタムサイズ」をタップして、750px×993pxを指定し「新しいデザインを作成」をタップします。

4 カテゴリを選択。その後ダウンロードを許可するか否かを選択。

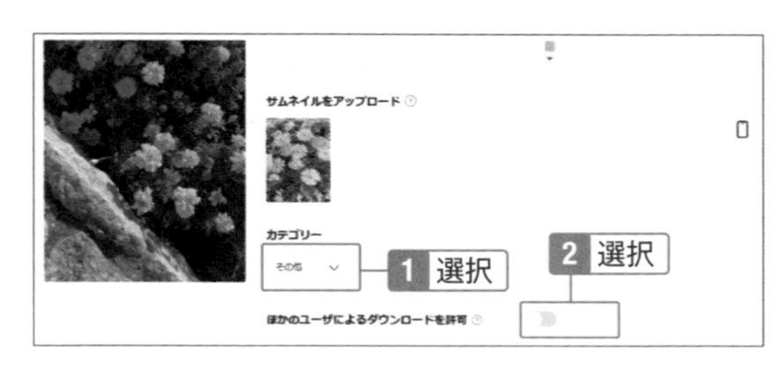

5 右端にあるプレビューを確認する。その場で投稿する場合は「今すぐ投稿」を選択し、予約投稿する場合は「予約」を選択して、「投稿」をクリック。

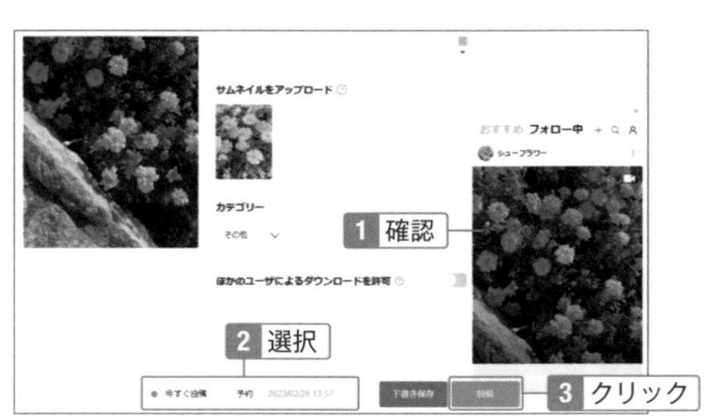

Check

下書き保存

作成を中断する場合は、手順5で「下書き保存」をクリックします。画面左のメニューで「投稿リスト」をクリックすると「下書き」タブに下書きした投稿の一覧が表示され、クリックして再編集が可能です。

Hint

「LINE公式アカウント」アプリでVOOMを投稿する

スマホの場合は、「LINE公式アカウント」アプリの画面下部で「VOOM」をタップし、画面右上の「+」をタップして投稿します。

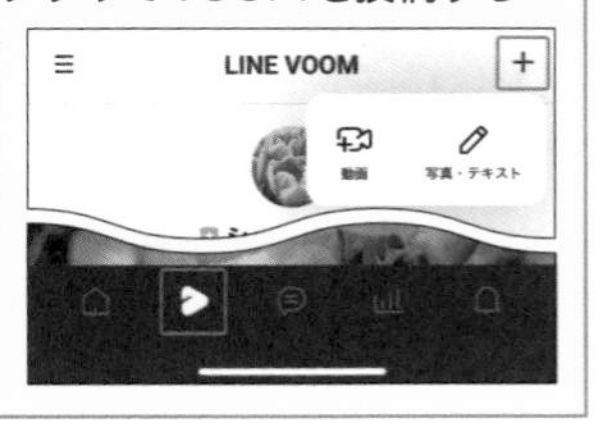

07 公式アカウントで配信しよう

VOOMのコメントを管理する

コメントを承認制にすることもできる

VOOMにコメントが付いたら返信してあげましょう。ただし、フォローしていない人もコメントできるため、不快なコメントが付くかもしれません。企業のイメージダウンになるようなら承認してから公開するように設定を変えることも可能です。

コメントに返信する

1 「VOOM Studio」の画面左にある「コメント」の「管理」をクリックするとコメント一覧が表示される。返信するコメントの「返信」をクリック。

Check

「コメント管理」画面

VOOMの投稿にユーザーがコメントすると、「コメント管理」画面に表示されます。上部の「期間」のボックスをクリックすると、指定した期間に投稿されたコメントを絞り込むことも可能です。

2 メッセージを入力し「送信」をクリック。

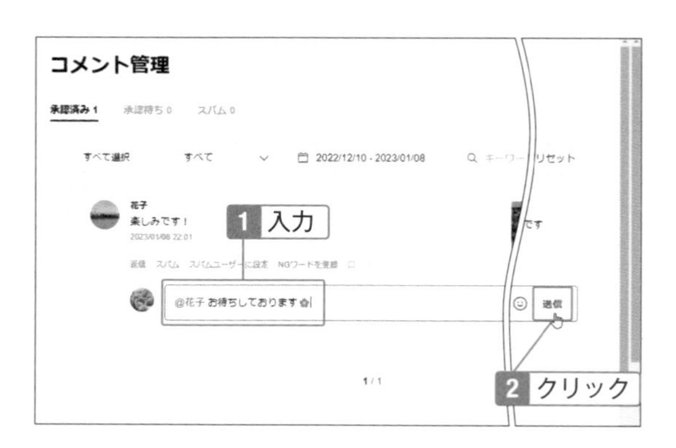

Check

コメントを削除するには

コメントを削除する場合は、コメントをクリックしてチェックを付け、上部の「削除」をクリックします。迷惑なコメントの場合は、「スパム」をクリックします。

コメントを承認制にする

1 「コメント」の「設定」をクリックし、「コメントの自動承認」の「オフ」をクリック。その後、下部の「保存」をクリック。

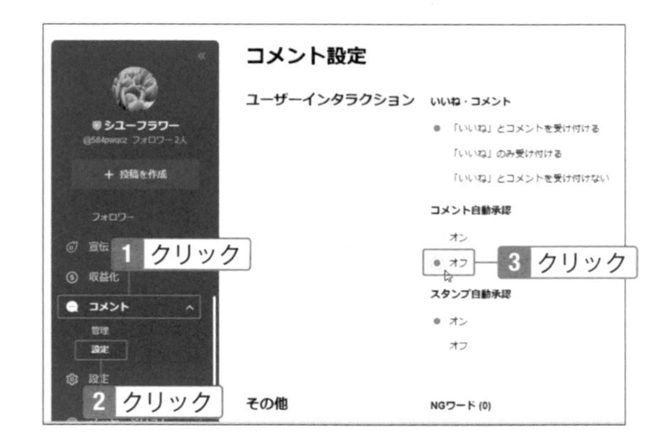

> **Check**
>
> **NGワード**
>
> 下部にある「NGワード」に単語を入力することで、NGワードを含むコメントが入力されたときに他のユーザーに表示させないようにできます。

> **Check**
>
> **コメントの自動承認**
>
> 「コメントの自動承認」がオンの場合はVOOMにコメントが付いたときに自動的に公開されます。オフの場合は承認しないと公開できません。また、「スタンプ自動承認」を「オン」にすれば、コメントは承認制にして、スタンプだけは自動承認するという設定も可能です。

コメントを承認する

1 コメントを承認制にすると、コメントは承認待ちに表示される。

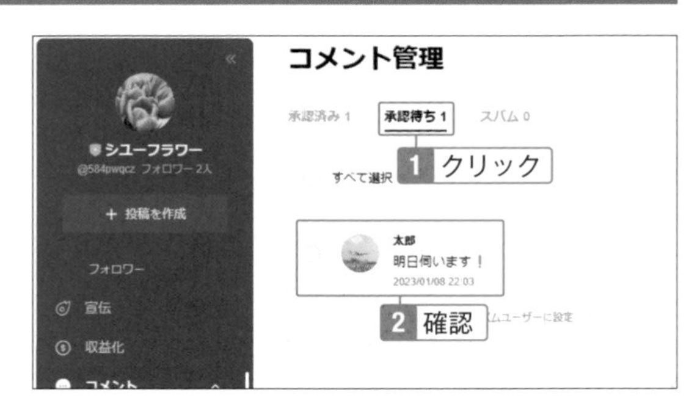

2 ○をクリックしてチェックを付け、「承認」をクリック。メッセージが表示されたら「OK」をクリックすると公開される。

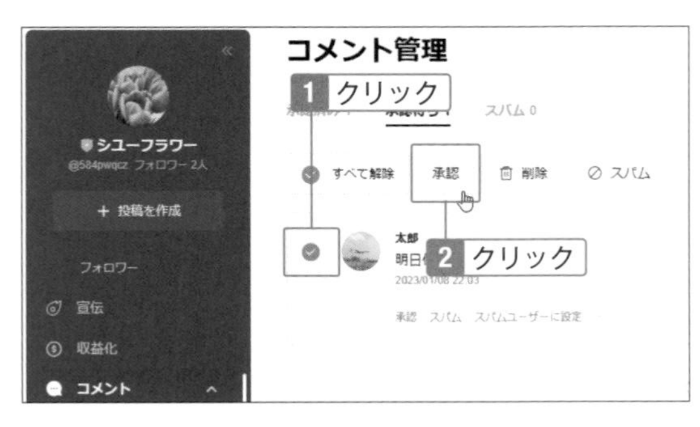

07-11

VOOMの投稿を分析する

データを分析してフォロワーを獲得する

VOOM Studioには、VOOMの投稿を分析できる画面があります。フォロワーやリーチしたアカウントの増減がグラフで表示され、ひと目で把握できるようになっています。また、人気がある動画の上位が表示されているので、今後の投稿の参考になります。

分析画面を表示する

1 「LINE VOOM Studio」の画面左のメニューで「分析」の「ダッシュボード」をクリック。画面右上で過去7日間か30日間を選択可能。

Hint

再生回数とフォロワーを増やすには

「分析概要」画面では、過去の同時期との比較でフォロワーの増減がひと目でわかるようになっているので、フォロワーが減ってきたら対策を施しましょう。どの動画が人気なのか、いいねが多いのかひと目でわかるので、それらを参考にして同類の動画を投稿してみましょう。

2 下部にスクロールすると、人気の動画が表示される。「リアクション順」タブをクリックしていいね順に表示することも可能。

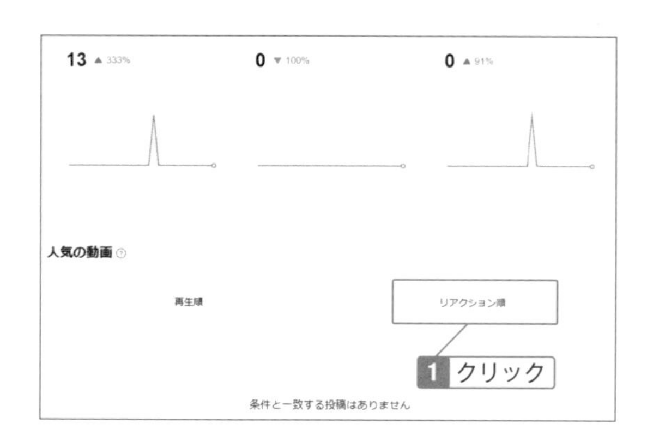

投稿を分析する

1 「投稿」をクリックし、「項目」の「V」をクリックして表示させる項目にチェックを付ける。続いて「選択した項目を反映」をクリック。

インプレッション：投稿が表示された回数
リーチしたアカウント：インプレッションされたユーザー数
クリック：投稿がクリックされた数
フォロー：この投稿でフォローされた数
プロフィールへのアクセス：プロフィールページにアクセスした回数
リアクション：いいねの数
コメント：コメントの数
シェア：投稿がシェアされた数
動画再生（3秒以上）：動画が3秒以上再生された回数
動画再生（1分以上）：動画が1分以上再生された回数
平均再生時間：動画が再生された平均時間
合計再生時間：動画が再生された合計時間

2 「フォロワー」をクリックするとフォロワーの増減がわかる。

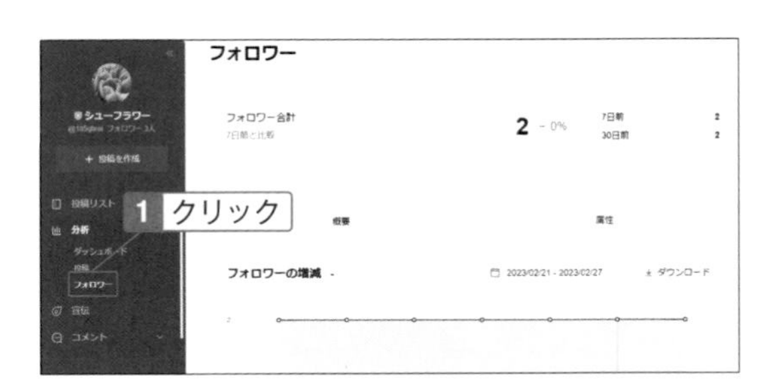

Hint

「LINE公式アカウント」アプリでVOOMを分析するには

スマホの「LINE公式アカウント」アプリの場合は、画面下部で「分析」をタップし、上部のバーをスワイプして「LINE VOOM（投稿）」または「LINE VOOM（フォロワー）」を選択します。

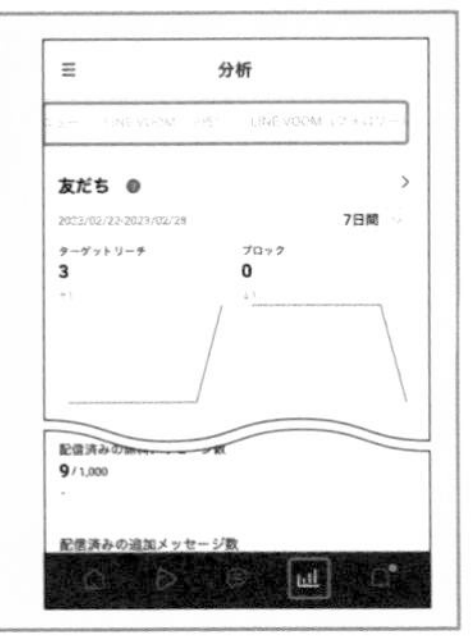

07-12

VOOMの動画を収益化する

YouTubeのように広告収入を得られる

YouTubeと同じように、LINE VOOMで広告収入を得ることができます。ただし、条件を満たしていないと収益化することができません。ここでは申請方法のみ説明しますが、収益結果の画面がYouTubeよりシンプルで見やすいので条件をクリアしたら申請してみましょう。

収益化を申請する

1 「収益化」をクリックし、「はじめる」をクリック。

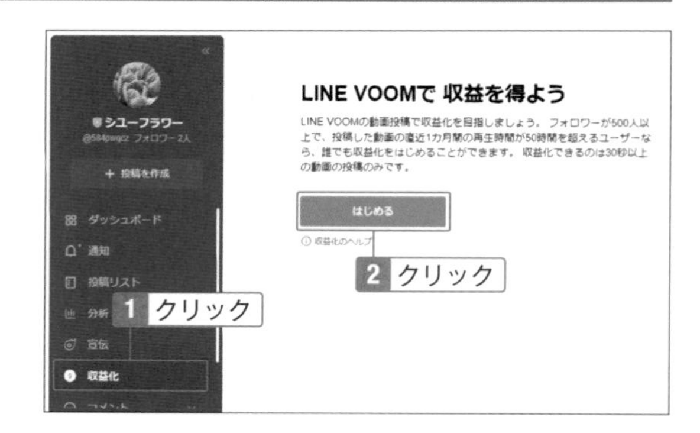

Check

収益化の条件

　VOOMで収益を得るには、フォロワーが500人以上、直近1ヵ月間の動画の総再生時間が50時間以上になってから申請ができます。条件を満たすと、「設定」をクリックし、「収益化」をクリックした画面から申請でき、審査を通過すると収益を得られるようになります。パソコンの場合は、VOOM Studioの左のメニューに「収益化」があるのでクリックします。

Hint

「LINE公式アカウント」アプリで収益化の申請をするには

　スマホの場合は、「LINE公式アカウント」アプリの「ホーム」画面で「設定」→「収益化」をタップします。

07-13

VOOMの投稿を宣伝する

動画を宣伝してフォロワーを増やそう

LINE VOOMに投稿した動画や写真をLINE広告に出稿することができます。定額予算から宣伝できるので、インパクトのある動画を選んで宣伝すればフォロワーを増やすことができるはずです。

動画を宣伝する

1 「LINE VOOM Studio」の画面左のメニューで「投稿リスト」をクリックし、宣伝したい動画をクリックして「宣伝」をクリック。

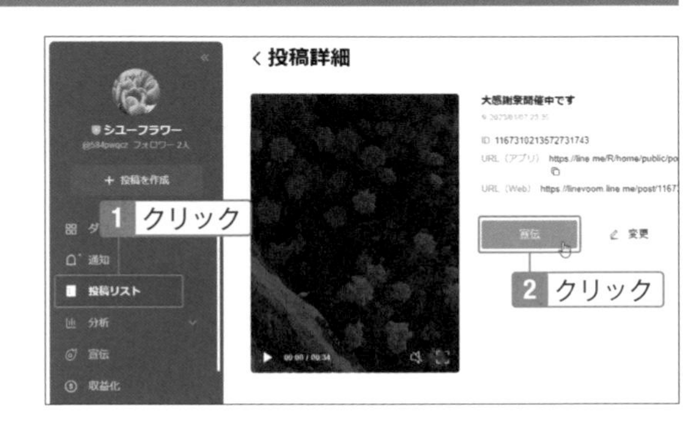

Check

動画の宣伝

LINE VOOMに投稿したコンテンツを広告素材として、LINE広告（SECTION07-17）に出稿することができる機能です。ただし「写真・テキスト」タブから投稿した画像または動画のみ宣伝できます。予算は1日あたり1円から10万まで設定可能です。

2 対象とする人がいるのであれば「オーディエンス」を設定。宣伝する期間（最大30日）と1日の予算を設定する。下部でお支払い方法を設定して、利用規約に同意し、「申請する」をクリック。

Check

支払方法の設定

あらかじめ画面右上の⚙をクリックし、画面左にある「利用と請求」→「お支払い方法」をクリックして支払方法を追加してください。

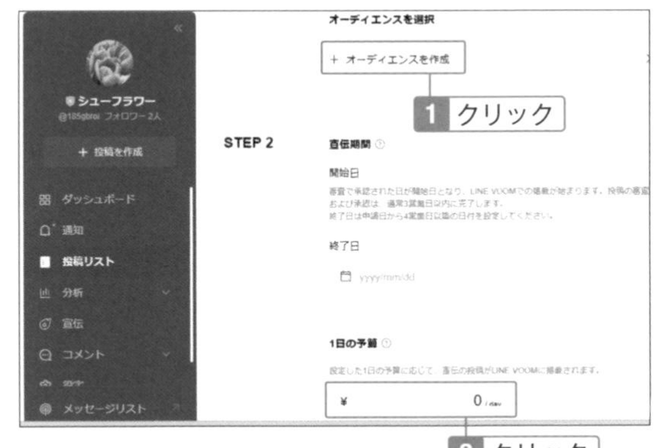

07-14

公式アカウントを複数人で管理する

各スタッフに権限を与えて管理できる

友だち追加された数が増えてくると、一人で管理するのが大変になります。LINE公式アカウントは、1つのアカウントに複数人を追加することができ、「配信の権限なし」「分析の閲覧権限なし」などの権限を与えて管理することが可能です。

メンバーを追加する

1 右上の「設定」をクリックし、「権限管理」をクリック。

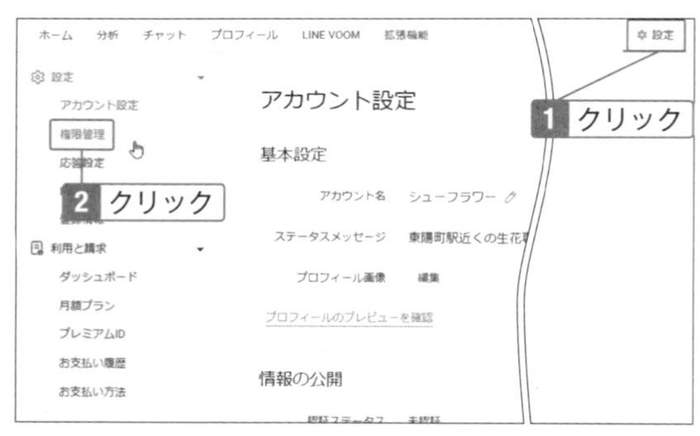

2 「メンバーを追加」をクリック。

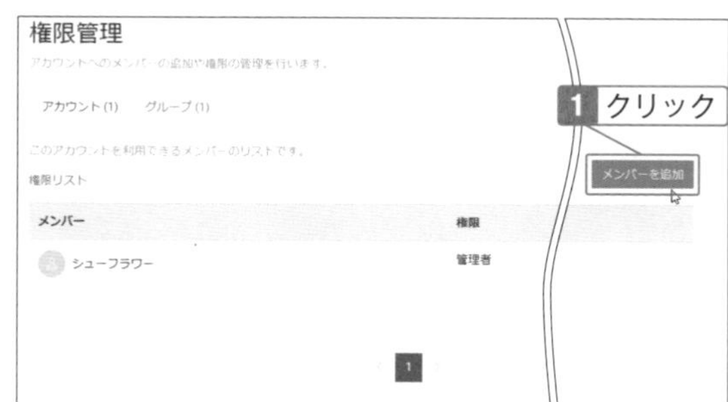

Hint

「LINE公式アカウント」アプリでメンバーを追加するには

スマホの場合は、「LINE公式アカウント」アプリの「ホーム」画面で「設定」をタップして「権限」をタップし、「メンバーを追加」をタップします。「LINE」をタップすると、LINEの友だちを選択する場面が開くので、タップして操作します。なお、操作は「管理者」が行ってください。

3 「権限の種類」をクリックして選択。

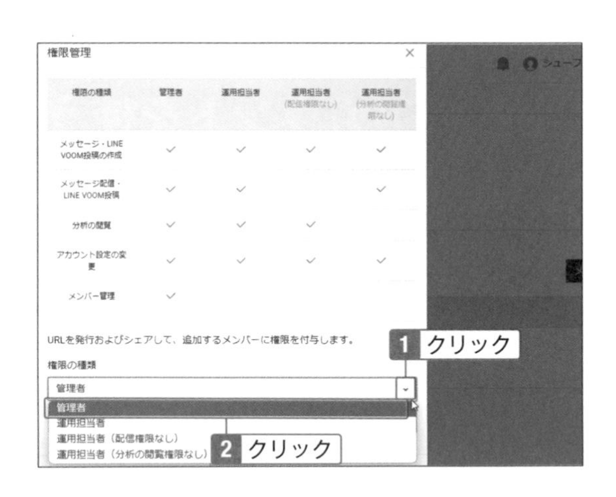

> **⚠ Check**
>
> **権限の種類**
>
> 管理者、運用担当者、運用担当者（配信権限なし）、運営担当者（分析の閲覧権限なし）から選択できます。メンバーの管理や分析の閲覧などすべての機能を使えるのは「管理者」です。重要な役割なので、管理者に設定する人数は必要最小限にしましょう。

4 「URLを発行」をクリックし、24時間以内にURLを伝える。

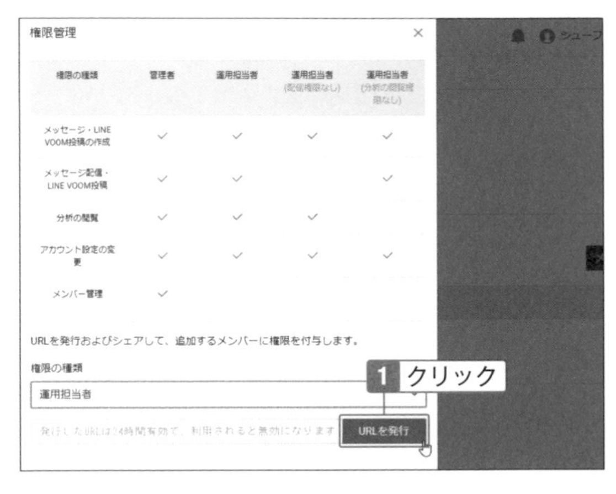

> **⚠ Check**
>
> **URLの発行**
>
> 認証URLは、一回の発行につき一人のユーザーのみ有効です。他のユーザーに権限を与える場合は新たにURLを発行してください

5 リクエストされた人は「承認」をタップすると参加できる。

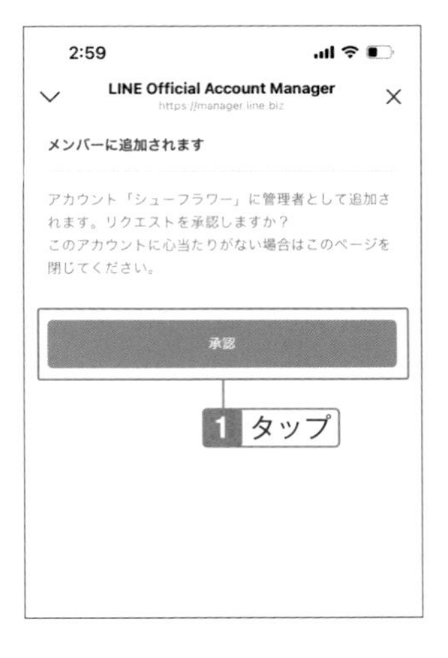

07 公式アカウントで配信しよう

07-15

複数のアカウントを使う

複数店舗の公式アカウントをグループ化して管理できる

たとえば、「新宿店」「渋谷店」「池袋店」の店舗があり、店舗ごとに公式アカウントを使用している場合、グループ化して一元管理することが可能です。権限を付与すれば、複数人でのグループ管理もできます。

アカウントを作成する

1 右上のアカウントアイコンをクリックし、「アカウントリスト」をクリック。

Check

アカウントの追加

1つのLINEビジネスIDで、100までのアカウントを作成できます。スマホの場合は、「LINE公式アカウント」アプリで左上の≡をタップし、「アカウントを作成」をタップして追加できます。

2 「作成」をクリックした画面で作成する。

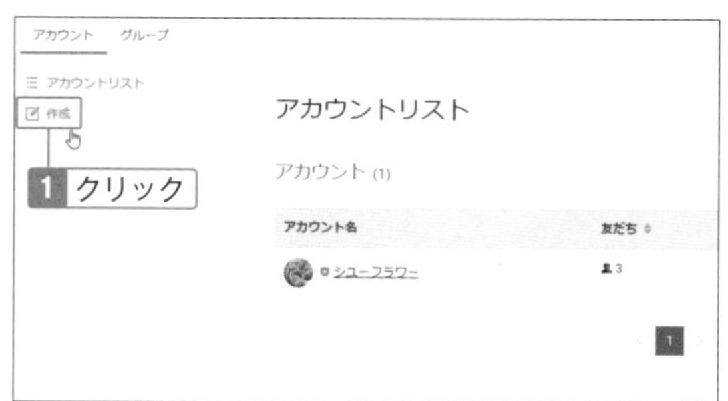

Check

アカウントを削除するには

削除したいアカウントを開き、「設定」をクリックして「アカウント設定」をクリックし、最下部の「アカウントを削除」をクリックします。次の画面の説明をよく読み、「アカウントを削除」をクリックします。なお、追加した友だちを含め、すべての情報が削除され、元に戻すことができないので慎重に操作してください。スマホの場合は、「LI NE公式アカウント」アプリの「設定」→「アカウント」の「アカウントを削除」をタップします。

アカウントをグループ化する

1 右上のアカウントアイコンをクリックし、「グループリスト」をクリック。

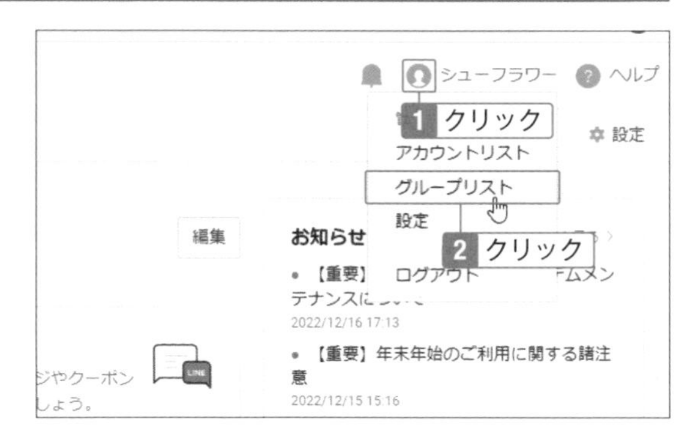

> **⚠ Check**
>
> **アカウントを切り替えるには**
>
> 手順1で「アカウントリスト」をクリックするとアカウントリストが表示され、別のアカウントに切り替えられるようになっています。

2 「作成」をクリック。続いてグループ名を入力し、「追加」をクリック。

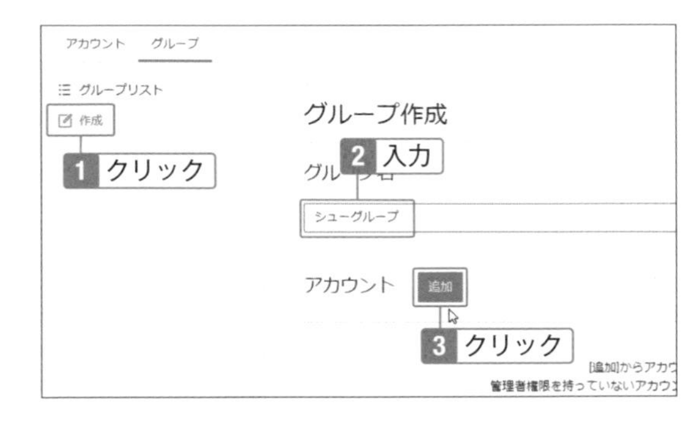

> **⚠ Check**
>
> **アカウントのグループ化**
>
> 複数のアカウントがある場合は、グループ化するとメッセージの配信やVOOMの投稿などを一括してできるようになります。グループを複数人で管理することも可能です。1つのグループには5,000アカウントまで追加でき　、1人のユーザーが管理できるグループの数は100までです。なお、アカウントが所属できるグループの数は10までです。

3 追加するアカウントをクリックし、「追加」をクリック。

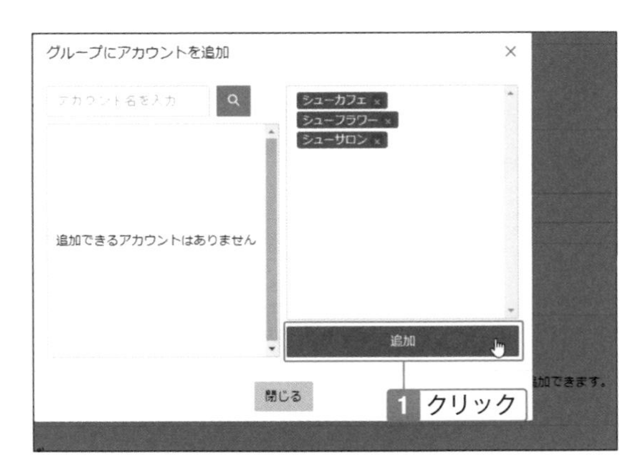

4 「作成」をクリックし、「作成」をクリック。

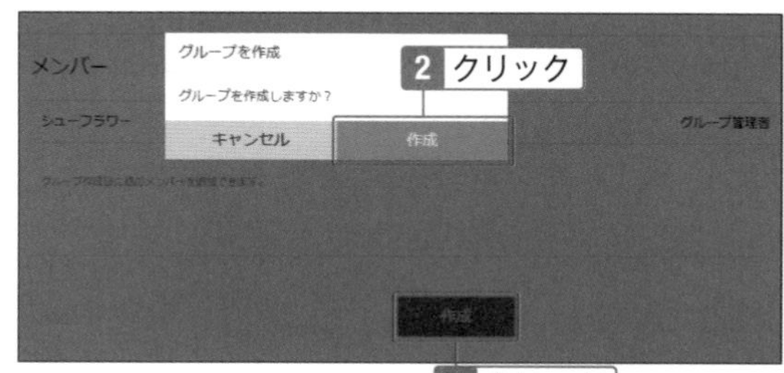

5 グループを作成した。メッセージ配信やVOOMの投稿ができる。

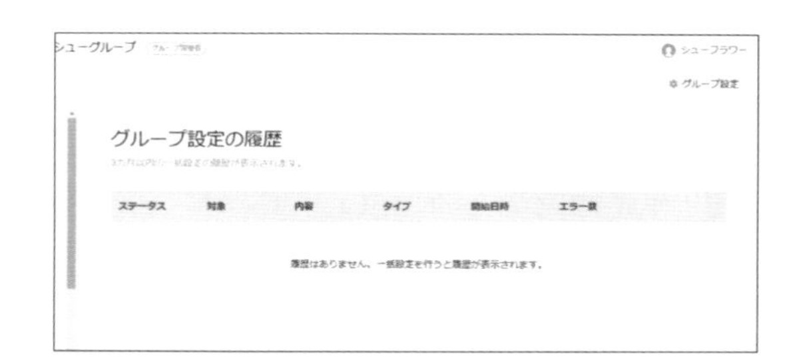

Check

グループの管理者を追加するには

グループを複数人で管理する場合は、手順5の画面右上にある「グループ設定」をクリックした画面で、左側の「グループ権限管理」をクリックします。「追加」をクリックし、「URLを発行」をクリックして権限を与える人に伝えます。

6 右上のアカウントアイコンをクリックし、「アカウントリスト」をクリックするとアカウント一覧に切り替わる。

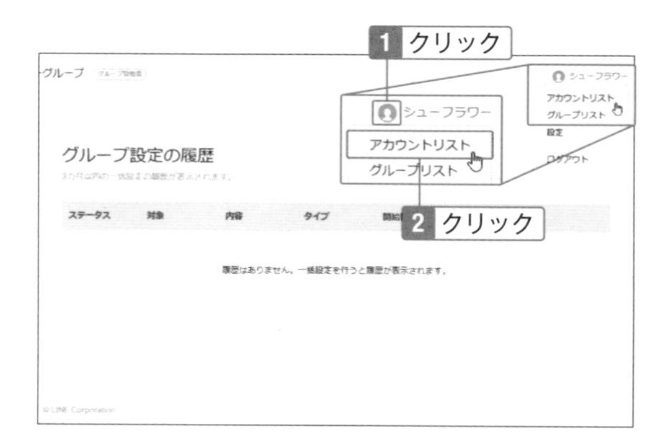

プレミアムIDを使う

月額100円で会社名や店名のIDにできる

SECTION06-07の認証済アカウントにするとLINE内で検索したときの結果に表示されるようになりますが、さらにプレミアムIDにすれば、任意のIDに変更できます。会社名や店名が入ったIDにすれば、検索して見つけてもらいやすくなるでしょう。

プレミアムIDを購入する

1 Official Account manager画面右上にある「設定」をクリックし、「プレミアムID」をクリック。

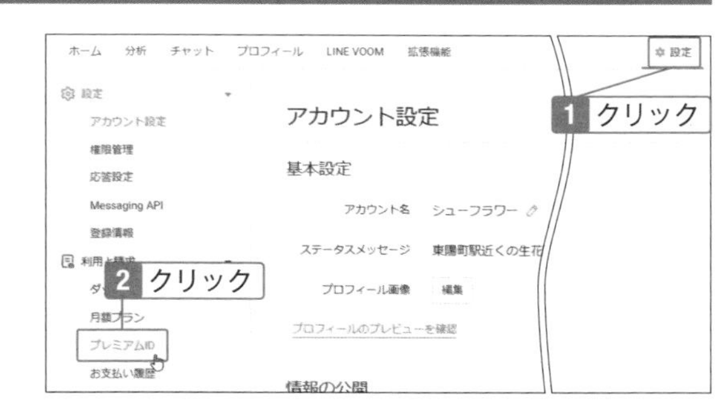

Hint

プレミアムIDで検索してもらいやすくする

プレミアムIDの料金は、月額100円（税別）または年額1,200円（税別）です。iOSアプリから購入する場合は、年額1,300円で、1つのApple IDに付き1つのプレミアムIDのみの購入となります。

2 任意のIDを入力して「プレミアムIDを購入」をクリックし、次の画面で支払方法を追加して「購入」をクリック。

Hint

月額プランを変更するには

手順1の画面左にある「月額プラン」をクリックしてプランの変更手続きができます。無料プランでメッセージ通数が超過する場合は、支払い方法の登録が完了した後に「アップグレード」をクリックして手続きしてください。無料プランから有料プランへの変更は、即時に適用されますが、有料プランからフリープランや他の有料プランへ変更の場合は翌月から新プランが適用されます。

07-17

LINE広告で宣伝する

ユーザー数が多いLINEだから宣伝効果が大きい

自社のサービスや商品を広く宣伝したいときは、LINEに広告を出してみてはいかがでしょう。LINEのトークリストの上部やVOOMに掲載されるので、多くの人の目に留まりやすいです。少額の予算で簡単に始められるのも魅力です。

LINE広告とは

LINE広告は、LINEのトークリストの最上部やLINE NEWS、LINE VOOMなどに広告を載せて宣伝ができるサービスです。ユーザーの性別や年齢などでターゲットを絞り、効果的な広告表示ができます。また、ユーザーの購入履歴に基づいてオーディエンスを作成することも可能です。

LINE広告を始めるには、LINE for Business（https://www.linebiz.com/jp/service/line-ads/）にアクセスし、「LINE広告をはじめる」をクリックし、SECTION06-02で説明したLINEビジネスIDを使って申し込みます。

なお、ギャンブル、出会い系、宗教、情報商材、未承認医薬品など、一部の業種・サービスの広告は出稿できません。申請後に審査があり、通過しないと利用できないので、LINE広告審査ガイドライン（https://www.linebiz.com/jp/service/line-ads/guideline/）をよく読んでから申し込んでください。

Hint

メンバーシップとは

メンバーシップは、LINE公式アカウントで利用できる月額課金制の会員機能です。メンバー限定の特典を提供してお客様との交流を深めることができ、オンラインサロンやオンラインレッスンにも活用できます。ただし、利用できるのは「認証済アカウントまたはターゲットリーチ数が200人以上の未承認アカウント」で、「ビジネスアカウントがLINEアカウントと連携している管理者」です。執筆時点ではスマホの「LINE公式アカウント」アプリは未対応なので、パソコンまたはブラウザアプリでOfficial Account managerにアクセスし、画面上部の「メンバーシップ」をクリックした画面で作成し、審査をリクエストしてください。なお、メンバーシップの手数料として、売上金の10%（App内課金は35%）が差し引かれます。

Chapter

08

LINE公式アカウントで最短で成果を出すコツ

LINE公式アカウントは無料から使えて、しかも成果が出やすいツール。ですが「他社が導入している話を聞くけど、何からすればいいのか分からない。」なんて悩んでいませんか？この章ではそんな方に向けて王道のLINE公式アカウント活用法をまとめました。後半ではLINEを最大限活かすための拡張ツールもご紹介。ぜひ本章をお読みいただき、実践してください。

08-01 最短で成果を出すための LINE公式アカウント活用術

これは押さえたい！やるべきことは凄くシンプル

LINE公式アカウントは無料から始めることができます。ですが「とりあえず開設して終わり」、「どう活用していいか分からない」という方が多いのではないでしょうか。ここでは最短で成果を出すために知ってほしいこと、すぐに取り組んでほしいことをお伝えしていきます。

LINE公式アカウントは何がいいの？

LINE公式アカウントって何が良いのかご存じですか？どんなメリットがあるのか知っていれば取り組みやすくなるので、まずは以下の3つを覚えてくださいね。

LINE公式アカウントのメリット
①市場が大きい　②無料で導入可能　③成果が出やすい

①市場が大きい

LINE公式アカウントは月間9300万人（2022年9月時点）が使う、日本最大のSNSであるLINEを活用したサービスです。ですから、他のSNSを活用するよりLINE公式アカウントを活用したほうが圧倒的に多くの方にアプローチできます。

②無料で導入可能

ほとんどすべての機能が無料で利用可能です。導入にかかる費用は一切なしで、あとは配信数に応じた従量課金制となっています。大量に配信するとコストは大きくなりますが、適切な人に適切な配信をすれば低コストでも成果を出すことが可能です。

③成果が出やすい

LINE公式アカウントは、到達率、開封率、即時性がとても高いのが特徴です。まず、到達率は限りなく100%に近く、開封率は60%程度が目安となります。よく対比されるメールマガジンは開封率が15%程度と言われているので、LINE公式アカウントの方が4倍も優位性が高くなります。さらに近年はメーラーが自動的にプロモーションフォルダや迷惑メールに分類されてしまったりして、どんどん開封率が落ちてしまっていることからも、LINEの必要性が高まっています。またメッセージが届いてから開封されるまでの時間がとても早いのも、LINEの特徴です。たとえば、受け取ってからスグに開封する人が2割、3～6時間以内が5割、その日のうちに開封する人は8割にのぼるという統計があります。ですから、配信したメッセージをすぐに見てもらえたり、チャットでスムーズにやり取りができます。

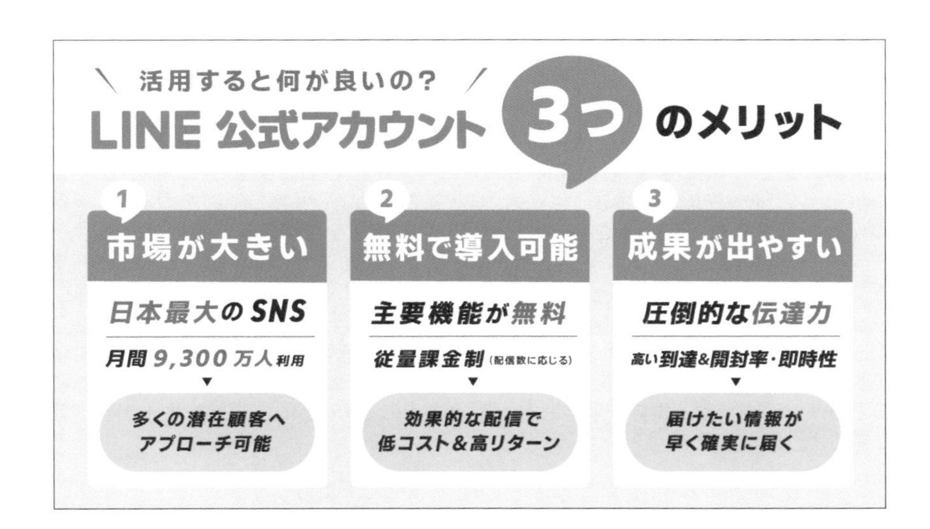

LINE公式アカウントの活用法

LINEをTwitter、YouTube、Instagramなどの他SNSメディアと同列に考えている方もいるのですが、実際はそうではありません。LINEはもともと家族や友だちとチャットできるツールです。「あなたとお客様が一対一で、まるで家族のようにやり取りできる」それがLINEの強みです。なのでSNSや広告から、自社の商品・サービスに興味のありそうな方をLINEに集めて、直接アプローチをしていくのが最も効果的なLINE公式アカウントの使い方です。

これを「リストマーケティング」とも言います。お客様の連絡先情報、たとえば、メールアドレスや電話番号、LINE公式アカウントであればLINE友だちを取得して、ダイレクトにアプローチする手法です。あまり馴染みのない方も多いかもしれませんが、実はこの手法、江戸時代から商人の間では一般的に活用されていたと言われています。その時代は火事が頻繁に発生しており、お店の商品やお店自体を焼失してしまうことが度々ありました。その際に、真っ先に顧客台帳（≒リスト）を持ち出して、保護していたのです。それは仮に火事が起きても、顧客台帳さえあれば、すぐに商売を再開することができるからです。一方で顧客台帳を失ってしまった場合はどうなるでしょうか。0からお客さんを集め直さなければならず、以前のような売上を取り戻すまでに長い時間がかかりますよね。したがって、商品やサービスに興味を持ってくださっている「お客様の情報」は、商売をしていく上で何よりも重要だと言えます。そして「お客様の情報」を取得し活用することはリピート率向上にもつながります。LINE公式アカウントでは、一度つながった友だちにはいつでもメッセージでご案内をすることができますので、安定的に収益を生み出す仕組みもできるようになります。

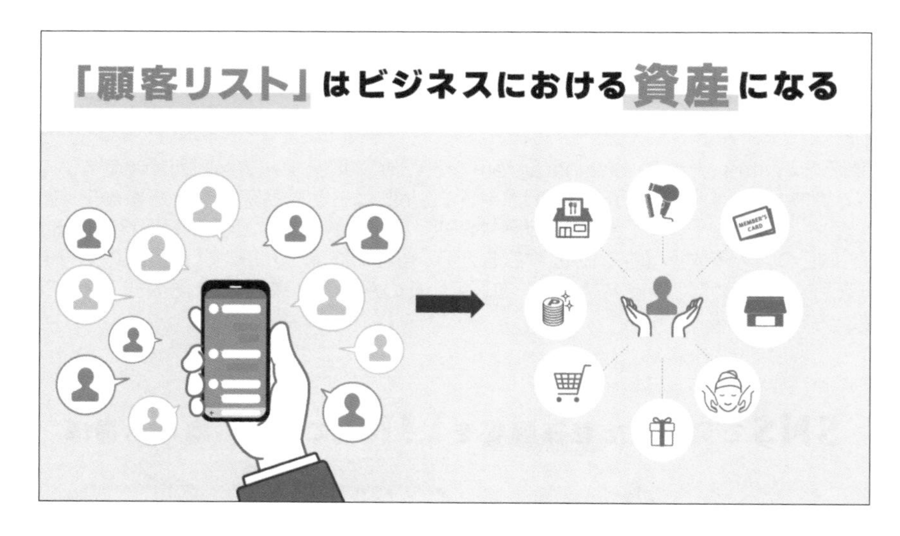

その他にもLINE公式アカウントは「事業課題の解決ツール」と言われており、うまく使えば、「人的コストの削減」、「成約率アップ」、「顧客単価の向上」、「顧客満足度アップ・ファン化」、「人手不足解消」といった悩みや課題はほとんど解決できてしまいます。漠然と「LINE公式アカウントを始めてみようかな」ではなく、どんなことを解決するために導入するか、目的を決めて運用をしてみてください。そうすれば、LINE公式アカウントのどういう機能を活用して、どうすればいいかが自ずと見えてくるはずです。

最短で効果を出すための手順

LINE公式アカウントで最短で良い成果を出すためには、以下の流れを意識して実践しましょう。

①友だち集め

LINE公式アカウントで情報を届けたり、やり取りするには友だちになってもらう必要があります。いくらLINEの中身を作り込んでも、友だちがいなければ始まりません。まずは友だちが集まる仕組みを作りましょう。

②情報配信

次に集めた友だちに対して価値提供をしていきましょう。売り込みばかりのメッセージではなく、友だちにとって有益な情報を提供し、信頼残高を貯めていきます。LINEは「コミュニケーション」が強みであり、一方通行であったり、セールス色が強いのはNGです。ただ最終的には「来店・購買など何かしらの行動」をしていただくことが目的だと思います。ですから、情報配信の際も読者から反応をもらうことを意識してください。

③効果分析

「とりあえず集めて、とりあえず配信して」を繰り返しても、ある程度の成果は出るかもしれません。ただ、効率よくかつ右肩上がりで成果を出すためには改善が必要です。そのためにも、まずはLINEに情報が貯まる仕組みを作りましょう。どんな方（性別・年代・興味関心・悩み）が相性が良いか、どんな配信が刺さるかなど分析することで、様々な改善につなげることができます。

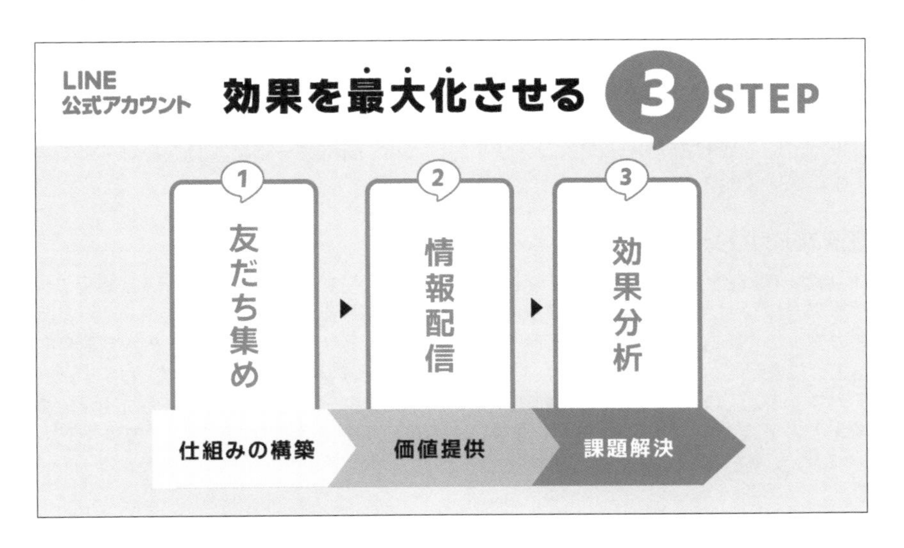

08-02 友だちを受け入れる最低限の箱を用意しよう

まずはこれだけ！最初にすべき3つのこと

LINE公式アカウントを運用していくにあたり、最低限これだけは準備しておきたいものをご紹介します。あれこれ制作していては、時間とコストがかかってしまいますので、これから紹介するものをまずは整えていきましょう。

初期設定を済ませよう

LINE公式アカウントを運用するにあたっての初期設定として、まずは「アカウント名の設定」、「プロフィール画像の設定」、ならびに「認証済みアカウントの取得」を行ってください。

アカウント名

アカウント名は会社名、ブランド名、サービス名にするのが一般的です。この後ご紹介する認証済みアカウント取得後は基本的に変更できなくなりますので、誤字脱字がないか、正式名称かどうかなどしっかりと確認して設定しましょう。

プロフィール画像

プロフィール画像は店長や代表者の顔写真がオススメです。LINEはファン化させることが大事ですが、顔写真にすると覚えてもらいやすくファン化のきっかけになります。加えてLINEでメッセージを受信した際に表示されるのがアカウント名、プロフィール画像、メッセージの一文。受信時に知っている顔が表示されれば、開いてもらいやすくなります。また扱っている商材のイメージがつきやすいように、商材と一緒に写真を撮影するなど工夫すると良いでしょう。

認証済みアカウント

LINE社の審査を通過したアカウントを「認証済みアカウント」と言います。誰でも開設できるアカウントが「未認証アカウント」、さらに申請を出して許可されたものが「認証済みアカウント」になります。認証済みアカウントになるメリットは、友だちが自動的に増えるようになることです。たとえば、LINEアプリ内で検索対象になったり、おすすめの公式アカウントとして他のLINE公式アカウントプロフィールなどに掲載されたりと、露出が増えるので友だち増加につながります。さらにこの後ご紹介しますが、「友だち追加広告」という友だちを増やすための広告を出すことも可能です。

（参考）エステサロンのLINE公式アカウント

一番反応が高いのがあいさつメッセージ

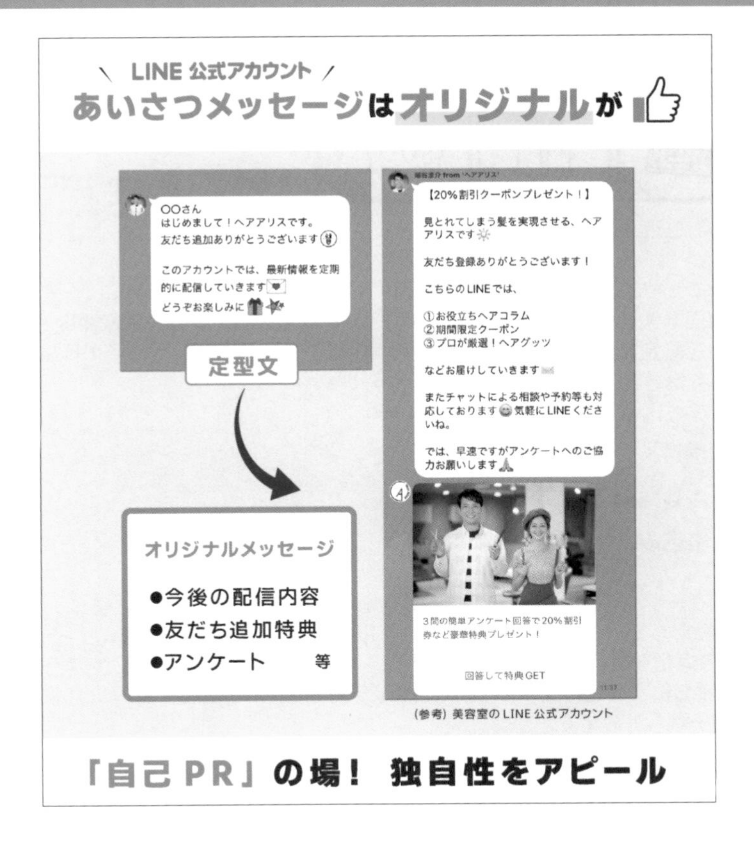

（参考）美容室のLINE公式アカウント

次は友だち追加された後の受け皿として「あいさつメッセージ」を設定します。あいさつメッセージとは、LINE公式アカウントに友だち追加した時に自動的に配信されるメッセージのことです。多くの事業者は、最初にテンプレートとして設定された定型文のままにしていますが、それはかなりもったいないと言えます。なぜなら、友だち追加されたタイミングは興味関心度が高く、一番読まれるからです。あらかじめ設定されているテンプレートではなく、今後の配信する内容や友だち追加特典など、ご自身のアカウントに合わせて作成しましょう。

リッチメニューで効率よく誘導しよう

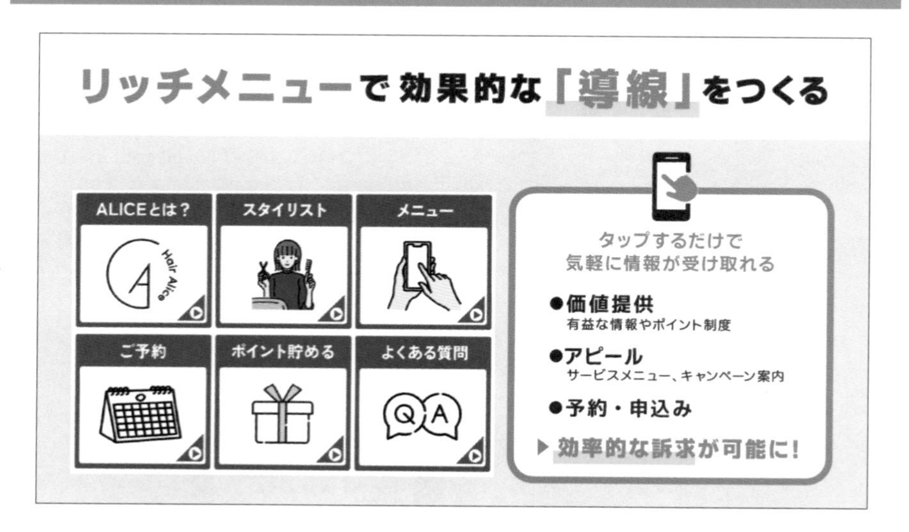

リッチメニューとは、LINEのトーク画面下部に固定で表示されるメニューです。トークルームの画面を大きく占有するためユーザーの目に留まりやすく、閲覧頻度も高いため、適切な項目を設定すれば、大きな誘導効果が期待できます。たとえば、以下のようなことを入れ込んでいきます。

①価値提供
②アピールしたいこと
③予約・申込み

美容室のケースですと「お店・スタッフ・メニュー紹介」、「予約」、「ポイントカード」、「Q&A」を設定してみると良いでしょう。そして、それぞれタップすると、それに応じた「テキストの返信」や「URLの案内・URL先への遷移」などアクションが実行されるようにします。試しにこのQRコードを読み込み、デモ用のLINE公式アカウントを友だち追加してポチポチ試してみてください。

ちなみに画像に関しては「Google Slides」や「Canva」といったツールを使うことでご自身でも作成できますし、ココナラのようなクラウドソーシングサイトで依頼するのも良いでしょう。リッチメニューのサイズは6分割で表示されるものが一般的ですが、キャンペーンの時は分割せずに大きくアピールできる1枚バナーで表示させるのもいいでしょう。

また、メニューバーのテキストも分かりやすいように設定しましょう。たとえば、美容室のアカウント例として紹介しているヘアアリスの場合は、キーボードのマークからお問合せができることや、タップするとメニュー開閉ができることがイメージできるようにしています。

SECTION

08-03

成功するために友だちを集めよう

ドンドン増える友だち集めの方法とは？

LINE公式アカウントで成果を出すためには、「友だち集め」が一番重要といっても過言ではありません。なぜなら、LINEは登録してくれた友だちにアプローチできるツールであり、友だちがいなければ何をしても無駄だからです。ここでは、どういう方法が効率よく集められるのかを解説します。

基本的な友だち集めの考え方

LINE公式アカウントは「集まった友だちに対してアプローチできるツール」ということをご紹介しました。ですから、どんなに良いメッセージを作成しても、友だちがいなければ成果は出ません。しかし、友だち集めに関するノウハウはまだ少なく、全く集められていない事業者が多いのが現状です。知名度がある、信用力のある大企業であれば、特に何もしなくても自動的に集まりますが、そうでない場合はしっかりと考えて施策を打っていく必要があります。

「登録する理由」作りをしよう

店舗でよく「友だち募集中」というポスターを目にしたことがある方も多いのではないでしょうか。ただ、実際に登録したことはありますか？よっぽど好きなお店でない限り、友だち追加しようと思わないですよね。登録は面倒ですし、プライベートのLINEに店舗・企業からのメッセージが流れてきても鬱陶しいですしね。ですから、それらのデメリットを乗り越える友だち追加の理由が必要になります。

それは「①インセンティブ」と「②きっかけ」です。

①インセンティブ

インセンティブとは「特典」のことです。割引・無料体験・サンプルのプレゼントといったもので、受け取って嬉しいものを指します。基本的には「金銭的にメリットがあるもの」、「お金を払ってでも欲しいもの」にするのがベストです。無料だからと言って要らないもの、安っぽいものを用意してはいけません。また、販売したい商材や誘導したいものに関連性のある内容にしましょう。たとえば美容室の友だち追加特典が「ヘッドスパ無料体験」だったとします。もしそれが「いいな」と思えたら、次回お金を払ってでも受けてみたくなりませんか？一方で、「Amazonギフト券プレゼント」とした場合はどうでしょうか。確かに受け手としては嬉しいですが、それで「次も利用しよう！」とは中々なりませんよね。ですから、お店側は出費が増える一方なのに回収見込みはなく、あまりいいことではありません。

②きっかけ

インセンティブを用意した後はどうすればいいでしょうか。ただ用意しただけでは誰も気付かないですし、ポスターなどに記載しても「面倒だな」と思われ、受け取られない可能性があります。そのため、店舗なら声かけをしたり、WEBサイト等で目立つように設置や宣伝をしていきましょう。

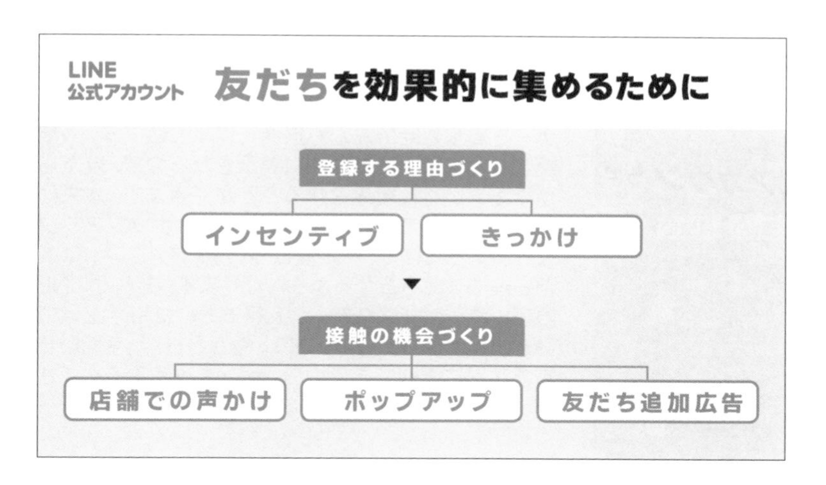

オススメの友だち集め方法

友だち集めの方法ですが、どんな施策が思い浮かぶでしょうか。考えてみるとたくさん思いつきませんか？また、既に実践されてみた方はいかがでしたでしょうか？友だち集めがうまくいっていない人は、そもそも行動しないということも多いのですが、実は何でもかんでも手をつけてしまい手が回らない、中途半端な状態というのがよくある失敗です。

たとえば、「ブログ」、「Instagram」、「Twitter」、「YouTube」など集客方法はたくさんありますよね。ただ、多くの方は少し手をつけてうまくいかないと別のものに挑戦してしまいがちです。色々トライすることは大切ですが、どんなこともある程度時間をかけて、改善を重ねていかなければ良い結果にはつながらないでしょう。また通常業務をこなしつつ、集客に費やせる時間も限られています。そのため、2、3つまでに抑えて運用していくことがオススメです。

店舗での声かけ

一番かんたんに友だちを集める方法は、店舗に来店した方に友だち追加してもらうことです。単純に1人1人声掛けしていくのもありですが、サービス提供フローに友だち追加を入れ込むのがオススメです。たとえば、サービスを受ける前にカウンセリングシートを書いてもらうとしたら、そちらをWEBフォームにしてLINEでご案内するといいでしょう。そうすれば自然かつ確実に友だち追加して頂けますし、声掛けが漏れるということもありません。また、これまで紙でやっていたのならコスト削減につながりますし、回答した情報がスプレッドシートへ集約され、管理がかんたんになるというメリットもあります。タブレットやスマホで友だち追加用のQRコードを表示させて、お客様に読み取ってもらうのが良いでしょう。

ポップアップ

これは自分のサイトに訪れた人に、「一定時間滞在した時」や「指定の位置まで閲覧した時」、「サイトから離脱する時」などのタイミングで、自動的にバナーを表示させて友だち追加を促す方法です。一度設定すればあとは自動的に表示されるので、友だちが増えていく仕組みを作ることができます。本来はサイトに訪れて終わりだったはずが、ポップアップを設置するだけで、一定数LINE公式アカウントに友だち追加してもらえるようになります。あとはLINE内で、メッセージやチャット等で成約に引き上げていきましょう。ほとんどコストもかからず、手間いらずでスグに実践できるので、ぜひやってみてください。

友だち追加広告

「友だち追加広告」は、LINE公式アカウントの友だちを獲得するために広告出稿することができる機能です。LINEが提供するサービス、たとえばトークリストと呼ばれる「LINEトークの一番上の部分」や「LINE NEWS」、「LINE VOOM」などに掲載されます。

この広告を活用すべき理由は『成果報酬で安価に友だちを獲得できる』という点です。一般的な広告は「広告バナーが表示されたら」、「サイトがクリックされたら」課金される仕組みで、お客さんの情報を獲得できなくてもお金を垂れ流してしまいます。しかし、『友だち追加広告』は友だちが獲得できなければ費用が一切発生しません。なので確実な効果が期待できます。また獲得単価も非常に安いのが特徴です。業界業種やターゲットなどにより獲得単価は変わってきますが、1人200円程度で獲得できます。安いものだと100円を切るのも珍しくありません。

この『友だち追加広告』を始めるために、以下の4つを準備しましょう。

①認証済みアカウント
②LINE広告アカウント
③ターゲットイメージ
④広告素材

①認証済みアカウント

「認証済みアカウント」にしたいアカウントをLINE社に申請する必要があります。申請は「アカウントの開設時」、もしくは「開設後に設定」することで、いつでも申請可能です。ステップは4つあり、申込フォームの記入→審査→本人確認→審査結果の流れとなっています。

審査に通るためには、そのアカウントで案内する商材内容が分かるWEBサイトが必要です。「ホームページ」や「SNS」、「第三者が運営するお店の情報が掲載されているページ」でもOKです。サービス内容、運営者の住所、連絡先などがしっかりと記載されているか確かめた上で申請しましょう。

なお、認証済みアカウント申請における注意点は、特定の業種の場合、「認証済みアカウントの申請がおりない」、ないしは「アカウント自体が削除されてしまう」可能性があることです。業種としては「出会い系」、「アダルト系」、「情報商材」などが該当します。詳しくは『LINE公式アカウントガイドライン』をご確認ください。

また、申請に落ちてしまうケースとしてよくあるのが、『LINE社からの確認連絡に対して期日までに返答ができなかった』というものです。連絡は、申請の際に記入したメールないしは電話にて行われます。迷惑メール等に埋もれてしまって気づかなかったり、電話が受け取れなかったりなどで審査が通らないことがありますので、気をつけてください。

②LINE広告アカウント

LINE広告を出稿する際には2つの方法があります。「LINE Official Account Manag

er（LOA）」と「LINE Ad Manager（LAM）」の2つです。

1つ目は『LINE公式アカウントの管理画面』から出稿する方法です。こちらは非常にかんたんですが、ターゲットの絞り込みの種類が少なかったり、できることが少ないため基本的には推奨しません。オススメは2つ目の『LINE Ad Manager』と言われる専用の広告アカウントを開設し、そちらから出稿することです。こちらは広告出稿前に別途商材審査がありますが、より細かな設定ができるので精度の高い広告配信が可能になります。

「LINE広告」を出稿する2つの方法

	LINE Official Account Manager	LINE Ad Manager
出稿時の審査	不要	必要
出稿方法	一広告ずつ出稿	複数をまとめて出稿可（CSV）
ターゲット絞込み	種類が少ない	種類が多い
分析検証	項目が少ない／分析機能【低】	項目が多い／分析機能【高】
操作性	シンプル／初心者向け	複雑／中上級者向け

③ターゲットイメージ

どのターゲットに向けてアプローチするかはとても重要です。たとえば、東京に店舗を構えているとして、お客さんを獲得するために北海道の人に広告を表示させるとしたらどうでしょうか。あまり意味ないですよね。わざわざ北海道から東京まで足を運ぶ人は稀ですし、あまり見込みがない人を集めても、広告費やその後のメッセージ配信の通数も消費してしまい費用対効果が合わない可能性が高いです。

そこで基本的なターゲットの設定として「地域、性別、年齢、詳細ターゲティング、オーディエンス」の5つを決めてください。地域は指定した地域で働いている人、住んでいる人など設定が可能です。市区町村や指定の場所から半径何キロ以内と設定ができます。年齢は設定しないか、15～64歳で設定可能です。詳細ターゲティングに関しては「興味関心」や「属性」など設定ができます。たとえば子供向けの商材を扱っているとしたら、子供ありのLINEユーザーへ表示させるなども可能です。最後にオーディエンスですが、顧客リストや購買につながりそうなデータを既にお持ちの方にはとてもオススメな方法です。たとえば、既に商材を購入された方の携帯番号ないしメールアドレスですね。それらの情報を管理画面にアップすると、「類似オーディエンス」と言われる、その顧客属性に近いLINEユーザーの上位1～15%に配信が可能になります。まずは1%から始めて みてください。ご自身のお客さんに近い層にアプローチできるため、必然的に成約する可能性が高くなります。

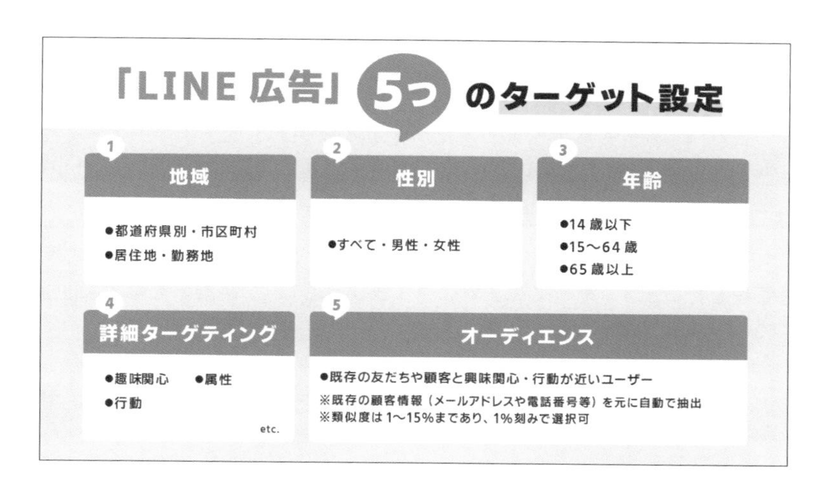

④広告素材

友だち追加広告を出すにあたり、バナー、タイトル、ディスクリプション（説明文）が必要になります。通常の広告の場合、「LP（ランディングページ）」と呼ばれるサービス等の紹介ページが必要ですが、この広告では不要でかんたんに始められます。バナーは「1200×628pixelの長方形」、「1080×1080pixelの正方形」、並びに「600×400pixelのトークリストに掲載される長方形」で用意してください。タイトルは20文字以内、ディスクリプションは75文字以内で設定をしていきます。基本的には画像とディスクリプションを1つずつ作成し、タイトルを5パターン用意して組み合わせて登録していくと、スムーズに運用することができます。

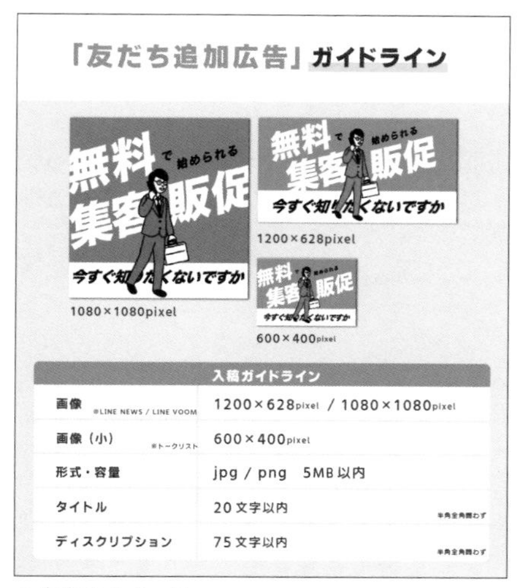

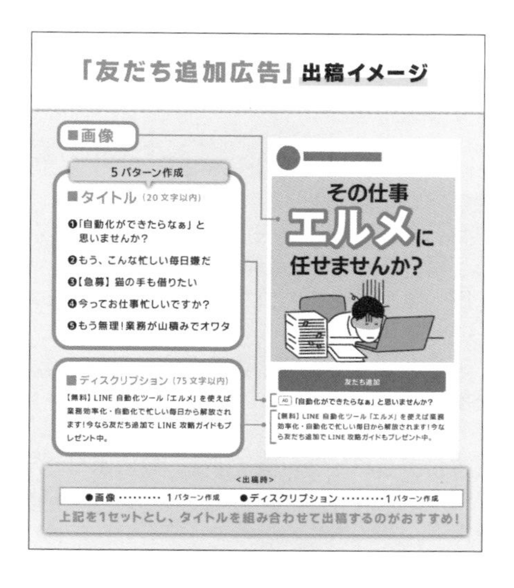

▲広告のイメージ

LINEで顧客管理をして情報を整理しよう

LINEはコミュニケーションが強み！提案をして成約へ

LINEはコミュニケーションが大事。お客さんの情報をLINE公式アカウントに反映させて、顧客管理を行います。そしてこまめなやり取りを通して、距離感を縮め、商材販売の成約につなげましょう。

顧客管理・対応がLINEで完結

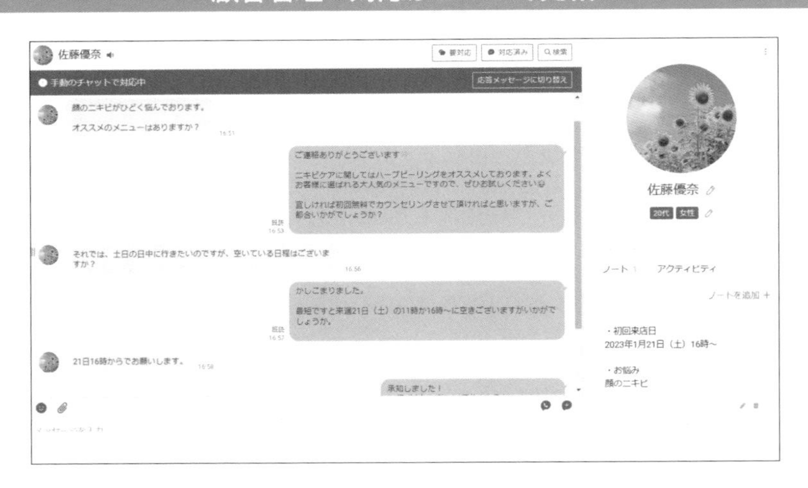

LINE公式アカウントには「チャット」という、LINE友だちと1:1でやり取りができる機能があるため、他の媒体に比べてコミュニケーションを取りやすいのが強みです。お客様が商品購入前や店舗来店前に何かしらの悩みや気になることがあり、事前に確認したいという場合、チャットを通じて事前に問合せをしていただき、返信としてアドバイスや回答を行うことで成約につながりやすくなります。

このチャット機能は顧客管理に活用することもできます。たとえば、LINE友だちの名前を本名に変更したり、LINE公式アカウントの管理画面にあるノート機能に「来店日」「症状」「お悩み」「次回来店日」などの情報を記載したりすることで、顧客カルテとして記録・可視化することが可能です。これにより、お客様の情報をLINE上で一元管理でき、スタッフ間の情報共有もスムーズになるので、結果的にお客様に対するサービスの向上につながります。

また、「チャットタグ」という友だちの属性をグルーピングするラベル機能を活用することで、セグメント配信が可能になります。顧客の属性とは、性別、年齢、誕生月、居住地、興味関心や悩みといったものが基本で、それらのラベルを元にグルーピングしておくことで、適切な方に適切なメッセージを配信できるようになります。

その他にも、担当者のタグをつけてスムーズなやり取りにつなげたり、成約情報（来店、購入）を付けて分析に活用するのも良いでしょう。

チャットボットで案内を自動化しよう

「チャットボット」とは、人が対応するのではなく、指定したプログラムが代わりに返答する仕組みのことを指します。目的は対応の自動化による工数削減ですが、活用次第で販促ツールとして利用することも可能です。たとえば、メッセージの配信の際に興味ある人に反応をもらうということができます。事前に自動応答にて、「このキーワードが送られてきたら〇〇を案内する」というのを決めておきます。そして「〇〇のプレゼントが欲しい方、〇〇に興味がある方は〇〇というキーワードを送ってください。」とメッセージをお送りすることで、そのキーワードを送った人にだけプレゼントしたり、そこからチャットを通じて成約に引き上げることもできます。ただ配布するのではなく、こうして読者にキーワードを送ってもらうという小さな行動をしていただくことで、次のアクションにつながりやすくなるメリットもあります。

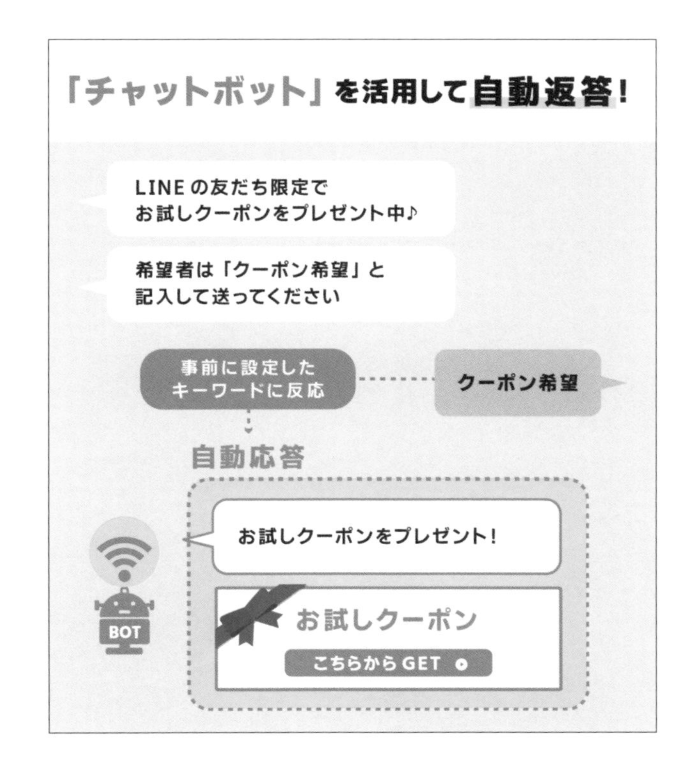

また、よくある活用方法として、リッチメニューを併用したチャットボットもあります。

たとえば、スタッフというボタンをタップしたら、対応するスタッフ一覧のパネルを案内して、さらにスタッフごとのパネルでスタッフ紹介や予約誘導をするという感じです。友だちが知りたい内容やオススメしたいものなどをリッチメニューに入れておくことで、友だちが好きな時にポチポチ触って、情報を得ていただくことができます。

08-05

情報を発信して収益化しよう

効果抜群！コストを抑えてメッセージ配信をフル活用する方法

友だちを集めたら定期的にメッセージ配信を行いましょう。配信する際には対象を必要に応じて絞り込み、反応が取れるように内容を考えてください。基本的な考え方や配信のコツを解説していきます。

情報発信をする上で基本的な考え方

LINE公式アカウントは友だちからのお問合せに対応するだけではなく、こちらから適度にご案内することが大事です。その方法として「メッセージ配信」があります。メッセージ配信を活用すれば、作成したテキスト、画像や動画などを指定の時間に一斉に配信可能です。LINE公式アカウントがブロックされていない限り、友だちのトーク欄に表示されて、見てもらいやすいのが特徴で、開封率、反応率がとても高く、即時性もある非常に強力な機能です。このメッセージ配信に関しては①開いてもらう、②読んでもらう、③反応をもらうの3点を意識してください。

①開いてもらう

まず、メッセージを開いてもらうために、「タイトル」と「タイミング」を決めていきましょう。開封率は一般的には60%と言われていますが、数値を高く保つためにこの2つが重要です。タイトルはLINEトークリストで表示される2行程度の文章です。たとえば有益性／意外性／興味関心／ニュース性／緊急性を意識してみてください。

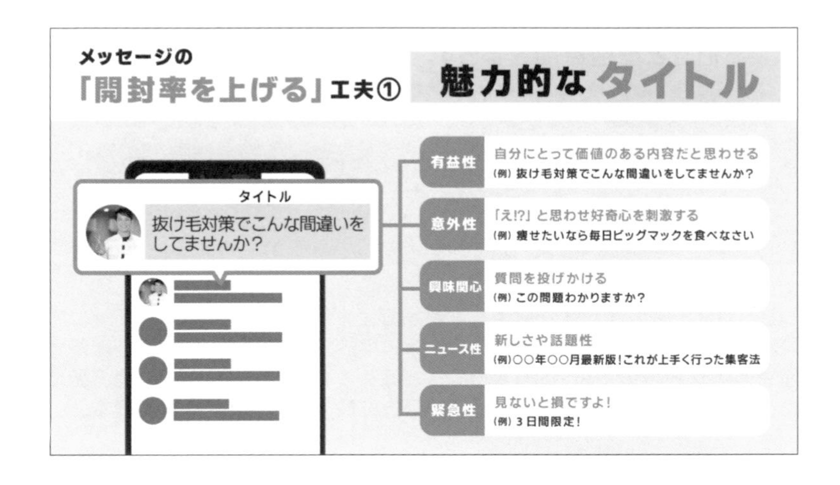

次にタイミングですが、これはいつ送るかということです。曜日と時間を決めていくのですが、ターゲットによって大きく変わります。

まず曜日ですが、商材によって変動はあるものの、統計データの平均値によるとどの曜日もそこまで大きな差はありません。一方で時間は非常に重要です。こちらはターゲットによって変わってきますが、たとえばビジネスパーソン・主婦・学生・シニアの4つの括りが良く活用されています。

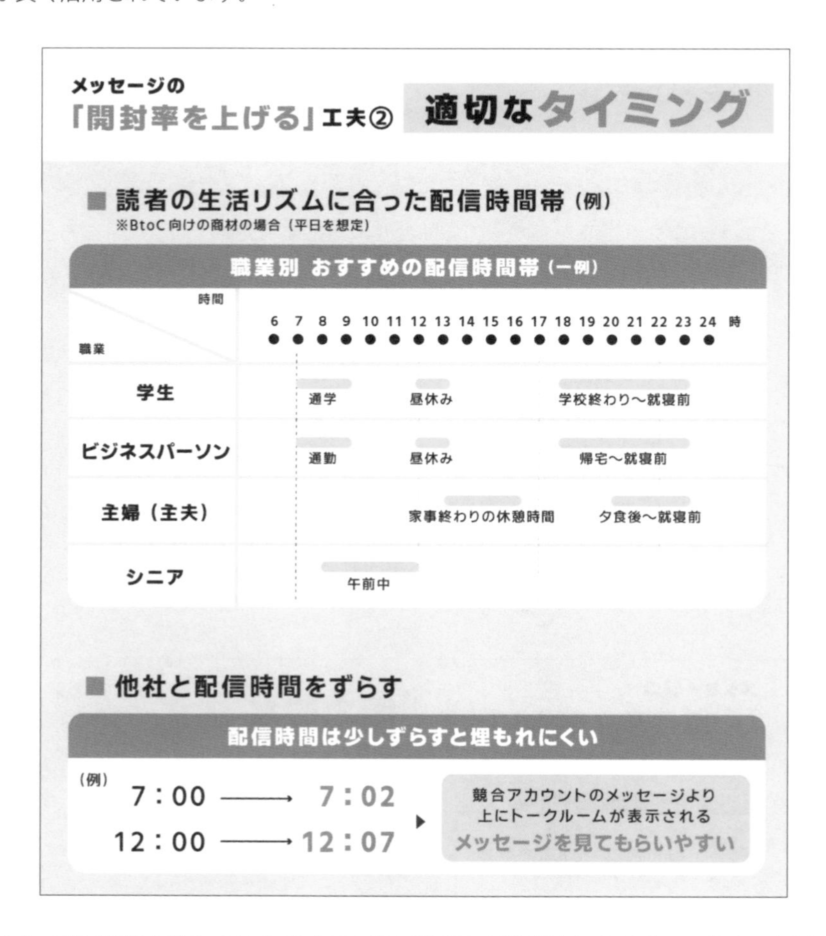

また、配信時間を数分ずらすだけでも開封率が上がる傾向にあります。多くの方は配信する際に「12時ピッタリ」のようなちょうど良い時間に設定します。LINEは新着から上位に表示される仕組みのため、同じようなタイミングにセットした場合、他の配信に埋もれてしまいます。なので、12時7分など後ろの方に数分ずらすことが重要です。

②読んでもらう

開封の壁を乗り越えたあとは読んでもらうための工夫をしていきます。たとえば、配信内容を読みやすいものにすることです。友だちがLINE公式アカウントのトーク画面を開いた時に内容をすぐに判断できるようにしてください。一瞬見ただけで内容が理解できるような形にしないとすぐに離脱してしまいます。ですから、スマホで見た時スクロールせずに読める文字量として200〜300文字にしたり、改行や装飾などを入れましょう。また配信の形式も、テキストだけではなく、テキスト＋画像or音声or動画と組み合わせてみてください。

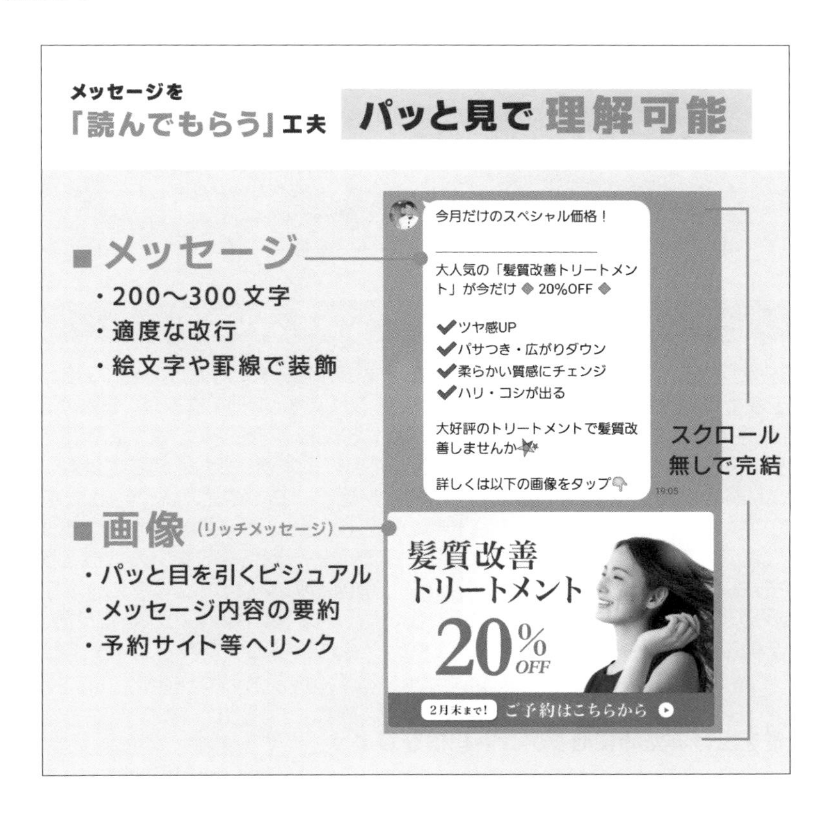

③反応をもらう

LINEはコミュニケーションのアプリなので、一方通行の情報伝達ではなく、友だちとのやり取りにつなげることが重要です。そのために、質問やクイズを投げかけたりなど反応をもらえる配信内容にしましょう。一般的にURL付きのメッセージを配信した際のタップ率は15%と言われているので、その数値を目安に試行錯誤してみてください。また配信前に必ずやっていただきたいことがあります。それは「テスト配信」です。誤字脱字、リンク切れや内容がおかしくないかどうかを確認しましょう。

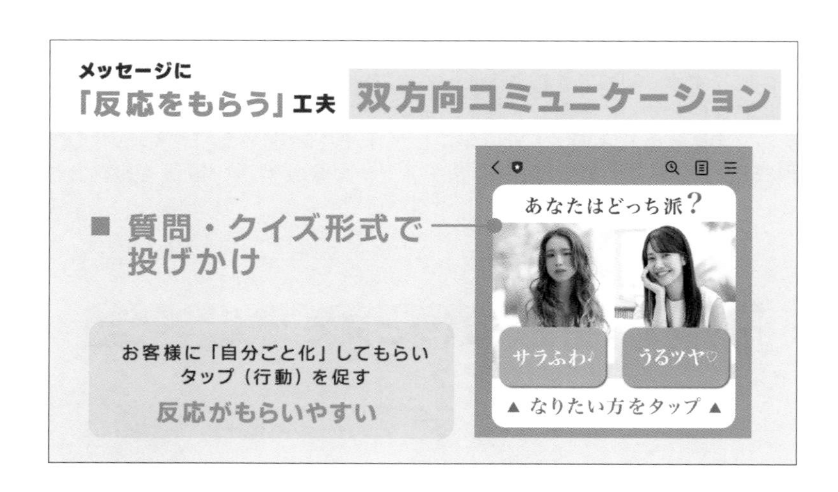

効果抜群のメッセージ配信をフル活用

LINE公式アカウントの配信はとても効果があり、1通配信するだけで数十万円、数百万円と売上を立てる方もいます。これは配信が見られやすいからですが、それゆえに「ブロック」もされやすいです。ブロック率の目安は、既にお客様なのか、まだお客様でないかなど『LINE友だちとの距離感』によって大きく変わりますが、まだお客様ではない方が多い場合、定期的に配信をしていると30%〜50%近くブロックされます。これを聞くと「せっかく集めたのに半分もブロックされるの…？」と思い、配信を控えたくなるかもしれません。しかし、売上につながる可能性の高いメッセージ配信をしないのは機会損失になります。もちろん、ブロックされるとメッセージが届かなくなるので、ブロック率が低いことに越したことはありません。ですがそれより、「ブロックされるのは当たり前、送らないと大きな効果は見込めない」と考え、ブロックされる以上に友だちを増やす仕組みを作ったり、配信の質を上げていくことにフォーカスするのが良いでしょう。

配信の質を上げるためにセグメント配信をしよう

LINE公式アカウントは無料から利用することができますが、配信数が多くなればなるほど料金が上がる従量課金制を取り入れています。メッセージ配信の効果を上げつつ、費用を抑えるためにも、配信対象を絞り込んで行う『セグメント配信』をうまく活用していきましょう。
※配信数のカウントは「メッセージ配信」と「ステップ配信」のみ適応されるもので、「あいさつメッセージ」、「自動応答」、「チャット」などは適応されません。

たとえば、美容室で白髪染め用のシャンプーを販売するとします。事前アンケートで白髪に悩んでいる方を把握できれば、その方たちに案内することで売れそうですよね。ところが、薄毛やダメージなどに悩みがある方に送るとどうでしょうか？中には購入する方がいるかもしれませんが、白髪にお悩みの方に比べると成約率は落ちるでしょう。また興味のない配信は見たくないため、ブロックされたり、今後の配信が見られなくなる可能性が高くなります。ですからセグメント配信を行うにあたっては、「属性分け」と「誰に配信するか」はしっかり意識してください。

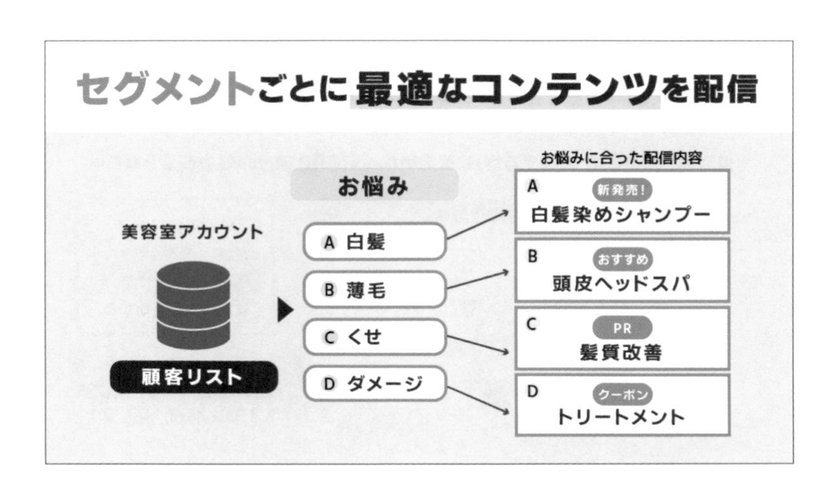

ちなみに2023年6月頃よりLINE公式アカウントの料金が実質値上がりします。以下の新料金プランを見ると、料金自体は変動ありませんが、各プランに含まれる無料配信数が大幅に減少しています。

LINE 公式アカウント
料金プラン変更に伴い送信可能数が減少！

変更前

	フリープラン	ライトプラン	スタンダードプラン
月額料金（税込）	0円	5,500円	16,500円
無料メッセージ数／月	1,000通	15,000通	45,000通
追加メッセージ料金	不可	5.5円／通	～3.3円／通

2023年6月ごろ LINE公式アカウント の料金プラン改定！
1ヶ月に送信できるメッセージ通数が、大幅に減少！

変更後

	フリープラン	ライトプラン	スタンダードプラン
月額料金（税込）	0円	5,500円	16,500円
無料メッセージ数／月	200通（800通減！）	5,000通（10,000通減！）	30,000通（15,000通減！）
追加メッセージ料金	不可	不可（追加送信不可）	～3.3円／通

そのため、これまで通り配信をした場合はコストが上がる可能性が高いです。実際にスタンダードプランの無料配信上限45,000通を配信した場合の変更前と変更後で比較してみます。

これまでは通常料金のみでしたが、無料配信可能数が30,000通に減少するため、15,000通分の追加料金を支払わなければなりません。追加料金は1通3.3円のため、毎月49,500円、年間594,000円のコストが追加でかかります。ですから無駄な配信を防ぐために、チャットタグで友だちを分類した上でのセグメント配信が必須になってきます。

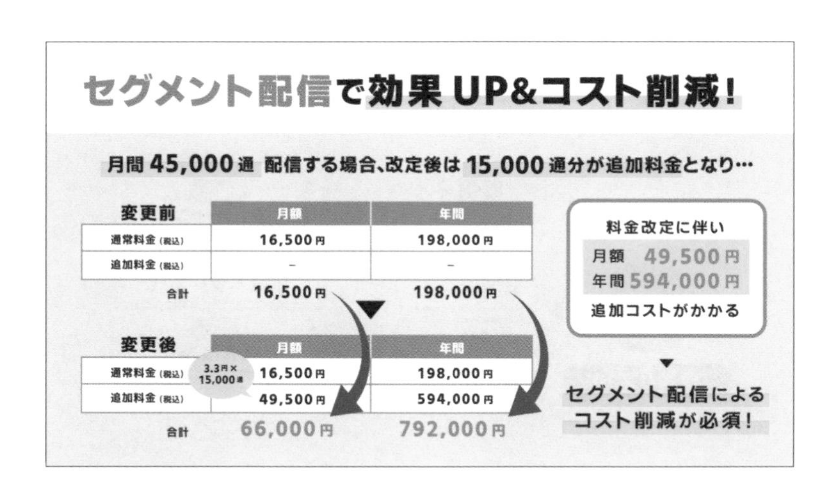

配信の目的と定期配信の実行

LINE公式アカウントのメッセージ配信はこちらから能動的に行うため、面倒くさかったり、うっかり忘れたりで配信が滞るということが多々あります。ですから配信ルーティン、いわゆるスケジュールを作成して配信していくのがよいでしょう。具体的には週1、2回の配信を目安として、「配信する曜日時間」や「配信目的」、「ある程度の内容」を事前に考えておきます。日時に関しては毎週同じ曜日時間がオススメです。その方がスケジュール立てしやすく、友だちにもいつ配信が来るか覚えてもらいやすくなります。

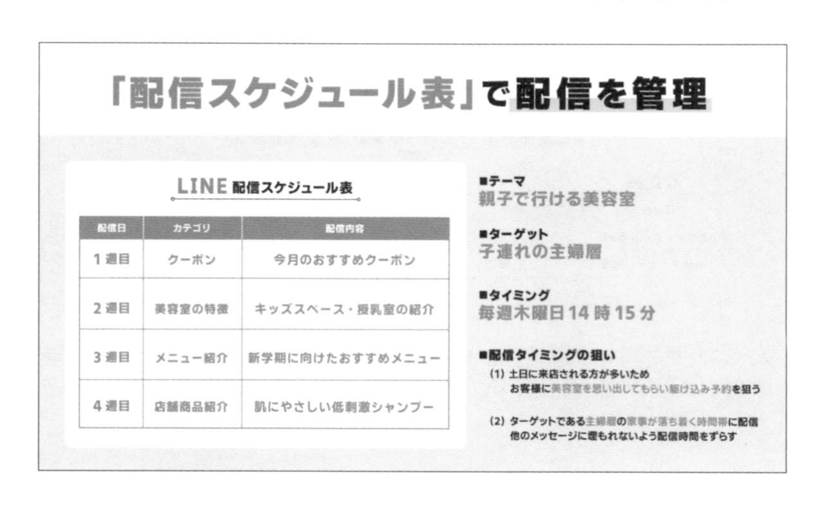

08-06 拡張ツールで自動化しよう

今すぐ使いたい売上アップ・自動化につながる拡張ツール

LINE公式アカウントを最大限に活用するなら「拡張ツール」と連携しましょう。利便性の高い機能や事業の運営に不可欠な機能が多数搭載されています。ですから売上アップや業務効率化・自動化につなげることができます。

自動化するなら拡張ツールを取り入れよう

LINE公式アカウントを最大限活用するためにオススメなものがあります。それは「拡張ツール」と言われるものです。これはLINE公式アカウントと連携して使用するもので、既存機能の利便性を高めたり、新しい機能を利用できるようになります。

拡張ツールは多くの会社から出されていますが、その中でも無料から始められる「L Message(略称：エルメ)」というシステムをご紹介します。

このシステムを活用することでたとえば以下のようなことができます。

①パーソナル情報獲得
②予約受付、管理
③リマインド配信
④商品販売、決済連携
⑤自動化

そして、エルメを利用するためには、次の手順を踏みます。

①エルメに無料登録をしてアカウント発行
②LINE公式アカウントの設定より「Messaging API」の情報を取得し、エルメに入力
③「LINE Developers」から「LINEログイン」のチャネルを作成し、その情報をエルメに入力

こうすることで様々な機能を利用できるようになるのですが、今回は代表的な機能と活用方法、事例に関してご紹介します。

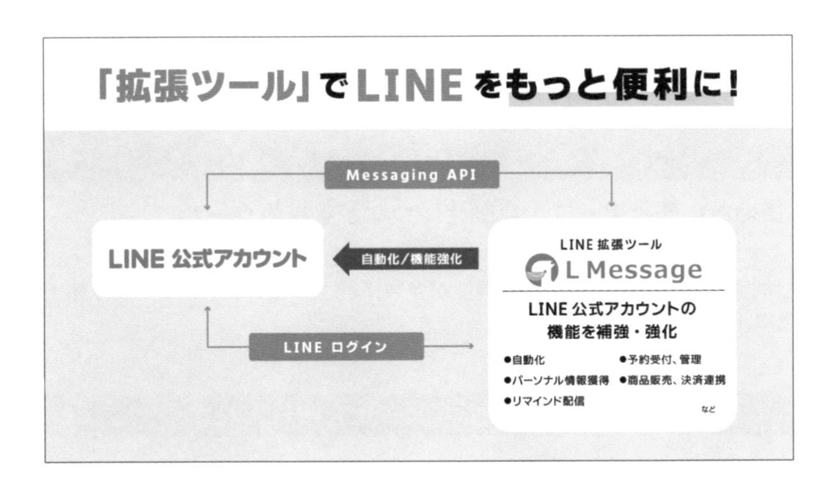

流入経路が一目瞭然に分かる「流入アクション」

あなたは集客のためにどんな媒体を使っていますか？HP、ブログ、YouTube、Twitter・Instagramなどの SNS、チラシ、ポスター、オンライン広告など様々ありますよね。ではもう一つ質問です。あなたが使っている集客媒体のうち「費用対効果が最も高い媒体」はどれでしょう？パッと答えられますか？

集客のために様々な方法を試すのはとても大切なことです。ですがそれぞれの効果を把握せず何となく続けてしまうと「時間とコストばかりがかかって、いつまでも集客ができない」、そんな状態になりかねません。

どうせなら集客できない媒体は運用をストップして、費用対効果の高い方法に注力したほうが良いですよね。「でも、どうやったら一番効果が高い集客媒体が分かるの？」そんな悩みを解決できるのが「流入アクション」です。

流入アクションとは「いつ」、「どの友だちが」、「どこから友だち追加、登録したか」を把握し、特定のアクションができる機能です。

①流入経路の見える化

まず、特定したい媒体ごとに流入アクション機能でリンクを発行します。そのリンク（QRコード）を計測したい媒体に貼り付けます。たとえばホームページに貼り付けておけば、どの友だちが、いつホームページから友だち追加してくれたのかがエルメの管理画面で分かるようになります。LINE公式アカウントでは「どの友だちが」「どこから追加したか」が分かりませんが、この機能を使えば自動的に把握可能です。ですから、どの媒体で友だちがよく増えているのかが分かり、効率の良い友だち集めができるようになります。

②流入経路ごとのアクション

次にアクションを自由に実行することが可能です。アクションというのは「テキスト・画像・動画の配信」や「リッチメニューの変更」などを指します。たとえば、ホームページの中に資料請求のボタンを設置し、そのボタンに流入アクションで発行できるリンクを入れれば、そこから友だち追加した人には「LINE上で自動的に資料を送付する」といったことができます。また、店舗へ来店された方にカウンセリングシートを送付したいなら、流入アクションで発行したQRコードを読み取ってもらい「LINE上で自動的にシートを送付する」ということも可能です。また既存の友だちに対しても稼働させられますので、イベント開催時にQRコードを読み取ってもらって出欠確認や参加特典の送付も自動でできます。

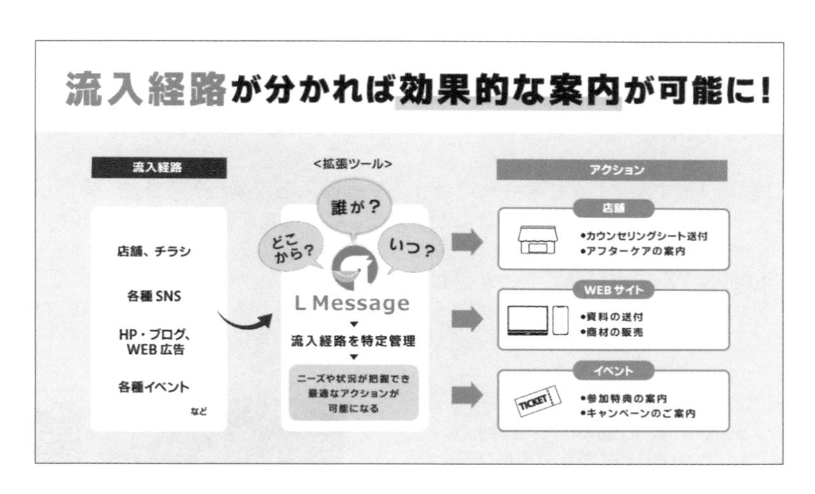

流入アクションの活用事例

活用例として、オンラインでボイストレーニングスクールを開催している方の事例を紹介します。彼女はボイストレーニング講座を広めるため、様々なメディアを自分自身で作り精力的に発信をしていました。YouTubeではトレーニング風景を配信、ブログでは講座開催の想いを投稿、Twitterでは発声のコツを投稿など。他にも、InstagramやFacebookにも投稿していました。それぞれの媒体に一定数のフォロワーがいて、そこからのLINE登録、そして講座への申し込みもあります。

しかしだんだんと忙しくなっていき、さすがに「すべてを運用するのは難しくなってきた…」と、思い始めたそうです。そこでどの媒体からの登録かが分かる「流入アクション」に興味を持ちました。まずはメインで発信していたYouTube、ブログ、Twitterの3つのメディアからの登録人数を3ヶ月間計測。するとYouTubeからの登録率は67%と最も多く、ブログからは14%、Twitterは19%だということが分かりました。YouTubeは引き続き力を入れることに決めたのですが、問題はブログとTwitterです。一見するとブログからの登録数は少ないですが、登録メディアごとに講座参加の成約率を調べてみると、ブログから登録した方の成約率は約7%、Twitterからの方は成約率約2%。実はブログのほうが総合的に成約が多いことが分かったのです。そこでTwitterの投稿を抑え、YouTubeとブログでの集客に専念することにしました。

それにより集客に費やしていた1日1時間、1ヶ月では約20時間を削減。その分、集客媒体のリサーチや投稿内容の改善に時間を費やせるようになり、「時間に余裕ができたにも関わらずLINEの登録数は上昇し、売上が伸びた」と大喜びでした。

より効率的なヒアリングにつながる「フォーム作成」

あなたは新しいお客さんが来店した時や、お問合せがあった時、どんなことを聞いていますか？

- **お名前や連絡先などの基本情報**
- **来店目的やお悩み**
- **ご予算**
- **来店のきっかけ**

業種にもよりますが、よりお客さんに合ったサービスをご案内するため、何かしらヒアリングを行っているのではないでしょうか？ただ、限られた時間ではすべてを聞くことができなかったり、営業マンやスタッフによってヒアリングの内容にズレがあったり、場合によってはお客さんに直接聞くことが難しかったりすることがあるかもしれません。さらに、有人でのヒアリングで一番問題となるのは「対応時間」ですよね。お客様の対応に時間がかかるということは、それだけ「人件費」がかかってしまいます。

どうせ人件費を使うのであれば「名前や連絡先、来店目的、お悩み、ご予算」などのかんたんな質問は事前にWEBで回答してもらい、有人でのヒアリング時はより深い質問をした方が効率的でお客様のためにもなります。そうすれば、コスト削減とお客様の満足度向上が同時に実現可能です。そんなヒアリングを助けてくれるのが「フォーム作成機能」です。

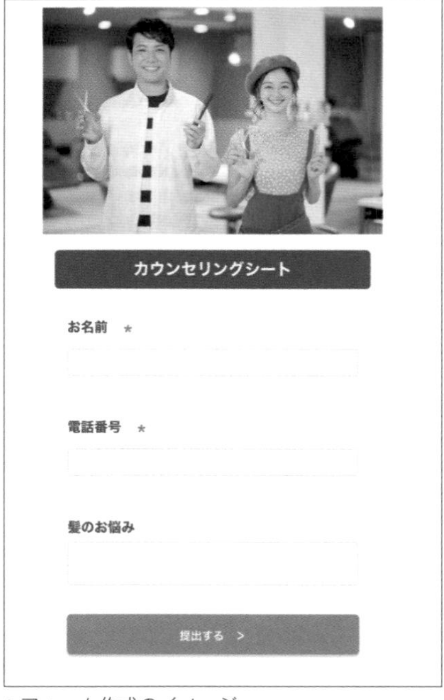

▲フォーム作成のイメージ

フォーム作成の活用事例

活用例として、ある不動産会社での事例をご紹介します。当初その会社は新しい顧客獲得の手段としてLINE公式アカウントを導入していました。LINEで気軽にやり取りができるため、お客様からも好評で新規獲得が順調に推移していました。ですが一方で対応コスト、たとえばお客様へのヒアリングに課題を抱えていたそうです。対応担当者はメッセージが来た場合1人1人個別に

「どのようなご相談ですか？」
「ご希望の地域は？ご予算はどれくらいですか？」
「お名前とご連絡先をいただけますか？」

などと、テキストで何往復もやり取りをしたり、毎回メッセージで同じ質問をしたりする必要があり大きな負担になっていた時にエルメを知り、「これなら効率化やコスト削減ができるかもしれない」と導入を決定。メイン施策として「フォーム作成機能での事前ヒアリングと集計作業」をスタートしました。

「お名前、ご連絡先、希望の地域、ご予算」など、どんなお客様にでも聞いている項目をフォームにまとめ、LINEからお問合せがあった際は、お客様にまずこのフォームを記入してもらいます。フォームの回答結果はGoogleスプレッドシートと連携できるので、回答情報は自動的に集計されます。そしてフォームを導入した結果、LINEでの顧客対応コストが67%も削減できたのです。

このようにヒアリングの手間削減で大きな効果を発揮する「フォーム作成機能」ですが、他にも色々な活用方法があります。たとえば、カルテとして使うことで来店時のLINE登録率を限りなく100%に近づけることもできます。施術前に紙のヒアリングシートを活用されているお店も多いと思いますが、それをこのフォームに置き換えLINE上で入力してもらうのです。これならお客様に自然とLINE登録をしてもらえますよね。また入力してもらった情報はエルメの友だち情報管理ページに自動反映されるので、顧客管理や顧客属性に応じたセグメント配信もしやすくなります。

LINEでかんたん！カレンダー予約

あなたはお客様から予約を受ける時、電話やチャットのやり取りで、知らず知らずのうちに時間を使っていないでしょうか？1回1回のやり取りは短くても、1ヶ月に換算すると結構な時間になりますし、その時間だけ「人件費」もかかります。またサービス提供者のみの問題ではありません。お客様に対しても、電話番号を探したり、つながらなければ時間を変えてかけ直したり、口頭で内容を伝えたり、という手間をかけさせてしまいます。もしその手間を省くことができれば、お客様も気軽に予約ができるようになり、予約率をアップできる可能性が高いです。そんな問題を解決するのが「カレンダー予約機能」です。

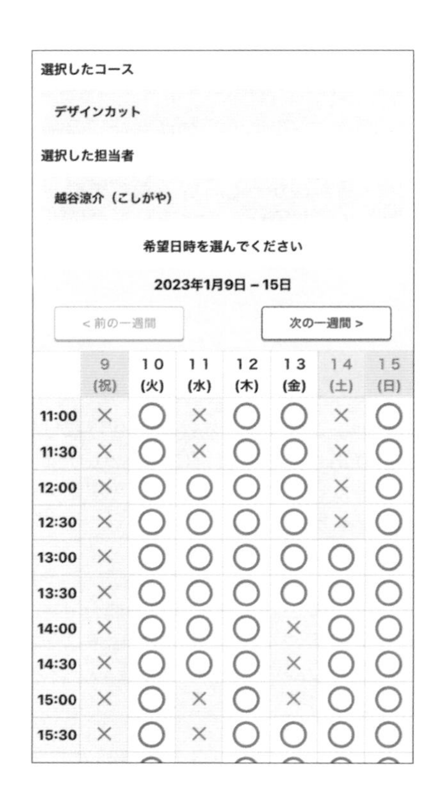

	9 (祝)	10 (火)	11 (水)	12 (木)	13 (金)	14 (土)	15 (日)
11:00	×	○	×	○	○	×	○
11:30	×	○	×	○	○	×	○
12:00	×	○	○	○	○	×	○
12:30	×	○	○	○	○	×	○
13:00	×	○	○	○	○	○	○
13:30	×	○	○	○	○	○	○
14:00	×	○	○	○	×	○	○
14:30	×	○	○	○	×	○	○
15:00	×	○	×	○	×	○	○
15:30	×	○	×	○	○	○	○

この機能はLINE上でカレンダー形式にて予約の受付や管理をすることができるもので、主に3つのメリットがあります。

①人件費削減

1つ目は「人件費の削減」です。お客様はLINEに表示されるカレンダー上で空いている時間にそのまま予約できるため、チャットで空き時間を確認することが不要になります。また電話対応が不要になるので、施術中にお客様の元を離れての対応や営業電話を回避することができます。

②予約率向上

2つ目に「予約率の向上」です。電話で予約はお客様、特に若い方はハードルが高く感じたり、営業時間外で対応できなかったりと機会損失が出てきます。ですがカレンダー予約であれば、LINE上で人とのやり取りを挟まずに予約を完了させられるので、予約率のアップにつながります。

③キャンセル防止

そして3つ目は「キャンセル防止」です。エルメのカレンダー予約はリマインド配信をすることができます。前日、当日朝など自動的に配信することができるので、お客様の予約忘れを防ぐのに効果的です。

カレンダー予約の活用事例

ここではある接骨院での事例をご紹介します。その接骨院では当初電話での予約のみ受け付けていました。ですが電話が来るたびにお客さんの対応を中断しなければならず、なんとかしたいとは思っていたそうです。

試しに電話で予約対応している時間を測ってみたところ、1日25分も電話対応に使っていることが分かりました。1ヶ月に換算すると9時間以上。その時間のロスだけでももったいないですが、さらにその時間をお客さんの施術にかけられていたら、もっとサービスを充実できるはず。そう考えた接骨院の先生はLINEで予約システムが使えるエルメを導入しました。LINEのリッチメニューに予約ボタンを設置し、お客様がボタンをタップするとカレンダーで予約ができるようにしたのです。

お客様には、予約したいとき次のようなステップを踏んでもらいます。

①LINEのカレンダー予約画面からコースと対応スタッフを選ぶ
②空いている時間の中から都合の良い時間帯を選択する
③最後に名前や連絡先などを入力して予約完了ボタンを押してもらう

実際にお客様に使ってもらったところ、一目で空いている時間が分かるため非常に好評でした。その結果なんと、電話対応の時間が1ヵ月当たり8時間削減できたのです。

それだけではなく、「明日お待ちしております」といったリマインドメッセージによりドタキャンが減ったり、「最近痛みが強くなっていませんか？」という再来店を促すメッセージが自動で流れるようにすることで、再来店率も14%アップしたそうです。「今ではエルメでの予約受付が必須になってます」という嬉しいお声をいただきました。

カレンダー予約機能は他にも、Googleカレンダーとの連携でさらに使いやすくすることができます。たとえば、予約が入ればGoogleカレンダーに反映され、予約がダブらないように予約された日程は自動的に予約受付を停止することができ、スケジュール調整もしやすくなります。

以上、エルメの主な機能を3つご紹介しましたが、他にも様々な利便性の高い、独自の機能が多数搭載されております。使い方や活用方法などLINE公式アカウントで配信をしていますので、以下のQRコードより追加してくださいね。読者限定特典も用意しております。

用語索引

アルファベット

A/Bテスト ……163
AI応答メッセージ …… 138,176
BGMを設定 …… 22
Canva ……166
FaceID …… 61
IDによる友だち追加を許可 …… 70
KEEP …… 22
LINE Beacon …… 21
LINE Camera …… 82
LINE Creators Market …… 95
LINE for Business ……134
LINE GIFT …… 98
LINE Pay ……100
LINE Pay残高 ……124
LINE Pay特典クーポン ……121
LINE Tag …… 208
LINE VOOM Studio …… 140,210
LINE VOOM投稿 …… 65
LINE マイカード ……127
LINEギフト …… 96
LINEクーポン ……119
LINEコイン …… 34
LINE広告 …… 224
「LINE公式アカウント」アプリ ……136
LINE公式アカウントガイドライン ……131
LINEコール …… 150,206
LINEサービスへの掲載 ……158
LINEスタンププレミアム …… 94
LINEスタンプメーカー …… 86
LINEストア …… 35
LINEビジネスID ……134
LINEポイント ……122
LINEミーティング …… 56
LINEレシート ……128
NGワード ……213
Official Account Manager ……140
PINコード …… 76
QR コードリーダー …… 60
QRコード ……26,77
SIMカード …… 18
SMS ……18,78
URLを作成 ……183
Visa LINE Payプリペイドカード ……103
VOOM …… 22,62,64,138,210
Windows起動時に自動実行 …… 61

あ行

あいさつメッセージ …… 138,154
アイテム管理 …… 95
アウトカメラ …… 55
アカウント ……75,141,143
アカウント削除 …… 80
アカウント情報 ……148
アカウント設定 …… 95
アカウント認証 ……152
アカウントリスト …… 220
アカウントを選択 …… 68
明るさ/コントラスト …… 85
アクション ……165
アクションボタン ……195
アナウンス …… 38
アルバム ……48,83
いいね …… 30
位置情報 …… 40
位置情報による制限 ……188

位置情報の利用…… 21
イメージ……196
印刷用QRコード……187
インプレッション……215
インプレッションリターゲティング…… 203
ウェブトラフィックオーディエンス…… 203
ウォレット…… 22
受付番号……109
売上/送金…… 95
運用担当者……219
営業時間……149
エフェクト…… 55
絵文字…… 32
応答……169
応答設定…… 206
応答メッセージ…… 138,172,175
オーディエンス…… 202
オーディエンスタイプ…… 203
オートチャージ……110
オープンチャット…… 58
お気に入り…… 29,120
お知らせ…… 22,138
おすすめ…… 64
お店を探す……126
音声通話…… 54

か行

カード取得ボーナス……186
カードタイプメッセージ……196
会社情報……144
拡張機能……140
格安スマホ…… 18
カスタムサイズ……168
カメラ…… 82
かんたん引き継ぎQRコード…… 77
管理者……219
キーワード……175
既読…… 29
ギフト…… 96
基本情報……149
切り抜き…… 84
クイックスタート…… 79
クーポン…… 119,138,156
クーポンQRコードを作成……183
クリックリターゲティング…… 203
グループ…… 44
グループリスト……221
月額プラン…… 223
権限管理……218
検索ボックス…… 22
公開設定……63,68
公開リスト…… 68
合計再生時間……215
広告…… 65
公式アカウント……130
購入履歴…… 98
コード支払い……112
ゴール特典……184
顧客獲得ツール……148
コミュニケーションプラン……133
コメント…… 212,215
コメントの自動承認……213
コンテンツ……148

さ行

サービス…… 96
サービス・取り組み……148
サービス向上のための情報利用に関するお願い
…… 20
サイズ…… 202
サウンドを追加…… 67
サムネイル……211

サンクスページ……199
シェア……215
下書き……163,211
自動応答メッセージ……172,175
自動ログイン……61
絞り込み……203
写真または動画を選択……24
収益化……216
出金……124
紹介ページ……199
使用済み……98
招待……45,57
情報を隠す……47
ショップカード……126,138,184,188
知り合いかも？……72
新規登録……18
スクショ……46
スタンダードプラン……133
スタンプ……32
ステータスバー……171
ステータスメッセージ……22,25,142
ステップ配信……204
ストーリー……62
すべて見る……96
スマートフォンを使ってログイン……61
スマホでかんたん本人確認……104
請求書支払い……115
生体認証……61,112
設定……22,138,140
宣伝……217
送金・送付……116
送金・送付依頼……118
送信取消……37

た行

ターゲットリーチ……138
対応済み……178
タグ……180
ダッシュボード……214
タッチ支払い……103
チャージ……106
チャット……140,169,171,206
チャットタグオーディエンス……203
抽選……157
通知……74,140
ツール……188,198
通話タイプ……207
テイクアウト……148
定型文……170
データ管理……202
テスト配信……162
デリバリー・出前……148
テンプレート……155,164,167
動画再生……215
統計情報……95
投稿リスト……217
登録情報……144
トーク……22,28
トークスクショ……46
トークのバックアップ……76
トークリスト……155
トーク履歴を復元……79
トークルーム……29
トークルーム管理……155
特典クーポン……121
特典チケット……186
友だち自動追加……20,71
友だち追加……22,26
友だち追加QRコードを作成……183
友だち追加ガイド……183
友だち追加経路オーディエンス……203
友だちの表示名……154
友だちへの追加を許可……20,72

友だちリスト………28
友だちをグループに自動で追加………44
友だちを増やす………138,182
トラッキング………208

な行

ニュース………22
認証URL………219
認証ステータス………152
認証済アカウント………133,152
認証番号………19
年齢確認………20
ノート………50,179

は行

パーソン………196
パーツ………148
配信予約………162
配送ギフト………97
パスワード………19,75,102
ハンズフリー………55
販売申請………92
ビジネスアカウント………136
ビデオ通話………55
非表示………72
ピン留め………180
ファイル………40
フィルター………84
フォロー………62,65,215
フォロワー………215
不在着信………55
フッターボタン………146
プライバシー管理………70
プライベート設定………93
フリープラン………133
プレミアムID………223
プロダクト………196
ブロック………72
ブロックリスト………73
プロフィール………138,140
プロフィール画像………24,142
プロフィール画面………22,145,149
プロフィールへのアクセス………215
分析………140,208
分析概要………214
平均再生時間………215
ヘルプ………138
ボイスメッセージ………41
ポイント取得制限………186
ポイント特典………185
ポイント付与履歴………187
ポイント履歴………123
ホーム画面………22,82,138,140
ポスター………183
ボタンを作成………183
保留………55
本人確認………61,103

ま行

マイQRコード………27
マイカード………127
マイクアイコン………41
マイスタンプ………35
マイストーリー………63
マイページ………98
ミーティング………56
未認証アカウント………133

無料スタンプ……33
無料メッセージ……138
メイン画像……198
メールアドレス……75
メッセージアイテム……196
メッセージ受信拒否……71
メッセージセンター……95
メッセージ通数……162
メッセージ内容を表示……74
メッセージ配信……138
メニューアイコン（公式アカウント）……138
メニューのデフォルト表示……166
メニューバーのテキスト……166
メンバーシップ……140,224
もっと見る……96,197

や行

ユーザーIDアップロード……203
有料スタンプ……34
要対応……178
読み取り期限……188
予約番号……109

ら行

ライトプラン……133
リアクション……30,215
リアクション順……214
リーチしたアカウント……215
リサーチ……198
リッチビデオメッセージ……194
リッチメッセージ……190
リッチメニュー……138,164
利用状況……138
利用レポート……128
留守番電話……41
レシート……128
連絡先……42
連絡先へのアクセス……20
ログアウト……23,140
ログイン……60,140
ロケーション……196

目的別索引

数字・アルファベット

24時間経過後のストーリーを見る …… 63
Keepメモのトークで保存する …… 53
LINE Cameraで顔のパーツを補正する …… 85
LINE Payで金額を指定して友だちに送金する …… 116
LINE Payで請求書支払いを使う …… 115
LINE Payで友だちに送金依頼をする …… 118
LINE Payのチャージで受付番号と予約番号を確認する …… 109
LINE Payのパスワードを後から変更する …… 102
LINEギフトで贈ったギフトを確認する …… 98
LINEギフトで配送先の住所がわからない場合 97
LINEギフトでもらったギフトを使う …… 98
LINEコールへのURLとQRコードを利用する …… 207
LINEスタンプの購入方法 …… 34
LINEのアカウントを削除する …… 80
LINEのトーク画面から送金する …… 117
LINEポイントの履歴を確認する …… 123
LINEポイントを支払いに使う …… 123
LINEをレンタルのパソコンで使うときの注意 …… 61
QRコードで友だちを追加する …… 26
QRコードをメールで送る …… 27
QRコードをメールなどで受け取って読み取る 26
VOOMで友だち登録している人をフォローする …… 65
VOOMで見たくない広告が表示された時の対応 …… 65
VOOMのコメントを承認制にする …… 213
VOOMの自分の投稿を確認・修正する …… 66
VOOMの投稿を特定の人だけに見せる …… 68
VOOMのフォロワー数を非表示にする …… 210

あ行

アカウントの満足度調査を行う …… 201
アナウンスを解除する …… 38

か行

クーポンをお気に入りに追加する …… 120
クーポンをプロフィール画面に追加する …… 159
グループ化した公式アカウントの管理者を追加する …… 222
グループに友だちを追加する …… 45
グループを退会・削除する …… 45
クレジットカードを持っていない場合のLINEスタンプの購入方法 …… 35
公式アカウントにメンバーを追加する …… 218
公式アカウントのアカウント名を変更する …… 141
公式アカウントのプロフィール画面にボタンを追加する …… 147
公式アカウントをグループ化する …… 221
公式アカウントを追加・削除する …… 220

さ行

ショップカードの2枚目を作成する …… 187
ショップカードのポイント付与履歴を見る …… 187
ショップカードを編集・停止する …… 188
知らない人からのメッセージを拒否する …… 71

ステップ配信の待ち時間を設定する …………205
ストーリーを特定の人だけに見せる ………… 63

た行

チャットでユーザーにタグを設定する ………181
チャットでユーザー名を変更する ……………181
チャットの文章に定型文を使う ………………170
チャットのメッセージを対応済みにする ……178
チャットのリスト上部に特定の
ユーザーを固定表示させる …………………180
通話に応答できなかった時に後からかけ直す 55
デフォルトの応答メッセージを確認する ……173
トークスクショでアイコンを隠して送る …… 47
トーク中の相手と通話する …………………… 54
トークで音声を録音して送る ………………… 41
トークのバックアップを取る ………………… 76
トークルームからメッセージを削除する …… 36
トークルームでグループを作成する ………… 44
トークルームにステータスバーを
表示させて担当者や応答時間を入れる ……171
特定の対象に絞り込んで配信する ……………203
特定の友だちとのトークを保存する ………… 76
特定の友だちを一覧に
表示させないようにする …………………… 72
友だちのストーリーを見る …………………… 62
友だちをお気に入りに登録する ……………… 29

な行

認証済みアカウントの
アカウント名についての注意 ………………153
ノートにトークルームの
メッセージを保存する ……………………… 51
ノートにメッセージを投稿する ……………… 50

は行

配信済みのメッセージを確認する ……………163
配信と同時にVOOMにも投稿する …………162
配信の日時を指定する …………………………162
配信メッセージ数を指定する …………………162
パソコンからLINEにログインできない場合の
対応…………………………………………… 61
引継ぎで以前のスマホが使えない場合 ……… 78
引継ぎの前後でOSが異なる場合 …………… 79
複数の公式アカウントを切り替える …………221
ブロック中の友だちを完全に削除する ……… 73
プロフィール画面にLINEコールを設定する…207
プロフィール画面に背景やひとことを
設定する……………………………………… 25

ま行

メッセージに付けたリアクションを変更・削除する
…………………………………………………… 30
メッセージに吹き出しを追加する …… 155,162
メッセージ配信通数を超過した場合の対応 …205
メッセージをKeepに保存する ……………… 52

ら行

リサーチの結果をダウンロードする …………200
リサーチを配信する方法 ………………………201
リッチメニューの画像を作成する ……………166

■著者

桑名　由美（くわな　ゆみ）

パソコン書籍の執筆を中心に活動中。著書に「YouTube完全マニュアル」「最新LINE & Instagram & Twitter & Facebook & TikTokゼロからやさしくわかる本」「仕事で役立つ！PDF完全マニュアル」「はじめてのGmail入門」などがある。

著者ホームページ
https://kuwana.work/

執筆：Chapter01～Chapter07

株式会社ミショナ　阿部　悠人（あべ　ゆうと）

2014年に物販事業を拡大するために、リストマーケティングの手段としてLINE@の可能性を見出す。その後、2万人以上の友だち獲得やLINEを活用したプロモーションで月商3億を達成。現在はその知識やノウハウを活かし、LINE公式アカウントの導入支援事業を展開。2020年にリリースしたLINE公式アカウントの自動化ツール「L Message（エルメ）」は1万件以上導入されている。

執筆：Chapter08

※本書は2023年3月現在の情報に基づいて執筆されたものです。
本書で紹介しているサービスの内容は、告知無く変更になる場合があります。あらかじめご了承ください。

■イラスト・カバーデザイン
高橋 康明

LINE完全マニュアル［第3版］
公式アカウント 対応

発行日 2023年 4月 20日 第1版第1刷

著 者 桑名 由美／阿部 悠人

発行者 斉藤 和邦
発行所 株式会社 秀和システム
〒135-0016
東京都江東区東陽2-4-2 新宮ビル2F
Tel 03-6264-3105（販売）Fax 03-6264-3094
印刷所 三松堂印刷株式会社 Printed in Japan

ISBN978-4-7980-6945-6 C3055

定価はカバーに表示してあります。
乱丁本・落丁本はお取りかえいたします。
本書に関するご質問については、ご質問の内容と住所、氏名、電話番号を明記のうえ、当社編集部宛FAXまたは書面にてお送りください。お電話によるご質問は受け付けておりませんのであらかじめご了承ください。